明日科技 · 编著

零基础学 C#

電子工業出版社
Publishing House of Electronics Industry
北京•BEIJING

内 容 简 介

《零基础学C#》（升级版）从初学者角度出发，通过通俗易懂的语言、有趣的实例，详细介绍了使用C#进行程序开发需要掌握的知识和技术。全书共分16章，包括“宇宙第一”IDE——Visual Studio、踏上C#开发的征程、必须学会的C#语法、流程控制语句、数组——批量数据处理、看似简单的字符串、面向对象程序设计、Windows交互式图形界面、Windows控件——C/S程序的基础等。书中的知识结合具体实例进行讲解，设计的程序代码在需要的地方也给出了详细的注释，可以使读者轻松领会C#程序开发的精髓，快速提高开发技能。

本书通过大量实例和一个完整的项目案例，帮助读者更好地巩固所学知识，提升能力；随书附赠的《小白实战手册》中给出了3个实用案例的详细开发流程，力求让学习者能学以致用，真正获得开发经验；附赠的资源包中给出视频讲解、实例及项目源码、PPT课件等，方便读者学习；书中设置了200多个二维码，用手机扫描二维码观看视频讲解，可以解决学习疑难。

图书在版编目（CIP）数据

零基础学C#：升级版 / 明日科技编著. —北京：电子工业出版社，2024.3
ISBN 978-7-121-47409-5

Ⅰ. ①零… Ⅱ. ①明… Ⅲ. ①C语言－程序设计 Ⅳ. ①TP312.8

中国国家版本馆CIP数据核字（2024）第048543号

责任编辑：张彦红
文字编辑：李利健
印　　刷：中国电影出版社印刷厂
装　　订：三河市良远印务有限公司
出版发行：电子工业出版社
　　　　　北京市海淀区万寿路173信箱　　邮编：100036
开　　本：880×1230　1/16　印张：19　字数：588.9千字
版　　次：2024年3月第1版
印　　次：2024年3月第1次印刷
定　　价：99.00元

凡所购买电子工业出版社图书有缺损问题，请向购买书店调换。若书店售缺，请与本社发行部联系，联系及邮购电话：（010）88254888，88258888。

质量投诉请发邮件至zlts@phei.com.cn，盗版侵权举报请发邮件至dbqq@phei.com.cn。

本书咨询联系方式：faq@phei.com.cn。

前　言

“零基础学”系列图书于 2017 年 8 月首次面世，该系列图书是国内全彩印刷的软件开发类图书的先行者，书中的代码颜色及程序效果与开发环境基本保持一致，真正做到让读者在看书学习与实际编码间无缝切换；而且因编写细致、易学实用及配备海量学习资源，在软件开发类图书市场上产生了很大反响。自出版以来，系列图书迄今已加印百余次，累计销量达 50 多万册，不仅深受广大程序员的喜爱，还被百余所高校选为计算机、软件等相关专业的教学参考用书。

“零基础学”系列图书升级版在继承前一版优点的基础上，将开发环境和工具更新为目前最新版本，并结合当今的市场需要，进一步对图书品种进行了增补，对相关内容进行了更新、优化，更适合读者学习。同时，为了方便教学使用，本系列图书全部提供配套教学 PPT 课件。另外，针对 AI 技术在软件开发领域，特别是在自动化测试、代码生成和优化等方面的应用，我们专门为本系列图书开发了一个微视频课程——“如何用 AI 辅助编程”，以帮助读者更好地学习编程。

升级版包括 10 本书:《零基础学 Python》(升级版)、《零基础学 C 语言》(升级版)、《零基础学 Java》(升级版)、《零基础学 C++》(升级版)、《零基础学 C#》(升级版)、《零基础学 Python 数据分析》(升级版)、《零基础学 Python GUI 设计: PyQt》(升级版)、《零基础学 Python GUI 设计: tkinter》(升级版)、《零基础学 SQL》(升级版)、《零基础学 Python 网络爬虫》(升级版)。

C# 是微软公司发布的一种简洁、面向对象且类型安全的程序设计语言。C# 应用领域比较广泛，可用于进行游戏软件开发、桌面应用系统开发、智能手机程序开发、多媒体系统开发、网络应用程序开发及操作系统平台开发等。因为 C# 语言简单易学，功能强大，所以受到很多程序员的青睐，成为程序开发人员使用的主流编程语言之一。

本书内容

本书从初学者角度出发，提供了从入门到成为程序开发高手所需要掌握的各方面知识和技术，知识体系如下图所示。

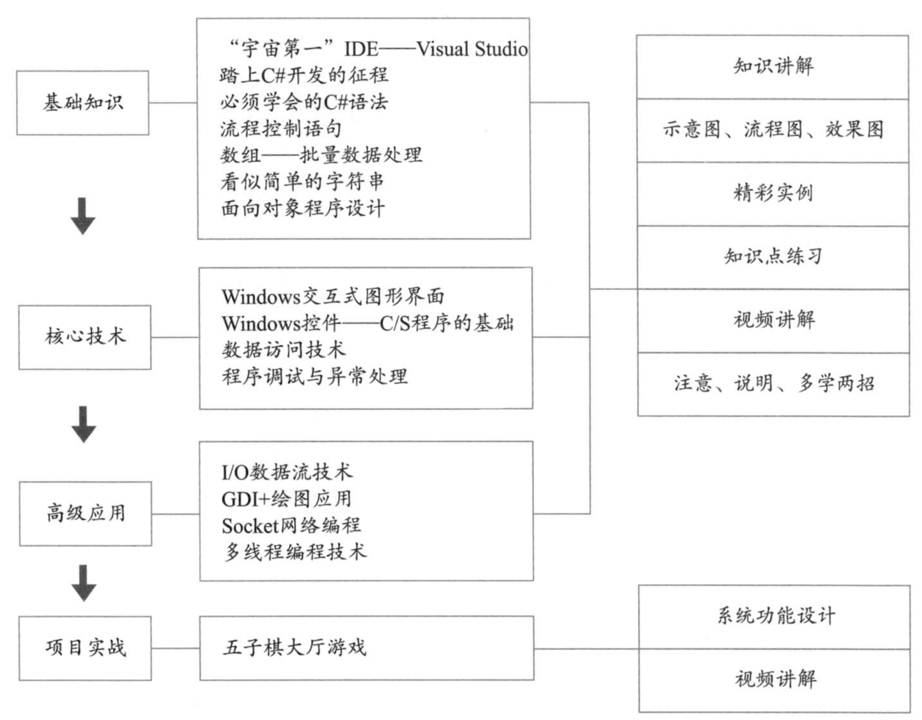

本书特色（如何使用本书）

☑ 书网合一——扫描书中的二维码，学习线上视频课程及拓展内容

（1）视频讲解

1.5 熟悉 Visual Studio 2022 开发环境

本节将对 Visual Studio 2022 开发环境中的菜单栏、工具栏、解决方案资源管理器 、“工具箱”窗口、“属性”窗口和“错误列表”窗口等进行介绍。

1.5.1 创建项目

视频讲解：资源包\Video\01\1.5.1 创建项目.mp4

初期学习 C# 语法和面向对象编程主要在 Windows 控制台应用程序环境下完成，下面将按步骤介绍控制台应用程序的创建过程。

创建控制台应用程序的步骤如下：

（1）选择“开始”→“所有程序”→“Visual Studio 2022”菜单项，进入 Visual Studio 2022 开始使用界面，单击“创建新项目”选项，如图 1.20 所示。

视 频 讲 解

（2）e 学码拓展学习

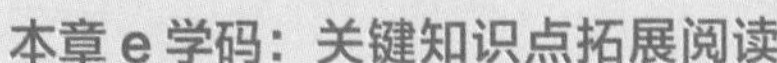

本章 e 学码：关键知识点拓展阅读

.NET 战略	公共语言规范	微软公司
Anders Hejlsberg	加载	异常处理机制
Java 程序	控制台应用程序	应用程序
编译	类	预定义
变量	面向对象	中间语言
二进制	事件	自然语言
封装	属性	字符串

变量

变量来源于数学，是计算机语言中能储存计算结果或能表示值抽象概念。变量可以通过变量名访问。在指令式语言中，变量通常是可变的；但在纯函数式语言（如Haskell）中，变量可能是不可变（immutable）的。在一些语言中，变量可能被明确为是能表示可变状态、具有存储空间的抽象（如在Java和Visual Basic中）；但另外一些语言可能使用其它概念（如C的对象）来指称这种抽象，而不严格地定义“变量”的准确外延。

变量介绍

由于变量让你能够把程序中准备使用的每一段数据都赋给一个简短、易于记忆的名字，因此它们十分有用。变量可以保存程序运行时用户输入的数据、特定运算的结果以及要在窗体上显示的一段数据等。简而言之，变量是用于跟踪几乎所有类型信息的工具。

变量声明后没有赋值的话，编译器会自动提示

加入学习

☑ 源码提供——配套资源包中提供书中实例源码（扫描封底“读者服务”二维码获取）

实例 02 输出软件启动页 | 实例位置：资源包\Code\SL\02\02

在 Visual Studio 2022 开发环境中首先创建一个控制台应用程序，然后使用 Console.WriteLine 方法在控制台中模拟输出“编程词典（珍藏版）”软件的启动页。代码如下：

实例02-1

```
static void Main(string[] args)
{
    Console.WriteLine(" --------------------------------------------------------------");
    Console.WriteLine("|                                                              |");
    Console.WriteLine("|                                                              |");
    Console.WriteLine("|                                                              |");
    Console.WriteLine("|                                                              |");
    Console.WriteLine("|                                                              |");
    Console.WriteLine("|                    编程词典（珍藏版）                          |");
    Console.WriteLine("|                                                              |");
    Console.WriteLine("|                                                              |");
    Console.WriteLine("|                                                              |");
    Console.WriteLine("|                                   开发团队：明日科技           |");
    Console.WriteLine("|                                                              |");
    Console.WriteLine("|                                                              |");
    Console.WriteLine("|                                                              |");
```

☑ 作者答疑——每本书均配有“读者服务”微信群，作者会在群里解答读者的问题

☑ AI 辅助编程——提供微视频课程，助你利用 AI 辅助编程

近几年，AI 技术已经被广泛应用于软件开发领域，特别是在自动化测试、代码生成和优化等方面。例如，AI 可以通过分析大量的代码库来识别常见的模式和结构，并根据这些模式和结构生成新的代码。此外，AI 还可以通过学习程序员的编程习惯和风格，提供更加个性化的建议和推荐。尽管 AI 尚不能完全取代程序员，但利用 AI 辅助编程，可以帮助程序员提高工作效率。本系列图书配套的“如何用 AI 辅助编程”微视频课程可以给读者一些启发。

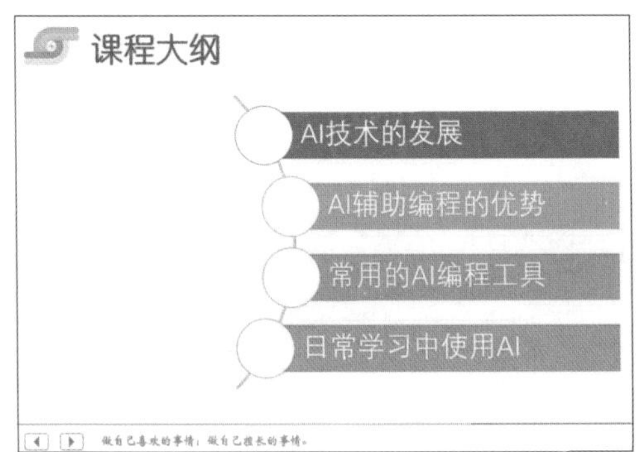

☑ 全彩印刷——还原真实开发环境，让编程学习更轻松

图 2.6　在控制台中输出“情人节快乐”图案

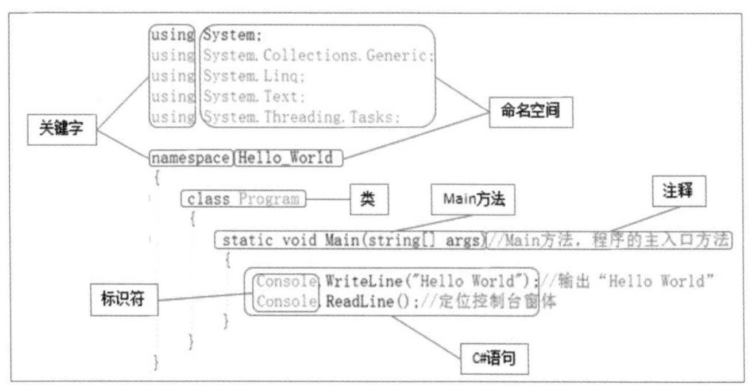

图 2.7　“Hello World”程序完整的代码

☑ 海量资源——配有小白实战项目源码、PPT 课件、小白实战手册等，即查即练，方便拓展学习

如何获得答疑支持和配套资源包

微信扫码回复：47409

• 加入读者交流群，获得作者答疑支持；

• 获得本书配套海量资源包。

读者对象

- 零基础的编程自学者
- 大中专院校的老师和学生
- 相关培训机构的老师和学生
- 参加毕业设计的学生
- 编程爱好者
- 初、中级程序开发人员

在编写本书的过程中，编者本着科学、严谨的态度，力求精益求精，但疏漏之处在所难免，敬请广大读者批评、指正。

感谢您阅读本书，希望本书能成为您编程路上的领航者。

编　者

2024 年 1 月

目 录
Content

第 4 章 流程控制语句......61

视频讲解：2 小时 42 分钟

精彩实例：11 个

e 学码词条：8 个

第 5 章 数组——批量数据处理......88

视频讲解：1 小时 15 分钟

精彩实例：4 个

e 学码词条：12 个

第 6 章 看似简单的字符串......101

视频讲解：2 小时 52 分钟

精彩实例：8 个

e 学码词条：9 个

第 9 章 Windows 控件——C/S 程序的基础......170

视频讲解：2 小时 21 分钟

精彩实例：8 个

e 学码词条：16 个

第 10 章 数据访问技术......196

视频讲解：1 小时 50 分钟

精彩实例：6 个

e 学码词条：12 个

第 11 章 程序调试与异常处理......213

视频讲解：30 分钟

精彩实例：3 个

e 学码词条：3 个

第3篇 高级应用

第12章 I/O数据流技术...............224

视频讲解：1小时34分钟

精彩实例：3个

e学码词条：13个

第13章 GDI+绘图应用...............244

视频讲解：37分钟

精彩实例：3个

e学码词条：17个

第14章 Socket网络编程............255

视频讲解：1小时36分钟

精彩实例：3个

e学码词条：11个

第 15 章　多线程编程技术..............271

视频讲解：1 小时 19 分钟

精彩实例：4 个

e 学码词条：10 个

第 4 篇　项目实战

第 16 章　五子棋游戏开发..............289

视频讲解：1 小时 35 分钟

第 1 篇　基础知识

第 1 章

"宇宙第一" IDE——Visual Studio

（视频讲解：1 小时 27 分钟）

本章概览

软件在现代人的日常生活中随处可见，比如，大家使用的 Windows 操作系统、智能手机中的各种应用等都是软件。那么，这些软件是如何生成的呢？我们能不能开发自己的软件呢？答案是肯定的。本章将带领大家了解 C# 语言及其使用的 Visual Studio 2022 开发环境，其中，C# 是微软公司推出的一种语法简洁、类型安全的面向对象的编程语言，使用它可以开发各种软件，而 Visual Studio 2022 开发环境则是进行 C# 开发最好的工具。

知识框架

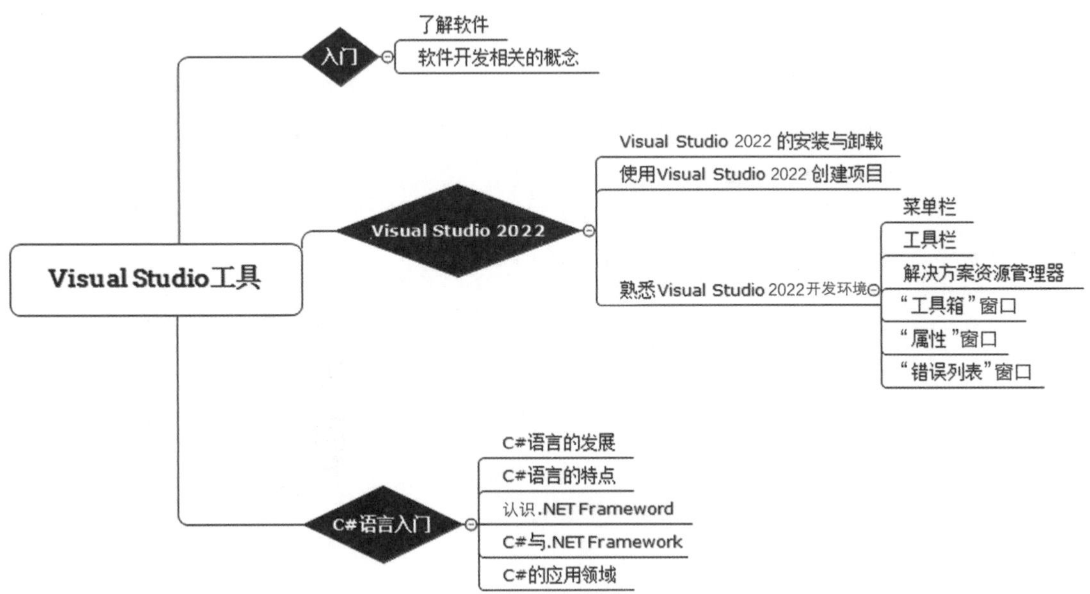

1.1 了解软件

视频讲解：资源包\Video\01\1.1 了解软件.mp4

随着计算机的普及，计算机中的软件对人们的日常生活和工作也显得越来越重要。例如，大家在聊天时经常用的 QQ 软件（见图 1.1）；在工作过程中，使用 Office 软件进行办公（见图 1.2）；在处理照片时使用的美图秀秀软件；在观看视频时使用的优酷等视频播放软件等。

图 1.1 QQ 软件

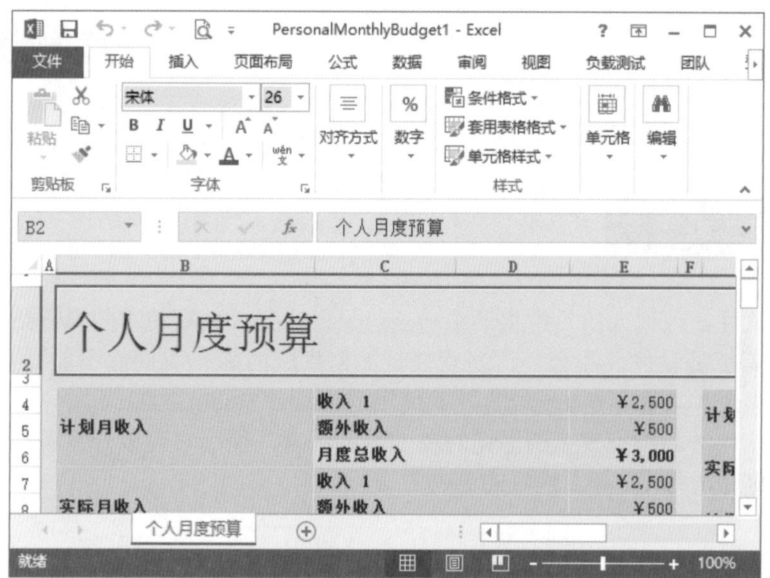

图 1.2 Office 办公软件之 Excel

以上软件都是我们经常用到的，那么，到底什么是软件呢？

软件其实是一种计算机程序，而计算机程序是指为了得到结果，由计算机等具有信息处理能力的硬件装置执行的代码化指令集合。

计算机程序告诉计算机如何完成一个具体的任务，由于现在的计算机还不能理解人类的自然语言，所以不能用自然语言编写计算机程序，这时就需要借助计算机语言（即程序设计语言），它是人和计算机交流的工具，可以通过计算机语言指挥计算机如何工作。

综上所述，一个软件的生成过程为：程序员将由计算机语言组成的代码输入计算机中，计算机对代码进行解释编译，最后生成软件并返回，如图 1.3 所示。

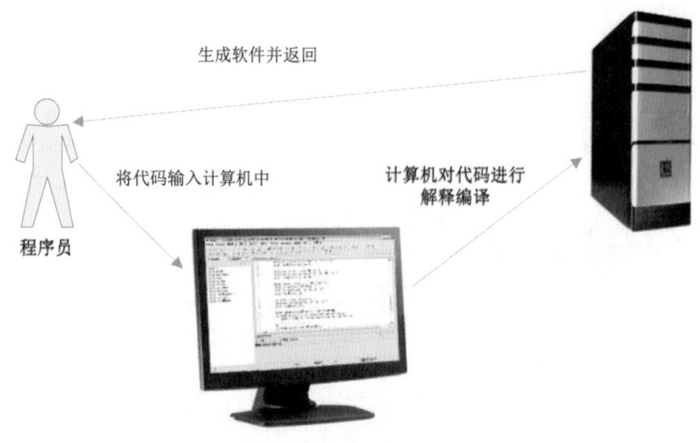

图 1.3 软件的生成

1.2 软件开发相关的概念

视频讲解：资源包\Video\01\1.2 软件开发相关的概念.mp4

计算机程序中涉及的概念都比较抽象、专业，经常有初学编程的人说“别人说的什么名词性的东西，根本不明白是什么意思”。本节将对与软件开发相关的常用概念进行介绍。

1. 算法

算法是指对计算机工作步骤和方法的描述，算法的每一个步骤都是严格规定好的，能够被计算机识别并正确执行，并且每一个步骤都能够被计算机理解为一个或者一组唯一的动作，而不使计算机产生歧义。算法必须有开始和结束，并且必须保证算法规定的每一个步骤最终都能够被完成。

下面通过一个例子来说明算法。例如，要交换变量 a 与变量 b 的值，计算机本身不能够直接执行这个操作，交换两个变量值的通用方法是借用第三方变量作为临时变量。具体的算法描述如下：

（1）将变量 a 的值赋给临时变量 c。

（2）将变量 b 的值赋给变量 a。

（3）将临时变量 c 的值赋给变量 b。

最终算法可以写成：

```
（1）c ← a。
（2）a ← b。
（3）b ← c。
```

综上所述，算法实际上就是用自然语言描述的一个计算机程序，编写计算机程序也就是把用某种方式描述的算法，通过计算机语言重新对其进行描述。

2. 数据结构

数据结构是一种计算机存储、组织数据的方式，数据很好理解，比如我们去买东西，共花了 50 元钱，这个 50 就是一个准确的数据。在计算机中，数据有整数、实数、字符串、图像和声音等多种类型，而数据结构就是指各种类型的数据之间的相互关系。常见的数据结构有数组、栈、队列、链表、树、图等。例如，图 1.4 是一个树结构示意图。

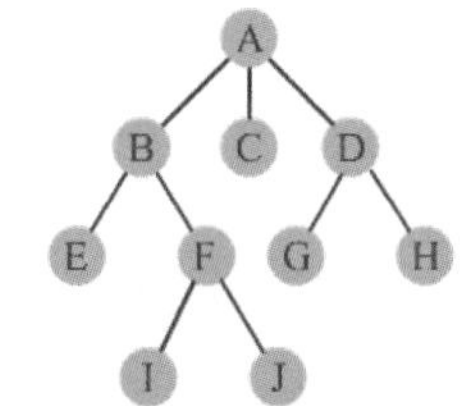

图 1.4　树结构示意图

3. IDE

IDE 是 Integrated Development Environment 的缩写，表示“集成开发环境”，它是一种用于提供程序开发环境的应用程序，一般包括代码编辑器、编译器、调试工具和图形化用户界面工具等。例如，用于开发 C# 程序的 Visual Studio（见图 1.5）、用于开发 Java 程序的 Eclipse（见图 1.6）等都是集成开发环境。

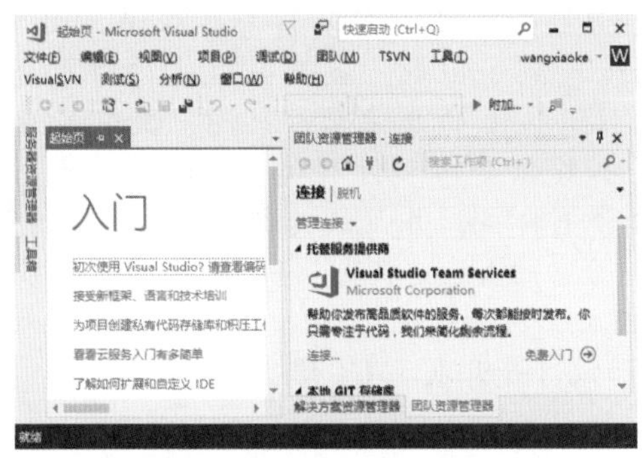

图 1.5　Visual Studio 集成开发环境

图 1.6　Eclipse 集成开发环境

4. SDK

SDK 是 Software Development Kit 的缩写，即“软件开发工具包”，这是一个覆盖面相当广泛的名词，可以这么说：辅助开发某一类软件的相关文档、实例和工具的集合都可以叫作“SDK”。例如，在使用 C# 语言进行开发之前，需要安装由微软公司推出的 .NET SDK（即 .NET 软件开发工具包）。

5. 编译

编译是指把计算机语言变成计算机可以识别的二进制语言，由于计算机只识别 0 和 1，所以编译程序就是把使用计算机语言编写的程序编译成计算机可以识别的二进制程序的过程。

1.3 C# 语言入门

C#（读作 C Sharp）是一种面向对象的编程语言，主要用于开发运行在 .NET 平台上的应用程序，C# 的语言体系都构建在 .NET 框架上。通过 TIOBE 编程语言排行榜（见图 1.7）可以看出，C# 长期居于主流编程语言行列，而且上升势头明显，这也说明了 C# 语言被越来越多的人所认可和使用。本节将详细介绍 C# 语言的特点，以及 C# 与 .NET 的关系。

Nov 2023	Nov 2022	Change	Programming Language	Ratings	Change
1	1		Python	14.16%	-3.02%
2	2		C	11.77%	-3.31%
3	4	^	C++	10.36%	-0.39%
4	3	˅	Java	8.35%	-3.63%
5	**5**		**C#**	**7.65%**	**+3.40%**
6	7	^	JavaScript	3.21%	+0.47%

图 1.7　TIOBE 编程语言排行榜

1.3.1 C# 语言的发展

视频讲解：资源包\Video\01\1.3.1　C#语言的发展.mp4

C# 是微软公司在 2000 年 6 月发布的一种编程语言，主要由 Anders Hejlsberg（Delphi 和 Turbo Pascal 语言的设计者）主持开发，它主要是微软公司为配合 .NET 战略推出的一种全新的编程语言。

轻松一刻

在 Java 出现之后，Anders Hejlsberg 在 Borland 公司一直郁郁不得志，这时，比尔·盖茨慧眼识才，三顾茅庐，把 Anders Hejlsberg 请到了微软。最开始微软许以重金，但 Anders Hejlsberg 不为所动，当清楚 Anders Hejlsberg 的想法后，比尔·盖茨答应给他一个宽松的环境——领导 Visual J++ 小组，并提供薪水和红利奖金 300 万美元。但好景不长，SUN 公司认为微软破坏了 Java 的跨平台性，并且认为微软很快就会利用它的 VJ++ 将 Java 开发人员拉拢到它的周围，而它的 VJ++ 以及 WFC 的很多特性明显是为 Windows 平台设计的，因此，SUN 公司中止了对微软的 Java 授权，这促使微软选择 Anders Hejlsberg 担任 C# 的首席设计师，从而设计并开发了 C# 语言。

C# 语言本身是为了配合 .NET 战略推出的，因此，其发展变化一直是跟 .NET 的发展相辅相成的，其版本发展历程如图 1.8 所示。

图 1.8　C# 的版本发展历程

1.3.2 C# 语言的特点

视频讲解：资源包\Video\01\1.3.2 C#语言的特点.mp4

C# 语言的主要特点如下：

（1）语法简洁，不允许直接操作内存，去掉了指针操作。

（2）完全面向对象设计，C# 具有面向对象语言所应有的一切特性，如封装、继承和多态。

（3）与 Web 紧密结合，C# 支持绝大多数的 Web 标准，例如 HTML、XML、SOAP 等。

（4）强大的安全性机制，可以消除软件开发中常见的错误（如语法错误），.NET 提供的垃圾回收器能够帮助开发者有效地管理内存资源。

（5）兼容性，因为 C# 遵循 .NET 的公共语言规范（CLS），所以保证能够与通过其他语言开发的组件兼容。

（6）完善的错误、异常处理机制，C# 提供了完善的错误和异常处理机制，使程序在交付应用时能够更加健壮。

1.3.3 认识 .NET Framework

视频讲解

视频讲解：资源包\Video\01\1.3.3 认识.NET Framework.mp4

.NET Framework 又称 .NET 框架，它是微软公司推出的完全面向对象的软件开发与运行平台，它有两个主要组件，分别是公共语言运行时（Common Language Runtime，简称 CLR）和类库，如图 1.9 所示。

下面分别对 .NET Framework 的两个主要组成部分进行介绍。

☑ 公共语言运行时：公共语言运行时（CLR）负责管理和执行由 .NET 编译器编译产生的中间语言代码（.NET 程序执行原理如图 1.10 所示）。公共语言运行时包含两部分内容，分别为 CLS 和 CTS，其中，CLS 表示公共语言规范，它是许多应用程序所需的一套基本语言功能；而 CTS 表示通用类型系统，它定义了可以在中间语言中使用的预定义数据类型，所有面向 .NET Framework 的语言最终都可以生成基于这些类型的编译代码。

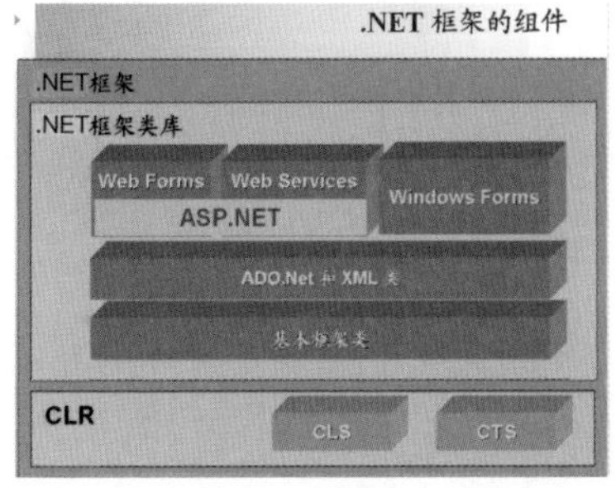

图 1.9　.NET Framework 的组成

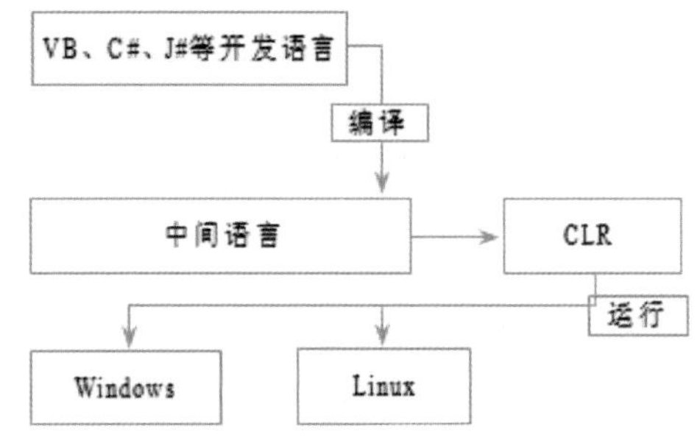

图 1.10　.NET 程序执行原理

说明

中间语言（IL 或 MSIL，Microsoft Intermediate Language）是使用 C# 或者 VB.NET 编写的软件，只有在软件运行时，.NET 编译器才将中间代码编译成计算机可以直接读取的数据。

☑ 类库：类库里有很多编译好的类，可以直接拿来使用。例如，进行多线程操作时，可以直接使用类库里的 Thread 类；进行文件操作时，可以直接使用类库中的 I/O 类等。类库实际上相当于一个仓库，在这个仓库中装满了各种工具，可以供开发人员直接使用。

1.3.4 C# 与 .NET Framework

视频讲解

视频讲解：资源包\Video\01\1.3.4 C#与.NET Framework.mp4

.NET Framework 是微软公司推出的一个全新的开发平台，而 C# 是专门为与微软公司的 .NET Framework 一起使用而设计的一种编程语言，在 .NET Framework 平台上开发时，可以使用多种开发语言，比如 C#、VB.NET、VC++.NET、F# 等，C# 只是其中一种。

说明

运行使用 C# 开发的程序时，需要安装 .NET Framework，.NET Framework 可以随 Visual Studio 2022 开发环境一起安装到计算机上，也可以到微软的官方网站下载单独的安装文件进行安装。

1.3.5 C# 的应用领域

视频讲解

视频讲解：资源包\Video\01\1.3.5 C#的应用领域.mp4

C# 几乎可用于所有的领域，如便携式计算机、手机、网站等，其主要应用领域如下。

☑ 游戏软件开发
☑ 桌面应用系统开发
☑ 智能手机程序开发
☑ 多媒体系统开发
☑ 网络系统开发
☑ RIA 应用程序开发
☑ 操作系统平台开发
☑ Web 应用开发

C# 无处不在，它可应用于任何地方、任何领域，世界各地的客户（在许多不同的行业中）都依赖 C#+.NET 来解决他们遇到的业务难题，如图 1.11 和图 1.12 所示。

图 1.11 使用 C#+.NET 的客户 1

图 1.12 使用 C#+.NET 的客户 2

1.4 Visual Studio 2022 的安装与卸载

视频讲解：资源包\Video\01\1.4 Visual Studio 2022.mp4

Visual Studio 2022 是微软为了配合 .NET 战略推出的 IDE 开发环境，同时是目前开发 C# 程序的最新工具，本节将对 Visual Studio 2022 的安装与卸载进行详细讲解。

1.4.1 安装 Visual Studio 2022 的必备条件

在安装 Visual Studio 2022 之前，首先要了解安装 Visual Studio 2022 所需的必备条件，检查计算机的软硬件配置是否满足 Visual Studio 2022 开发环境的安装要求，具体如表 1.1 所示。

表 1.1 安装 Visual Studio 2022 所需的必备条件

名　称	说　明
处理器	2.0 GHz 双核处理器，建议使用 2.0 GHz 双核处理器
RAM	4GB，建议使用 16GB 内存
可用硬盘空间	系统盘上最少需要 10 GB 的可用空间（典型安装需要 20 ～ 50 GB 的可用空间），建议在固态硬盘上安装
操作系统及所需补丁	Windows 10 1909 版本以上、Windows 11 21H2 版本以上、Windows Server 2016、Windows Server 2019、Windows Server 2022；必须使用 64 位操作系统

1.4.2 安装 Visual Studio 2022

本节以 Visual Studio 2022 社区版为例讲解其具体的安装步骤。

Visual Studio 2022 社区版是完全免费的。

安装 Visual Studio 2022 社区版的步骤如下：

（1）Visual Studio 2022 社区版的安装文件是 exe 可执行文件，名称为 VisualStudioSetup.exe，双击该文件，即可开始安装。

（2）程序首先跳转到如图 1.13 所示的 Visual Studio 2022 安装程序界面，在该界面中单击“继续”

按钮。

（3）程序加载完成后，会自动跳转到安装选择界面，如图 1.14 所示。选中“.NET 桌面开发”和“ASP.NET 和 Web 开发”复选框（其他复选框可自行选择），在下面的“位置”处选择安装路径，这里不建议安装在系统盘上，可选择其他磁盘进行安装。设置完成后，单击“安装”按钮。

图 1.13　Visual Studio 2022 安装程序界面

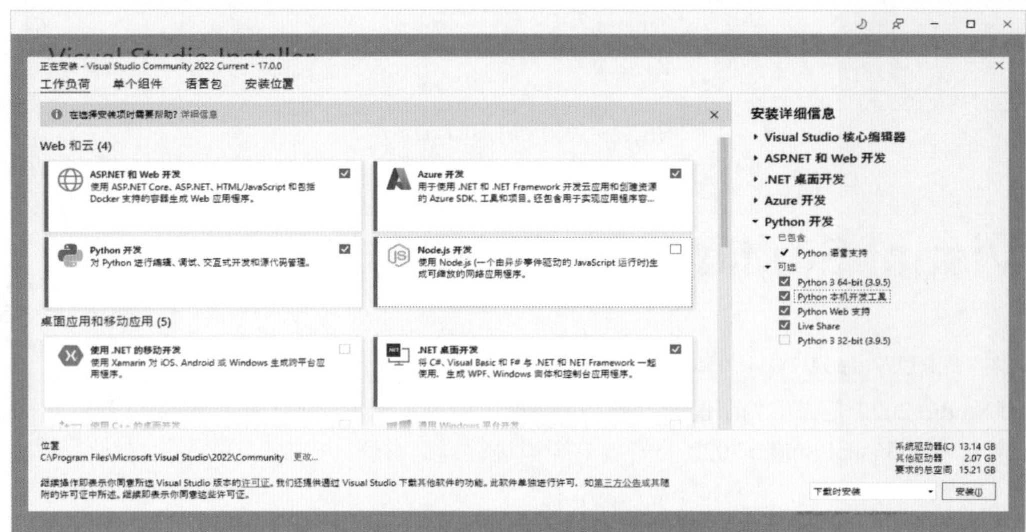

图 1.14　Visual Studio 2022 安装选择界面

注意

在安装 Visual Studio 2022 开发环境时，一定要确保计算机处于联网状态，否则无法正常安装。

（4）跳转到如图 1.15 所示的安装进度界面，该界面显示当前的安装进度。

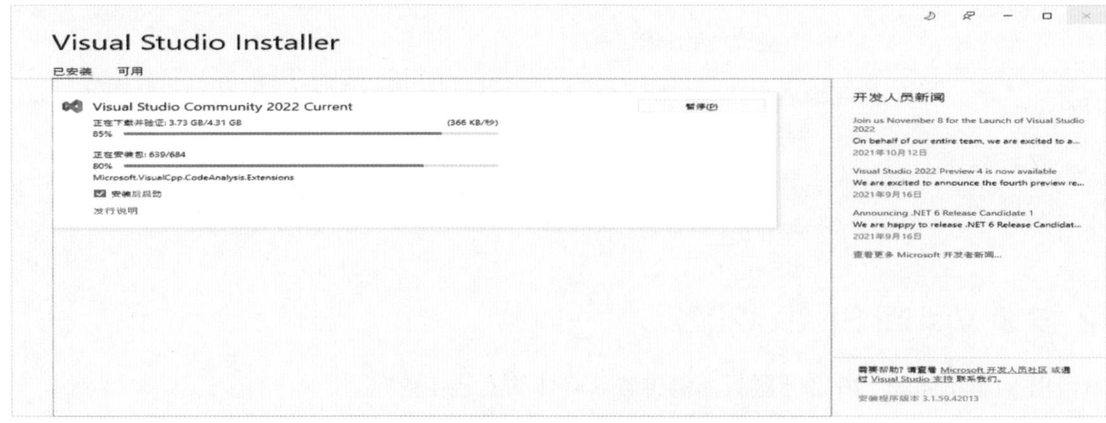

图 1.15　Visual Studio 2022 安装进度界面

（5）等待安装完成后，即可使用 Visual Studio 2022 开发环境，在系统的“开始”菜单中选择“Visual Studio 2022”菜单项启动该开发环境。

如果是第一次启动 Visual Studio 2022，会出现如图 1.16 所示的提示框，可以直接单击“暂时跳过此项”超链接，进入 Visual Studio 2022 开发环境的主界面，但这里建议使用微软账户登录，以防止许可证过期。Visual Studio 2022 开发环境的主界面如图 1.17 所示。

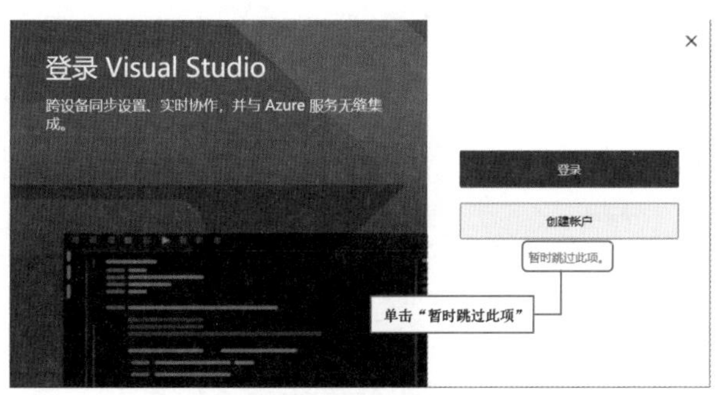

图 1.16　启动 Visual Studio 2022

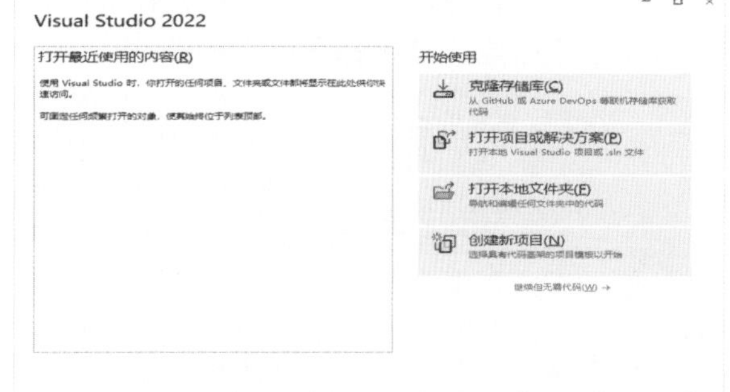

图 1.17　Visual Studio 2022 开发环境的主界面

1.4.3　卸载 Visual Studio 2022

如果要卸载 Visual Studio 2022 开发环境，可以按以下步骤进行：

（1）在 Windows 10 操作系统中，依次选择进入“控制面板”→“程序”→“程序和功能”，在打开的窗口中选中“Visual Studio Community 2022”选项，如图 1.18 所示。

（2）单击“卸载”按钮，进入 Visual Studio 2022 的卸载页面，如图 1.19 所示。单击“确定”按钮，即可卸载 Visual Studio 2022。

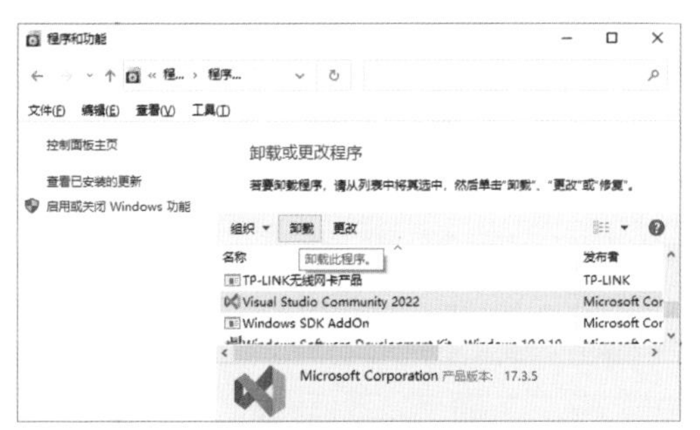

图 1.18　添加或删除程序

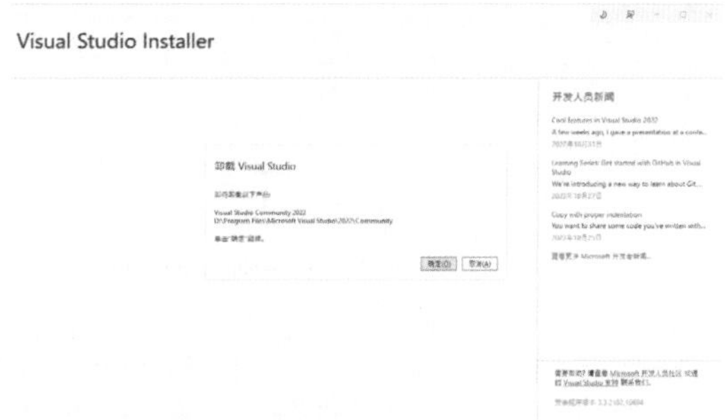

图 1.19　Visual Studio 2022 的卸载页面

1.5　熟悉 Visual Studio 2022 开发环境

本节将对 Visual Studio 2022 开发环境中的菜单栏、工具栏、解决方案资源管理器 、“工具箱”窗口、“属性”窗口和“错误列表”窗口等进行介绍。

1.5.1　创建项目

视频讲解：资源包\Video\01\1.5.1　创建项目.mp4

视频讲解

初期学习 C# 语法和面向对象编程主要在 Windows 控制台应用程序环境下完成，下面将按步骤介绍控制台应用程序的创建过程。

创建控制台应用程序的步骤如下：

（1）选择“开始”→“所有程序”→“Visual Studio 2022”菜单项，进入 Visual Studio 2022 开始使用界面，单击“创建新项目”选项，如图 1.20 所示。

（2）进入“创建新项目”对话框，在右侧选择“控制台应用 (.NET Framework)”选项，单击“下一步”按钮，如图 1.21 所示。

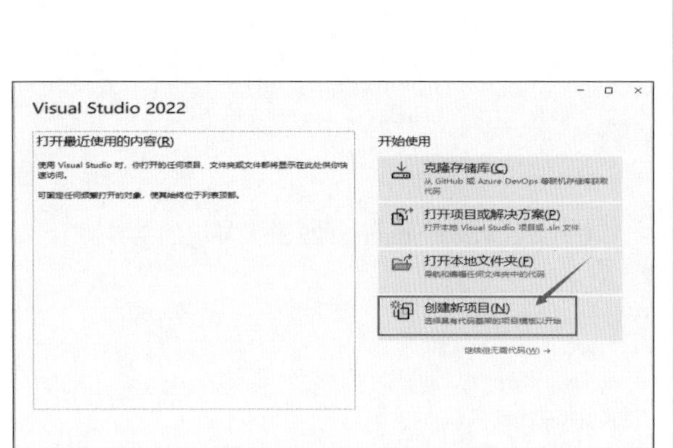

图 1.20　Visual Studio 2022 开始使用界面

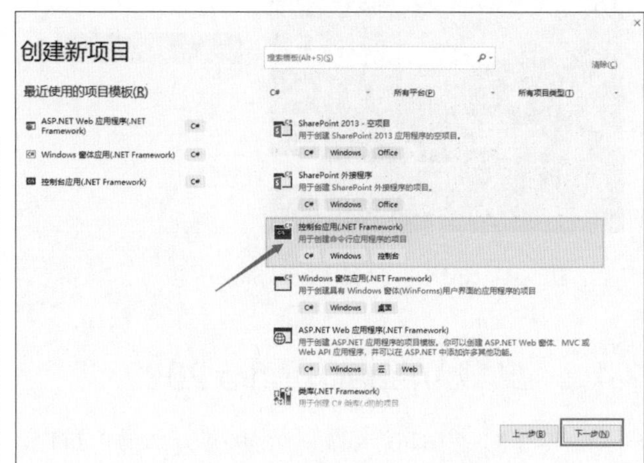

图 1.21　“创建新项目”对话框

说明

在图 1.21 中选择“Windows 窗体应用 (.NET Framework)”，即可创建 Windows 窗体程序。

（3）进入“配置新项目”对话框，在该对话框中输入程序名称，并选择保存路径和使用的 .NET 框架版本，然后单击“创建”按钮，即可创建一个控制台应用程序，如图 1.22 所示。

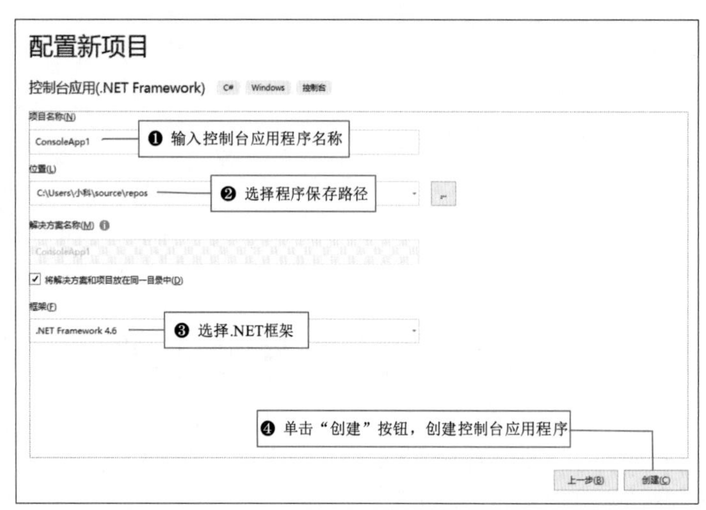

图 1.22　“配置新项目”对话框

1.5.2 菜单栏

视频讲解：资源包\Video\01\1.5.2 菜单栏.mp4

菜单栏显示了所有可用的 Visual Studio 2022 命令，除了“文件”、“编辑”、“视图”、“窗口”和“帮助”菜单，菜单栏还提供了编程专用的功能菜单，如“项目”、“生成”、“调试”、“工具”和“测试”等，如图 1.23 所示。

每个菜单中都包含若干个菜单命令，分别用于执行不同的操作，例如，“调试”菜单包括调试程序的各种命令，如“开始调试”、“开始执行”和“新建断点”等，如图 1.24 所示。

图 1.23　Visual Studio 2022 菜单栏　　　　图 1.24　“调试”菜单

1.5.3 工具栏

视频讲解：资源包\Video\01\1.5.3 工具栏.mp4

为了让操作更方便、快捷，可将菜单中常用的命令按功能分组，分别放入相应的工具栏中。通过工具栏可以快速访问常用的菜单命令。常用的工具栏有标准工具栏和调试工具栏，下面分别介绍。

（1）标准工具栏包括大多数常用的命令按钮，如新建项目、打开文件、保存、全部保存等。标准工具栏如图 1.25 所示。

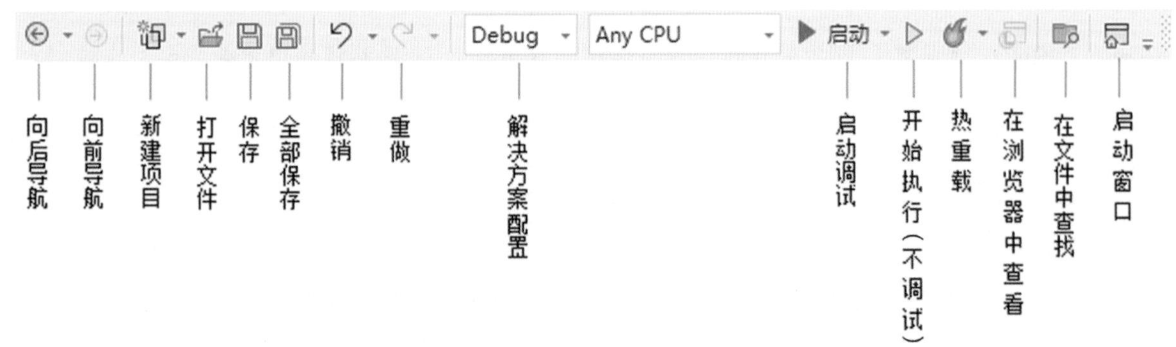

图 1.25　Visual Studio 2022 标准工具栏

（2）调试工具栏包括对应用程序进行调试的快捷按钮，如图 1.26 所示。

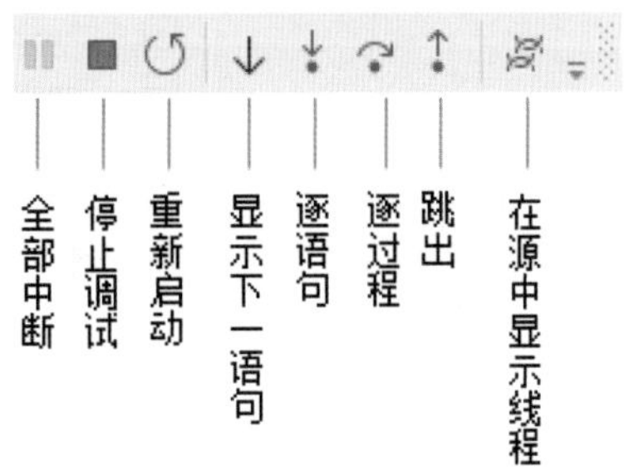

图 1.26　Visual Studio 2022 调试工具栏

说明

在调试程序或运行程序的过程中，通常可用以下 4 种快捷键来操作：

（1）按下〈F5〉快捷键实现调试程序；

（2）按下〈Ctrl+F5〉快捷键实现不调试程序；

（3）按下〈F11〉快捷键实现逐语句调试程序；

（4）按下〈F10〉快捷键实现逐过程调试程序。

1.5.4 解决方案资源管理器

视频讲解：资源包\Video\01\1.5.4 解决方案资源管理器.mp4

解决方案资源管理器（见图 1.27）提供了项目及文件的视图，并且提供了对项目和文件相关命令的便捷访问。与此窗口关联的工具栏提供了适用于列表中突出显示项的常用命令。若要访问解决方案资源管理器，可以选择“视图”→“解决方案资源管理器”菜单项打开。

图 1.27　解决方案资源管理器

1.5.5 “工具箱”窗口

视频讲解：资源包\Video\01\1.5.5 “工具箱”窗口.mp4

工具箱是 Visual Studio 2022 的重要工具，每一个开发人员都必须对这个工具非常熟悉。工具箱提供了进行 C# 程序开发所必需的控件。通过工具箱，开发人员可以方便地进行可视化窗体设计，降低了程序设计的工作量，提高了工作效率。根据控件功能的不同，可将工具箱划分为 10 个栏目，如图 1.28 所示。

说明

说明：“工具箱”窗口在 Windows 窗体程序或 ASP.NET 网站程序中才会显示，在控制台程序中没有“工具箱”窗口，图 1.28 中显示的是 Windows 窗体应用程序中的“工具箱”窗口。

单击某个栏目，显示该栏目下的所有控件，如图 1.29 所示。当需要某个控件时，可以双击所需要的控件直接将其加载到 Windows 窗体中，也可以先单击需要的控件，再将其拖动到 Windows 窗体上。

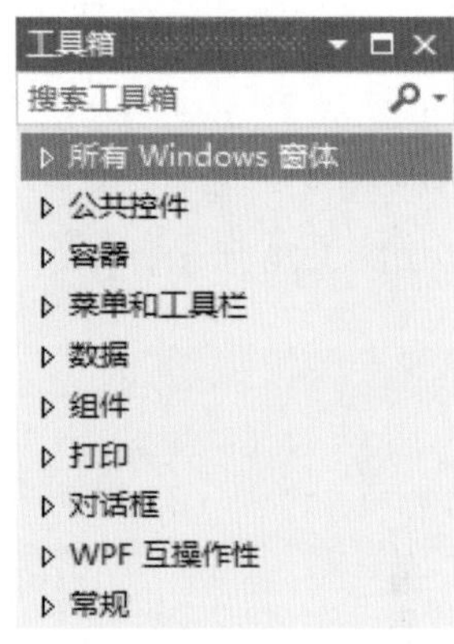

图 1.28　“工具箱”窗口

图 1.29　展开后的“工具箱”窗口

1.5.6 “属性”窗口

视频讲解：资源包\Video\01\1.5.6 “属性”窗口.mp4

视 频 讲 解

“属性”窗口是 Visual Studio 2022 中另一个重要的工具，该窗口为 C# 程序的开发提供了简单的属性修改方式。Windows 窗体中的各个控件属性都可以由“属性”窗口设置完成。“属性”窗口不仅提供了属性的设置及修改功能，还提供了事件的管理功能。“属性”窗口可以管理控件的事件，方便编程时对事件进行处理。

另外，“属性”窗口采用了两种方式管理属性和方法，分别为按分类方式和按字母顺序方式。读者可以根据自己的习惯采用不同的方式。该窗口的下方还有简单的帮助，方便开发人员对控件的属性进行操作和修改。“属性”窗口的左侧是属性名称，相对应的右侧是属性值，如图 1.30 所示。

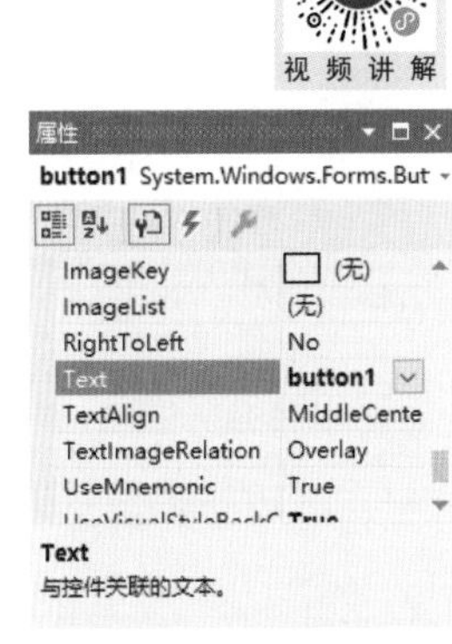

图 1.30 “属性”窗口

1.5.7 “错误列表”窗口

视频讲解：资源包\Video\01\1.5.7 “错误列表”窗口.mp4

视 频 讲 解

“错误列表”窗口为代码中的错误提供了即时的提示和可能的解决方法。例如，若某句代码结束时忘记了输入分号，错误列表中会显示如图 1.31 所示的错误。错误列表就像一个错误提示器，它可以将程序中的错误代码及时地显示给开发人员，并通过提示信息找到相应的错误代码。

图 1.31 “错误列表”窗口

1.6 小结

本章首先对软件及软件开发的几个基本概念进行了简单介绍，然后对C#语言的发展历史、C#与.NET Framework 的关系及 C# 的应用领域进行了介绍，最后重点讲解了 Visual Studio 2022 开发环境的安装及使用。大家在学习本章时，应该重点掌握 Visual Studio 2022 的安装过程，以及如何使用 Visual Studio 2022。

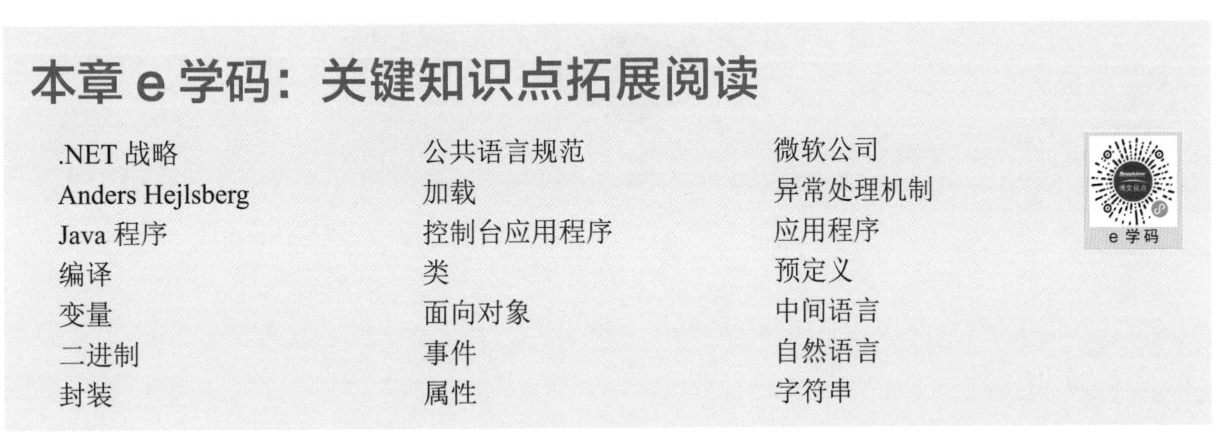

第 2 章

踏上 C# 开发的征程

（视频讲解：1 小时 18 分钟）

本章概览

要学习 C# 编程，必然要熟悉 C# 程序的结构，而为了能够养成一个良好的编码习惯，大家在学习 C# 之初，熟悉常用的 C# 程序编写规范也是非常重要的。本章将详细介绍如何编写一个 C# 程序及 C# 程序的基本结构，还将介绍 C# 程序的常用编写规范。

知识框架

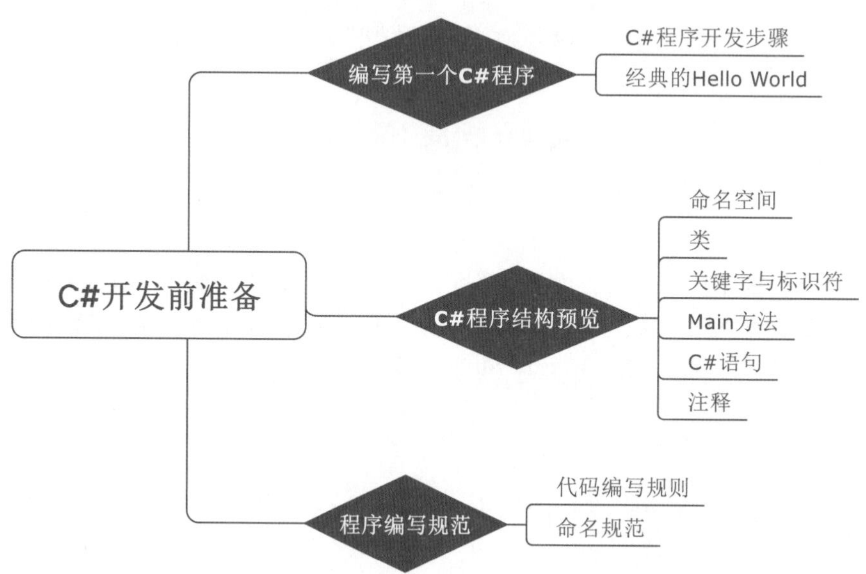

2.1　编写第一个 C# 程序

视频讲解：资源包\Video\02\2.1　编写第一个C#程序.mp4

在大多数编程语言中，编写的第一个程序通常都是输出“Hello World”，这里将使用 Visual Studio 2022 和 C# 语言来编写这个程序。首先看一下使用 Visual Studio 2022 开发 C# 程序的基本步骤，如图 2.1 所示。

图 2.1　使用 Visual Studio 2022 开发 C# 程序的基本步骤

通过图 2.1 中的 3 个步骤，开发人员即可方便地创建并运行一个 C# 程序，例如，使用 Visual Studio 2022 在控制台中创建“Hello World”程序并运行，具体开发步骤如下。

（1）在系统的“开始”菜单中找到“所有程序”→“Visual Studio 2022”菜单项，单击打开 Visual Studio 2022 开发环境。

（2）在 Visual Studio 2022 的开始使用窗口中单击“创建新项目”，打开“创建新项目”对话框，选择“控制台应用 (.NET Framework)”，单击“下一步”按钮，如图 2.2 所示。

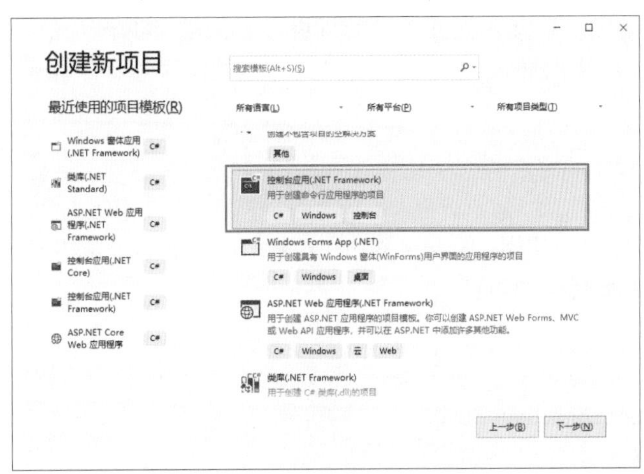

图 2.2　“创建新项目”对话框

（3）打开“配置新项目”对话框，如图 2.3 所示，在该对话框中将项目名称命名为“Hello_World”，设置保存路径和使用的框架，然后单击“创建”按钮，创建一个控制台应用程序。

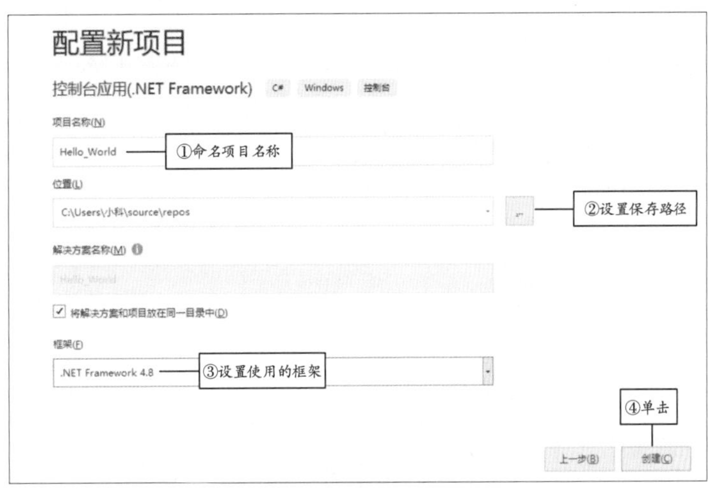

图 2.3　“配置新项目”对话框

（4）控制台应用程序创建完成后，会自动打开 Program.cs 文件，在该文件的 Main 方法中输入如下代码：

```
01  static void Main(string[] args)                 //Main方法，程序的主入口方法
02  {
03      Console.WriteLine("Hello World");           //输出“Hello World”
04      Console.ReadLine();                         //固定控制台界面
05  }
```

代码注解：

（1）第 1 行代码是自动生成的 Main 方法，用来作为程序的入口方法，每一个 C# 程序都必须有一个 Main 方法。

（2）第 3 行代码中的 Console.WriteLine 方法主要用来向控制台输出内容。

（3）第 4 行代码中的 Console.ReadLine 方法主要用来获取控制台的输出，这里用来将控制台界面定位到桌面上。

单击 Visual Studio 2022 开发环境中工具栏的 ▶ 启动 图标，运行该程序，结果如图 2.4 所示。

图 2.4　输出“Hello World”

上面的代码使用 C# 输出了开发人员进入“编程世界”后遇到的一个最经典的语句“Hello World”，下面通过一个符合中国人习惯的实例看一下如何在 C# 中输出中文内容。

实例 01　输出“人因梦想而伟大”　　实例位置：资源包\Code\SL\02\01

创建一个控制台应用程序，使用 Console.WriteLine 方法输出小米董事长雷军的经典语录“人因梦想而伟大”，完整代码如下：

```
01  using System;
02  using System.Collections.Generic;
03  using System.Linq;
04  using System.Text;
05
06  namespace Test
07  {
08      class Program
09      {
10          static void Main(string[] args)             //Main方法，程序的主入口方法
11          {
12              Console.WriteLine("人因梦想而伟大");     //输出文字
13              Console.WriteLine("              —雷军");
14              Console.ReadLine();                     //固定控制台界面
15          }
16      }
17  }
```

代码注解

（1）第 1 行到第 4 行代码是自动生成的代码，用来引用默认的命名空间。

（2）第 6 行代码是自动生成的命名空间，该命名空间的名称默认与创建的项目名称相同，开发人员可以手动修改。

（3）第 8 行代码是自动生成的一个 Program 类，该类是 C# 程序的启动类，类的名称可以手动修改。

程序运行结果如图 2.5 所示。

（1）在控制台应用程序中输出马云在阿里巴巴上市时说的一句经典语录“梦想还是要有的，万一实现了呢！”。（资源包 \Code\Try\02\01）

（2）使用 C# 在控制台中输出一个“情人节快乐”图案，程序运行结果如图 2.6 所示。（资源包 \Code\Try\02\02）

图 2.5　输出中文字符串

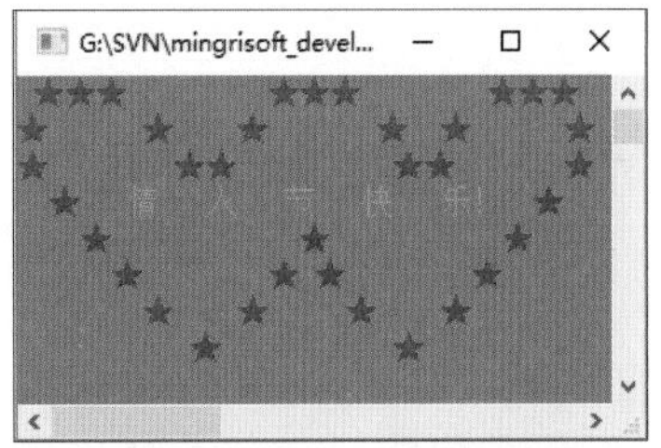

图 2.6　在控制台中输出“情人节快乐”图案

2.2 C# 程序结构预览

在上一节中编写的第一个 C# 程序，其完整的代码如图 2.7 所示。

从图 2.7 中可以看出，一个 C# 程序总体可以分为命名空间、类、关键字、标识符、Main 方法、C# 语句和注释等。本节将分别对 C# 程序的各个组成部分进行详细讲解。

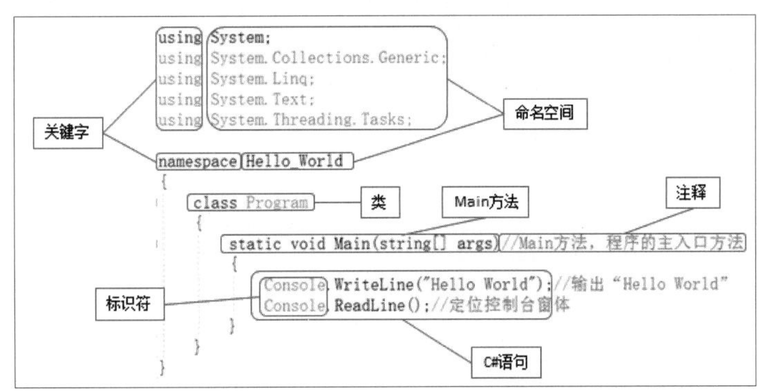

图 2.7　“Hello World”程序完整的代码

2.2.1 命名空间

视频讲解：资源包\Video\02\2.2.1 命名空间.mp4

在 Visual Studio 开发环境中创建项目时，会自动生成一个与项目名称相同的命名空间，例如，在 2.1 节中创建“Hello_World”项目时，会自动生成一个名称为“Hello_World”的命名空间，如图 2.8 所示。

```
namespace Hello_World
```

图 2.8　自动生成的命名空间

命名空间在 C# 中起到组织程序的作用，正如图 2.8 所示，在 C# 中定义命名空间时，需要使用 namespace 关键字，其语法如下：

```
namespace 命名空间名
```

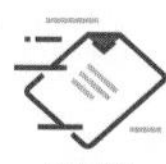

说明

开发人员一般不用自定义命名空间，因为在创建项目或者创建类文件时，Visual Studio 开发环境会自动生成一个命名空间。

命名空间既用作程序的“内部”组织系统，也用作向“外部”公开的组织系统（即一种向其他程序公开自己拥有的程序元素的方法）。如果要调用某个命名空间中的类或者方法，需要先使用 using 指令引入命名空间，这样，就可以直接使用该命名空间中所包含的成员（包括类及类中的属性、方法等）。

using 指令的基本形式为：

```
using 命名空间名;
```

说明

C# 中的命名空间就好像一个存储了不同类型物品的仓库，而 using 指令像一把钥匙，命名空间的名称就好比仓库的名称，用户可以通过钥匙打开指定名称的仓库，然后便可以从仓库中获取所需的物品，其示意图如图 2.9 所示。

图 2.9　命名空间与仓库对比示意图

例如，定义一个名称为 Demo 的命名空间，代码如下：

```
namespace Demo                                   //自定义一个名称为Demo的命名空间
```

定义完命名空间后，如果要使用命名空间中所包含的类，需要使用 using 引用命名空间，例如，使用 using 引用 Demo 命名空间的代码如下：

```
using Demo;                                      //引用自定义的Demo命名空间
```

常见错误

如果在使用指定命名空间中的类时，没有使用 using 引用命名空间，如以下代码则会出现如图 2.10 所示的错误提示信息。

```
namespace Test
{
    class Program
    {
        static void Main(string[] args)
        {
            Operation oper = new Operation(); //创建Demo命名空间中Operation类的对象
```

```
        }
    }
}
namespace Demo                                    //自定义一个名称为Demo的命名空间
{
    class Operation                               //自定义一个名称为Operation的类
    {
    }
}
```

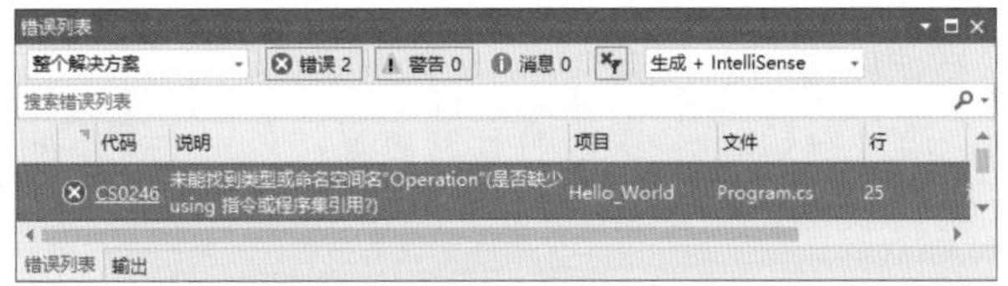

图 2.10　没有引用命名空间而使用其中的类时出现的错误提示

若要改正以上代码，可以直接在命名空间区域使用 using 引用 Demo 命名空间，代码如下：

```
using Demo;                                    //引用自定义的Demo命名空间
```

多学两招

在使用命名空间中的类时，如果不想用 using 指令引用命名空间，则可以在代码中使用命名空间调用其中的类，例如，直接使用 Demo 命名空间调用其中的 Operation 类，代码如下：

```
Demo.Operation oper = new Demo.Operation();  //使用Demo命名空间调用Operation类
```

2.2.2 类

视频讲解：资源包\Video\02\2.2.2 类.mp4

C# 程序的主要功能代码都是在类中实现的，类是一种数据结构，它可以封装数据成员、方法成员和其他的类。因此，类是 C# 语言的核心和基本构成模块。C# 支持自定义类，使用 C# 编程就是编写自己的类来描述实际需要解决的问题。

说明

如果把命名空间比作一个医院，类就相当于该医院的各个科室，如内科、骨科、泌尿科、眼科等，在各科室中都有自己的工作方法，相当于在类中定义的变量、方法等。命名空间与类的关系示意图如图 2.11 所示。

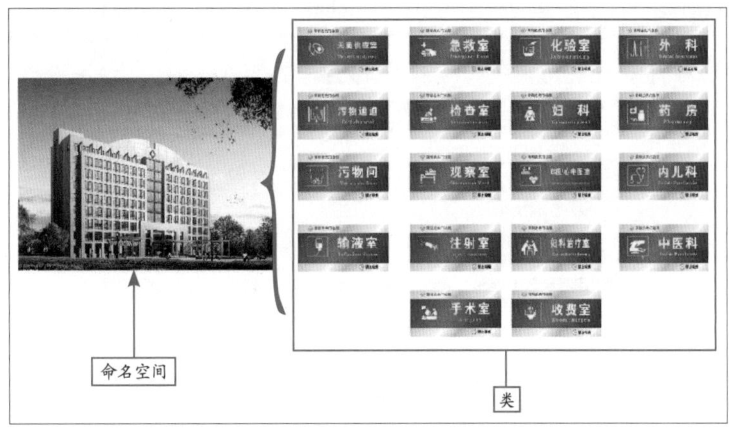

图 2.11　命名空间与类的关系示意图

使用类之前都必须先进行声明，一个类一旦被声明，就可以作为一种新的类型来使用，在 C# 中通过使用 class 关键字可以声明类，声明语法如下：

```
class  [类名]
{
    [类中的代码]
}
```

说明

在声明类时，还可以指定类的修饰符和其要继承的基类或者接口等信息，这里只要知道如何声明一个最基本的类即可。关于类的内容，将会在第 7 章进行详细讲解。

在上面的语法中，在命名类时，最好能够体现类的含义或者用途，而且类名一般采用第一个字母大写的名词，也可以采用多个词构成的组合词。

例如，声明一个汽车类，命名为 Car，该类没有任何意义，只用于演示如何声明一个类，代码如下：

```
class Car
{
}
```

2.2.3 关键字与标识符

视频讲解：资源包\Video\02\2.2.3 关键字与标识符.mp4

1. 关键字

关键字是 C# 语言中已经被赋予特定意义的一些单词，在开发程序时，不可以把这些关键字作为命名空间、类、方法或者属性等来使用。在前面编写的程序中看到的 using、namespace、class、static 和 void 等都是关键字。C# 中的常用关键字如表 2.1 所示。

表 2.1　C# 中的常用关键字

int	public	this	finally	boolean	abstract
continue	float	long	short	throw	return
break	for	foreach	static	new	interface
if	goto	default	byte	do	case
void	try	switch	else	catch	private
double	protected	while	char	class	using

常见错误

如果在开发程序时使用 C# 中的关键字作为命名空间、类、方法或者属性等的名称，就会出现如图 2.12 所示的错误提示信息。例如，以下代码使用关键字 void 作为类的名称：

```
class void
{
}
```

图 2.12　使用 C# 关键字作为类名时的错误提示信息

2. 标识符

标识符可以简单地理解为一个名字，比如每个人都有自己的名字，它主要用来标识类名、变量名、方法名、属性名、数组名等各种成员。

C# 语言标识符的命名规则如下：

（1）由任意顺序的字母、下画线（_）和数字组成。

（2）第一个字符不能是数字。

（3）不能是 C# 中的保留关键字。

下面是合法的标识符：

```
_ID
name
user_age
```

下面是非法标识符：

```
4word                                   //以数字开头
string                                  //C#中的保留关键字
```

在 C# 的标识符中不能包含 #、% 或者 $ 等特殊字符。

在 C# 语言中，标识符中的字母是严格区分大小写的，两个同样的单词，如果大小写格式不一样，所代表的意义是完全不同的。例如，下面 3 个变量是完全独立、毫无关系的，就像 3 个相貌相似的人，实际上彼此之间都是独立的个体。

```
int number=0;                           //全部小写
int Number=1;                           //部分大写
int NUMBER=2;                           //全部大写
```

在 C# 语言中允许使用汉字作为标识符，如“class 运算类”，在程序运行时并不会出现错误，但建议读者尽量不要使用汉字作为标识符。

2.2.4 Main 方法

视频讲解：资源包\Video\02\2.2.4 Main方法.mp4

在 Visual Studio 开发环境中创建控制台应用程序后，会自动生成一个 Program.cs 文件，该文件有一个默认的 Main 方法，代码如下：

```
class Program
{
    static void Main(string[] args)
    {
    }
}
```

每一个 C# 程序中都必须包含一个 Main 方法，它是类体中的主方法，也叫入口方法，可以说是激活整个程序的开关。Main 方法从“{”开始，至“}”结束。static 和 void 分别是 Main 方法的静态修饰符和返回值修饰符，C# 程序中的 Main 方法必须声明为 static，并且区分大小写。

如果将 Main 方法前面的 static 关键字删除，则程序在运行时会出现如图 2.13 所示的错误提示信息。

图 2.13　删除 static 关键字时 Main 方法出现的错误提示信息

Main 方法一般都是创建项目时自动生成的，不用开发人员手动编写或者修改，如果需要修改，则需要注意以下 3 个方面：

☑ Main 方法在类或结构内声明，它必须是静态（static）的，而且不应该是公用（public）的。

☑ Main 的返回类型有两种：void 或 int。

☑ Main 方法可以包含命令行参数 string[] args，也可以不包括。

根据以上 3 个注意事项，可以总结出，Main 方法有以下 4 种声明方式：

```
static void Main ( string[ ] args )  {  }
static void Main ( ) {  }
static int Main ( string[ ] args )  {  }
static int Main ( ) {  }
```

多学两招　通常，在 Main 方法中不写具体的逻辑代码，只用作类实例化和方法调用。这个过程就好比手机来电话了，只需要按“接通”键就可以通话，而不需要考虑手机通过什么形式将电磁信号转换成声音。这样的代码简单、明了，容易维护。

2.2.5 C# 语句

视频讲解：资源包\Video\02\2.2.5　C#语句.mp4

语句是构造所有 C# 程序的基本单位，使用 C# 语句可以声明变量、常量，调用方法，创建对象或执行任何逻辑操作，C# 语句以分号终止。

例如，在 Hello World 程序中输出“Hello World”字符串和定位控制台窗体的代码就是 C# 语句：

```
Console.WriteLine("Hello World");                  //输出“Hello World”
Console.ReadLine();                                //定位控制台窗体
```

上面的代码是两条最基本的 C# 语句，用来在控制台窗体中输出和读取内容，它们都用到了 Console 类。Console 类表示控制台应用程序的标准输入流、输出流和错误流，该类中包含很多方法，但与输入 / 输出相关的方法主要有 4 个，如表 2.2 所示。

表 2.2　Console 类中与输入 / 输出相关的方法

方　法	说　明
Read	从标准输入流读取下一个字符
ReadLine	从标准输入流读取下一行字符
Write	将指定的值写入标准输出流
WriteLine	将当前行终止符写入标准输出流

其中，Console.Read 方法和 Console.ReadLine 方法用来从控制台读取字符，它们的区别如下。

☑ Console.Read 方法：返回值为 int 类型，只能记录 int 类型的数据。

☑ Console.ReadLine 方法：返回值为 string 类型，可以将控制台中输入的任何类型数据存储为字符串类型数据。

多学两招

在开发控制台应用程序时，经常使用 Console.Read 方法或者 Console.ReadLine 方法固定控制台窗体。

Console.Write 方法和 Console.WriteLine 方法用来从控制台输出，它们的区别如下。

☑ Console.Write 方法：输出后不换行。

例如，以下是使用 Console.Write 方法输出“Hello World”字符串的语句，效果如图 2.14 所示。

```
Console.Write("Hello World");
```

☑ Console.WriteLine 方法：输出后换行。

例如，以下是使用 Console.WriteLine 方法输出“Hello World”字符串的语句，效果如图 2.15 所示。

```
Console.WriteLine("Hello World");
```

图 2.14　使用 Console.Write 方法输出“Hello World”字符串

图 2.15　使用 Console.WriteLine 方法输出“Hello World”字符串

注意

在 C# 代码中，所有的字母、数字、括号，以及标点符号均为英文输入法状态下的半角符号，而不能是中文输入法或者英文输入法状态下的全角符号。例如，图 2.16 为使用中文输入法的分号引起的错误提示。

图 2.16　使用中文输入法的分号引起的错误提示

2.2.6 注释

视频讲解：资源包\Video\02\2.2.6 注释.mp4

视 频 讲 解

注释是在编译程序时不执行的代码或文字，其主要功能是对某行或某段代码进行说明，方便代码的理解与维护，或者在调试程序时，将某行或某段代码设置为无效代码。常用的注释主要有行注释和块注释两种，下面分别进行简单介绍。

说明

注释就像超市中各商品下面的价格标签，对商品的名称、价格、产地等信息进行说明，如图 2.17 所示；而在程序中，注释的基本作用是描述代码的作用，告诉别人你的代码要实现什么功能。

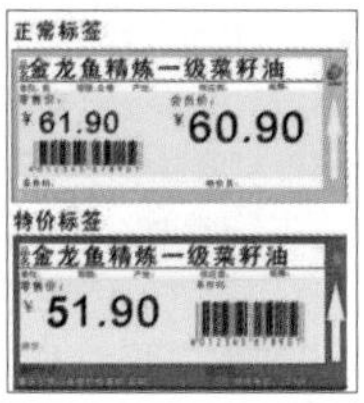

图 2.17　超市中各商品下面的价格标签相当于注释

1. 行注释

行注释以符号“//”开头，其后面是注释的内容。例如，在 Hello World 程序中使用行注释，解释每一行代码的作用，代码如下：

```
static void Main(string[] args)                     //Main方法，程序的主入口方法
{
    Console.WriteLine("Hello World");               //输出"Hello World"
    Console.ReadLine();                             //定位控制台窗体
}
```

注意

注释可以出现在代码的任意位置，但是不能分隔关键字和标识符。例如，下面的代码注释是错误的：

```
static void   //错误的注释 Main(string[] args)
```

2. 块注释

如果注释的行数较少，一般使用行注释。对于连续多行的大段注释，则使用块注释。块注释通常以"/*"标记开始，以"*/"标记结束，注释的内容放在它们之间。

例如，在 Hello World 程序中使用块注释将输出 Hello World 字符串和定位控制台窗体的 C# 语句注释为无效代码，代码如下：

```
static void Main(string[] args)                     //Main方法，程序的主入口方法
{
    /* 块注释开始
       Console.WriteLine("Hello World");            //输出"Hello World"字符串
       Console.ReadLine();
     */
}
```

多学两招

块注释通常用来为类文件、类或者方法等添加版权、功能等信息。例如，以下代码使用块注释为 Program.cs 类添加版权、功能及修改日志等信息。

```
/*
 * 版权所有：吉林省明日科技有限公司©版权所有
 *
 * 文件名：Program.cs
 * 文件功能描述：类的主程序文件，主要作为入口
 *
 * 创建日期：2023年6月1日
 * 创建人：王小科
 *
 * 修改标识：2023年6月5日
 * 修改描述：增加Add方法，用来计算不同类型数据的和
 * 修改日期：2023年6月5日
 *
 */

using System;
using System.Collections.Generic;
using System.Linq;
using System.Text;

namespace Test
{
    class Program
    {
    }
}
```

2.2.7 一个完整的 C# 程序

通过以上内容的讲解，我们了解了 C# 程序的基本组成。下面通过一个实例讲解如何编写一个完整的 C# 程序。

实例 02　输出软件启动页　　　　实例位置：资源包\Code\SL\02\02

在 Visual Studio 2022 开发环境中，首先创建一个控制台应用程序，然后使用 Console.WriteLine 方法在控制台中模拟输出“编程词典（珍藏版）”软件的启动页。代码如下：

实例02-1

```
static void Main(string[] args)
{
    Console.WriteLine(" ------------------------------------------------------------");
    Console.WriteLine("|                                                            |");
    Console.WriteLine("|                                                            |");
    Console.WriteLine("|                                                            |");
    Console.WriteLine("|                                                            |");
    Console.WriteLine("|                                                            |");
    Console.WriteLine("|               编程词典（珍藏版）                             |");
    Console.WriteLine("|                                                            |");
    Console.WriteLine("|                                                            |");
    Console.WriteLine("|                                                            |");
    Console.WriteLine("|                                开发团队：明日科技             |");
    Console.WriteLine("|                                                            |");
    Console.WriteLine("|                                                            |");
    Console.WriteLine("|                                                            |");
    Console.WriteLine("|                                                            |");
    Console.WriteLine("|                   copyright   2000—2017   明日科技           |");
    Console.WriteLine("|                                                            |");
    Console.WriteLine("|                                                            |");
    Console.WriteLine("|                                                            |");
    Console.WriteLine(" ------------------------------------------------------------");
    Console.ReadLine();
}
```

完成以上操作后，单击中工具栏的 ▶启动 图标，即可运行该程序。程序运行结果如图 2.18 所示。

一、在控制台应用程序中模拟以下场景：
计算机先输出：欢迎使用 XXX 充值业务，请输入充值金额：
用户输入：100
计算机再输出：充值成功，您本次充值 100 元。（资源包 \Code\Try\02\03）
二、在控制台中输出一个百花园图案，程序运行结果如图 2.19 所示。（资源包 \Code\Try\02\04）

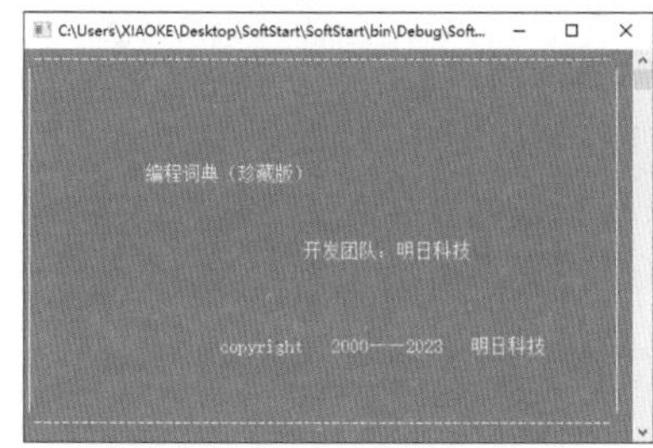

图 2.18　输出软件启动页

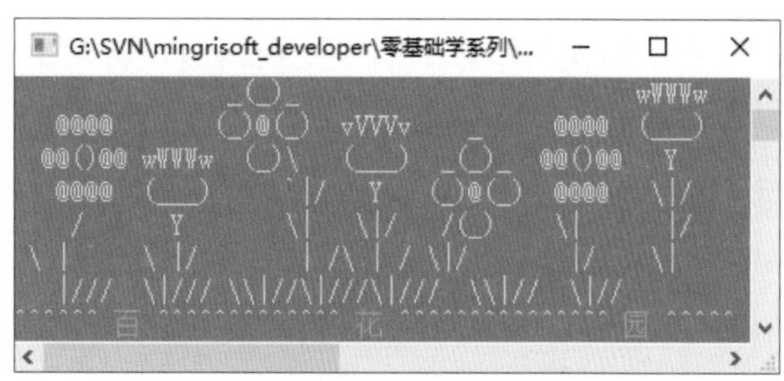

图 2.19　输出百花园图案

2.3 程序编写规范

下面给出两段功能相同的代码，如图 2.20 所示。

读者在学习时，愿意看图 2.20 中的代码段 1 还是代码段 2 呢？相信大家会选择代码段 2，因为它看上去结构更加清晰，这是一种最基本的代码编写规范。本节将对 C# 代码的编写规则以及命名规范进行介绍。遵循一定的代码编写规则和命名规范可以使代码更加规范化，对代码的理解与维护起到至关重要的作用。

```
class Program
{
static void Main(string[] args)//Main方法，程序的主入口方法
{
Console.WriteLine("Hello World");//输出“Hello World”
Console.ReadLine();//定位控制台窗体
}
}
```

代码段1

```
class Program
{
    static void Main(string[] args)//Main方法，程序的主入口方法
    {
        Console.WriteLine("Hello World");//输出“Hello World”
        Console.ReadLine();//定位控制台窗体
    }
}
```

代码段2

图 2.20　两段功能相同的 C# 代码

2.3.1 代码编写规则

视频讲解

视频讲解：资源包\Video\02\2.3.1 代码编写规则.mp4

代码编写规则通常对应用程序的功能没有影响，但它们对于改善代码的理解是有帮助的。养成良好的习惯对于软件的开发和维护都是很有益的，下面列举一些常用的代码编写规则。

- ☑ 在编写 C# 程序时，应统一代码缩进的样式，比如统一缩进两个字符或者 4 个字符的位置。
- ☑ 每编写完一行 C# 代码后都应该换行编写下一行代码。
- ☑ 在编写 C# 代码时，应该合理使用空格，以便使代码结构更加清晰。
- ☑ 尽量使用接口，然后使用类实现接口，以提高程序的灵活性。
- ☑ 关键的语句（包括声明关键的变量）必须要写注释。
- ☑ 对于局部变量，建议在最接近使用它的地方声明。
- ☑ 不要使用 goto 系列语句，除非用在跳出深层循环时。
- ☑ 避免编写超过 5 个参数的方法，如果要传递多个参数，则使用结构。
- ☑ 避免书写代码量过大的 try…catch 语句块。
- ☑ 避免在同一个文件中编写多个类。
- ☑ 生成和构建一个长的字符串时，一定要使用 StringBuilder 类型，而不用 string 类型。
- ☑ 对于 if 语句，应该使用一对大括号“{　}”把语句块括起来。
- ☑ switch 语句中一定要有 default 语句用以处理意外情况。

2.3.2 命名规范

视频讲解

视频讲解：资源包\Video\02\2.3.2 命名规范.mp4

命名规范在编写代码中起到很重要的作用，虽然不遵循命名规范，程序也可以运行，但是使用命名规范可以更加直观地了解代码所代表的含义。本节将介绍 C# 中常用的一些命名规范。

1. 两种命名方法

在 C# 中，最常用的命名方法有两种，分别是 Pascal 命名法和 Camel 命名法，下面分别介绍。

- ☑ 用 Pascal 命名法来命名方法和类型，首字母必须大写，且后面连接词的首字母均为大写。

说明

Pascal 是以纪念法国数学家 Blaise Pascal 而命名的一种编程语言，在 C# 中的 Pascal 命名法就是根据该语言的特点总结出来的一种命名方法。

例如，定义一个公共类，并在此类中创建一个公共方法，代码如下：

```
public  class  User                    //定义一个公共类
{
    public  void  GetInfo()            //在公共类中创建一个公共方法
    {
    }
}
```

☑ 用 Camel 命名法来命名局部变量和方法的参数，Camel 命名法是指名称中第一个单词的首字母小写。

说明

Camel 命名法又称驼峰式命名法，它是由骆驼的体型特征推理出来的一种命名方法。

例如，声明一个字符串变量和创建一个公共方法，代码如下：

```
string strUserName;                    //声明一个字符串变量strUserName
//创建一个具有两个参数的公共方法
public void AddUser(string strUserId, byte[] byPassword);
```

2. 程序中的命名规范

在开发项目时，通常会遇到各个程序元素的命名问题，比如项目的命名、类的命名、方法的命名等。例如，图 2.21 中声明了一个 User 类，图 2.22 中声明了一个 aaa 类。

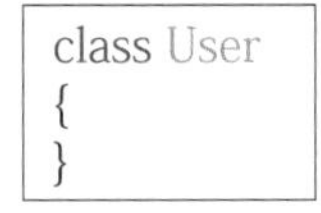

图 2.21　声明 User 类

```
class aaa
{
}
```

图 2.22　声明 aaa 类

查看图 2.21 和图 2.22，从类的命名上，可以很容易看出图 2.21 中的 User 类是与用户相关的一个类，但是图 2.22 中声明的 aaa 类很难直接看出其主要用途。从这两个例子可以看出，在对程序元素进行命名时，如果遵循一定的规范，可使代码更加具有可读性。下面介绍常用程序元素的基本命名规范。

☑ 命名项目名称时，可以使用公司名 + 产品名，或者直接使用产品名。

例如，利用公司名和产品名定义命名空间。在命名项目时，可以将项目命名为“mingrisoft.ERP”或者“ERP”，其中，mingrisoft 是公司名，ERP 是产品名。

☑ 用有意义的名字定义命名空间，如公司名、产品名。

例如，利用公司名和产品名定义命名空间，代码如下：

```
namespace Mrsoft                       //公司名
{
}
namespace ERP                          //产品名
{
}
```

☑ 接口的名称加前缀“I”。

例如，创建一个公共接口 Iconvertible，代码如下：

```
public  interface  Iconvertible                  //创建一个公共接口Iconvertible
{
    byte ToByte();                               //声明一个byte类型的方法
}
```

☑ 类的命名最好能够体现出类的功能或操作。

例如，创建一个名称为 Operation 的类，用来作为运算类，代码如下：

```
public  class  Operation                                //创建一个运算类
{
}
```

☑ 方法的命名：一般将方法命名为动宾短语，表明该方法的主要作用。

例如，在公共类 File 中创建 CreateFile 方法和 GetPath 方法，代码如下：

```
public  class  File                                     //创建一个公共类
{
    public  void  CreateFile(string  filePath)          //创建一个CreateFile方法
    {
    }
    public  void  GetPath(string  path)                 //创建一个GetPath方法
    {
    }
}
```

☑ 定义成员变量时，最好加前缀“_”。

例如，在公共类 DataBase 中声明一个私有成员变量 _connectionString，代码如下：

```
public  class  DataBase                                 //创建一个公共类
{
    private  string  _connectionString;                 //声明一个私有成员变量
}
```

2.4 小结

本章主要介绍了 C# 程序的结构、代码编写规则和命名规范。在 C# 程序的结构中，读者需要重点掌握命名空间、类及 C# 语句，其中，命名空间在 C# 程序中占有重要的地位，通过引入命名空间，可以将命名空间下的类引入当前项目；类是 C# 语言的核心和基本构成模块，开发人员可以通过编写各种类来描述实际开发需要解决的问题；语句是构造所有 C# 程序的基本单位，程序中的任何逻辑操作都需要通过 C# 语句实现。另外，在编写程序代码时，读者要养成一种良好的编写习惯，本章列出一些常用的代码编写规则和命名规范，希望对读者有所帮助。

本章 e 学码：关键知识点拓展阅读

byte[]	static	公共类	实例化
class	StringBuilder	继承	数据结构
Console 类	switch 语句	接口	私有成员变量
if 语句	try…catch	结构	修饰符
int 类型	WriteLine	局部变量	自定义类
Main 方法	标准输入流	客户端应用程序	
public	返回类型	命令行参数	
ReadLine	返回值	声明	

第 3 章

必须学会的 C# 语法

（视频讲解：4 小时 05 分钟）

本章概览

很多人认为学习 C# 之前必须要学习 C++，其实并非如此，产生这种错误的认识是因为很多人在学习 C# 之前都学过 C++。事实上，C# 比 C++ 更容易掌握。要掌握并熟练应用 C#，就需要对 C# 语言基础进行充分了解。本章将对 C# 语言的基础语法进行详细讲解，对初学者来说，应该对本章内容进行仔细阅读和深入思考，这样才能达到事半功倍的效果。

知识框架

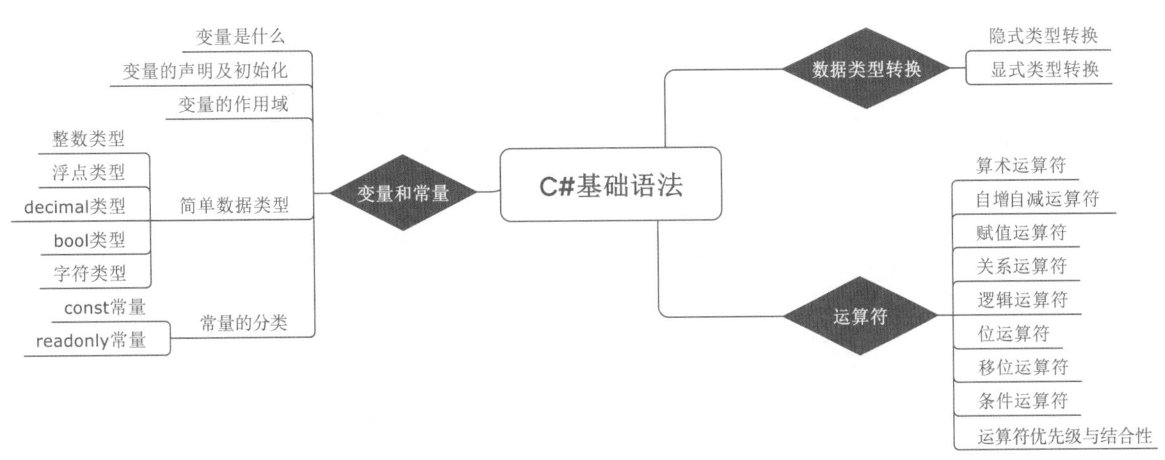

3.1 为什么要使用变量

视频讲解：资源包\Video\03\3.1 为什么要使用变量.mp4

变量关系到数据的存储，计算机使用内存来存储计算时所使用的数据，那么内存是如何存储数据的呢？通过生活常识我们知道，数据是各式各样的，比如整数、小数、字符串等，在内存中存储这些数据时，首先需要根据数据的需求（即类型）为它申请一块合适的空间，然后在这个空间中存储相应的值。实际上，内存就像一家宾馆，客人如果到一家宾馆住宿，首先需要开房间，然后入住，而在开房间时，客人需要选择是开单间、开双人间，还是开总统套房等，这其实就对应一个变量的数据类型选择问题。

在内存中为数据分配一定的空间之后，如果要使用定义的这个数据，由于内存中的数据是以二进制形式存储的，而这些二进制数据都对应相应的内存地址。因此，必须通过一个载体使用户能够方便地访问到二进制数据的内存地址，这个载体就是变量。

3.2 变量是什么

视频讲解：资源包\Video\03\3.2 变量是什么.mp4

变量主要用来存储特定类型的数据，用户可以根据需要随时改变变量中所存储的数据值。变量具有名称、类型和值，其中，变量名是变量在程序源代码中的标识，类型用来确定变量所代表的内存的大小和类型，变量值是指它所代表的内存块中的数据。在程序执行过程中，变量的值可以发生变化。使用变量之前必须先声明变量，即指定变量的类型和名称。

这里还以上面的客人入住宾馆为例，说明一个变量所需要的基本要素。首先，客人需要选择房间类型，也就是确定变量类型的过程；选择房间类型后，需要选择房间号，这是确定变量的名称；完成以上操作后，这个客人就可以顺利入住，这样，这个客人就相当于这个房间中存储的数据。示意图如图 3.1 所示。

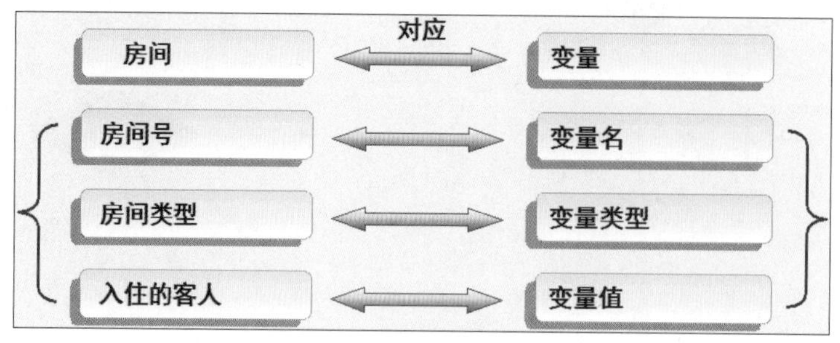

图 3.1　变量的基本要素

3.3 变量的声明及初始化

好比一个新生儿必须有一个名字一样，使用变量时，也需要先对变量进行命名，对变量命名的过程其实就是声明一个变量。在使用变量之前，必须进行声明并初始化，本节将对变量的声明、简单数据类型、变量初始化，以及变量的作用域进行详细讲解。

3.3.1 声明变量

视频讲解：资源包\Video\03\3.3.1 声明变量.mp4

1. 声明变量

声明变量就是指定变量的名称和类型，变量的声明非常重要，未经声明的变量本身并不合法，也无法在程序中使用。在 C# 中，声明一个变量由一个类型和跟在后面的一个或多个变量名组成，多个变量之间用逗号分开，声明变量以分号结束，语法如下：

```
变量类型 变量名;                            //声明一个变量
变量类型 变量名1,变量名2,…变量名n;          //同时声明多个变量
```

例如，声明一个整型变量 mr，再同时声明 3 个字符串型变量 mr_1、mr_2 和 mr_3，代码如下：

```
int mr;                          //声明一个整型变量
string mr_1, mr_2, mr_3;         //同时声明3个字符串型变量
```

2. 变量的命名规则

在声明变量时，要注意变量的命名规则。C# 的变量名是一种标识符，应该符合标识符的命名规则。另外，需要注意的一点是，C# 中的变量名是区分大小写的，比如 num 和 Num 是两个不同的变量，在程序中使用时是有区别的。下面列出变量的命名规则：

☑ 变量名只能由数字、字母和下画线组成。

☑ 变量名的第一个字符只能是字母或下画线，不能是数字。

☑ 不能使用 C# 中的关键字作为变量名。

☑ 一旦在一个语句块中定义了一个变量名，那么在变量的作用域内就不能再定义同名的变量。

例如，下面的变量名是正确的：

```
city
_money
money_1
```

下面的变量名是不正确的：

```
123
2word
int
```

在 C# 语言中，允许使用汉字或其他语言文字作为变量名，如“int 年龄 = 21”，在程序运行时并不会出现什么错误，但建议读者尽量不要使用这些语言文字作为变量名。

3.3.2 简单数据类型

视频讲解：资源包\Video\03\3.3.2 简单数据类型.mp4

前面提到，在声明变量时，首先需要确定变量的类型，那么，开发人员可以使用哪些类型呢？实际上，可以使用的变量类型是无限多的，因为开发人员可以通过自定义类型存储各种数据，但这里要讲解的简单数据类型是 C# 中预定义的一些类型。

C# 中的数据类型根据其定义可以分为两种：一种是值类型，另一种是引用类型。从概念上看，值

类型是直接存储值的，而引用类型存储的是对值的引用。C# 中的数据类型结构如图 3.2 所示。

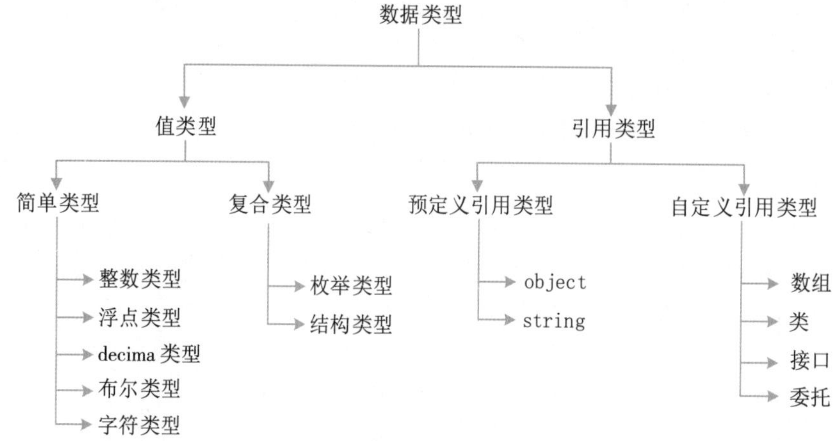

图 3.2　C# 中的数据类型结构

从图 3.2 可以看出，值类型主要包括简单类型和复合类型两种，其中简单类型是程序中使用的最基本的类型，主要包括整数类型、浮点类型、decima 类型、布尔类型和字符类型等，这种简单类型都是 .NET 中预定义的；而复合类型主要包括枚举类型和结构类型，这两种复合类型既可以是 .NET 中预定义的，也可以是用户自定义的。本节主要对简单类型进行详细讲解，简单类型在实际中的应用如图 3.3 所示。

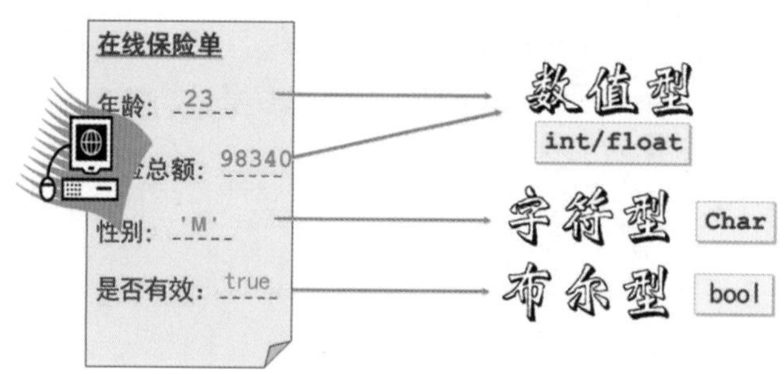

图 3.3　简单类型在实际中的应用

1. 整数类型

整数类型用来存储整数数值，即没有小数部分的数值，可以是正数，也可以是负数。整数类型数据在 C# 程序中有 3 种表示形式，分别为十进制、八进制和十六进制。

☑ 十进制形式：十进制的表现形式就是我们在日常生活中使用的数据，如 120、0、-127。

注意

不能以 0 作为十进制数的开头（0 除外）。

☑ 八进制形式：以 0 开头的数，如 0123（转换成十进制数为 83）、-0123（转换成十进制数为 -83）。

注意

八进制数必须以 0 开头。

☑ 十六进制形式：以 0x 或 0X 开头的数，如 0x25（转换成十进制数为 37）、0Xb01e（转换成十进制数为 45086）。

注意

十六进制数必须以 0X 或 0x 开头。

C# 中内置的整数类型如表 3.1 所示。

表 3.1　C# 中内置的整数类型

类　型	说明（8 位等于 1 字节）	范　围
sbyte	8 位有符号整数	−128~127
short	16 位有符号整数	−32768~32767
int	32 位有符号整数	−2147483648~2147483647
long	64 位有符号整数	−9223372036854775808~9223372036854775807
byte	8 位无符号整数	0~255
ushort	16 位无符号整数	0~65535
uint	32 位无符号整数	0~4294967295
ulong	64 位无符号整数	0~18446744073709551615

说明

在表 3.1 中出现了“有符号整数”和“无符号整数”，其中，“无符号整数”是在“有符号整数”类型的前面加了一个 u，这里的 u 是 unsigned 的缩写。它们的主要区别是：“有符号整数”既可以存储正数，也可以存储负数；“无符号整数”只能存储不带符号的整数，因此，它只能存储正数。例如，下面的代码：

```
int i = 10;                    //正确
int j = -10;                   //正确
uint m = 10;                   //正确
uint n = -10;                  //错误
```

例如，定义一个 int 类型的变量 i 和一个 byte 类型的变量 j，并分别赋值为 2023 和 255，代码如下：

```
int i = 2023;                  //声明一个int类型的变量i
byte j = 255;                  //声明一个byte类型的变量j
```

此时，如果将 byte 类型的变量 j 赋值为 256，则代码修改如下：

```
int i = 2023;                  //声明一个int类型的变量i
byte j = 256;                  //将byte类型变量j的值修改为256
```

此时在 Visual Studio 开发环境中编译程序，会出现如图 3.4 所示的错误提示。

图 3.4　取值超出指定类型的范围时出现的错误提示

分析图 3.4 中出现的错误提示，主要是由于 byte 类型的变量是 8 位无符号整数，它的范围是 0~255，而 256 已经超出了 byte 类型的范围，所以编译程序就会出现错误提示。

说明

整数类型变量的默认值为 0。

2. 浮点类型

浮点类型变量主要用于处理含有小数的数据，浮点类型主要包含 float 和 double 两种类型。表 3.2 列出了这两种浮点类型的描述。

表 3.2　浮点类型及描述

类　型	说　明	范　围
float	精确到 7 位数	$\pm 1.5 \times 10^{245} \sim \pm 3.4 \times 10^{38}$
double	精确到 15~16 位数	$\pm 5.0 \times 10^{-2324} \sim \pm 1.7 \times 10^{308}$

如果不做任何设置，包含小数点的数值默认是 double 类型的，例如 9.27，没有特别指定的情况下，这个数值是 double 类型。如果要将数值以 float 类型来处理，就需要通过使用 f 或 F 将其强制指定为 float 类型。

例如，下面的代码就是将数值强制指定为 float 类型。

```
float theMySum = 9.27f;                //使用f强制指定为float类型
float theMuSums = 1.12F;               //使用F强制指定为float类型
```

如果要将数值强制指定为 double 类型，则应该使用 d 或 D 进行设置，但加不加“d”或“D”没有硬性规定，可以加，也可以不加。

例如，下面的代码就是将数值强制指定为 double 类型。

```
double myDou = 927d;                   //使用d强制指定为double类型
double mudou = 112D;                   //使用D强制指定为double类型
```

注意

（1）需要使用 float 类型变量时，必须在数值的后面跟随 f 或 F，否则编译器会直接将其作为 double 类型处理；另外，也可以在 double 类型的值前面加上 (float)，对其进行强制转换。

（2）浮点类型变量的默认值是 0，而不是 0.0。

3. decimal 类型

decimal 类型表示 128 位数据类型，它是一种精度更高的浮点类型，其精度可以达到 28 位，取值范围为 $\pm 1.0 \times 10^{-28} \sim \pm 7.9 \times 10^{28}$。

多学两招

由于 decimal 类型的高精度特性，它更合适于财务和货币计算。

如果希望一个小数被当成 decimal 类型，需要使用后缀 m 或 M，例如：

```
decimal myMoney = 1.12m;
```

如果小数没有后缀 m 或 M，它将被视为 double 类型，从而导致编译器出现错误，例如，在开发环境中运行以下代码：

```
static void Main(string[] args)
{
    decimal d = 3.14;
    Console.WriteLine(d);
}
```

将会出现如图 3.5 所示的错误提示。

图 3.5　不加后缀 m 或 M 时 decimal 类型出现的错误提示

从图 3.5 可以看出，3.14 这个数如果没有后缀，将直接被视为 double 类型，所以赋值给 decimal 类型的变量时，就会出现错误提示，应该将 3.14 改为 3.14m 或 3.14M。

实例 01　根据身高和体重计算 BMI 指数　　实例位置：资源包\Code\SL\03\01

创建一个控制台应用程序，声明 double 型变量 height 来记录身高，单位为米，声明 int 型变量 weight 记录体重，单位为千克，根据 “BMI = 体重 / (身高 × 身高) ” 公式计算 BMI 指数（身体质量指数），代码如下：

实例01-1

```
static void Main(string[] args)
{
    double height = 1.78;                          //身高变量，单位为米
    int weight = 75;                               //体重变量，单位为千克
    double exponent = weight / (height * height);  //BMI计算公式
    Console.WriteLine("您的身高为：" + height);
    Console.WriteLine("您的体重为：" + weight);
    Console.WriteLine("您的BMI指数为：" + exponent);
    Console.Write("您的体重属于：");
    if (exponent < 18.5)
    {                                          //判断BMI指数是否小于18.5
        Console.WriteLine("体重过轻");
    }
    else if (exponent >= 18.5 && exponent < 24.9)
    {                                          //判断BMI指数是否在18.5到24.9之间
        Console.WriteLine("正常范围");
    }
    else if (exponent >= 24.9 && exponent < 29.9)
    {                                          //判断BMI指数是否在24.9到29.9之间
        Console.WriteLine("体重过重");
    }
    else if (exponent >= 29.9)
    {                                          //判断BMI指数是否大于或等于29.9
        Console.WriteLine("肥胖");
    }
    Console.ReadLine();
}
```

第 10、14、18 和 22 行代码使用了 if…else if 条件判断语句，该语句主要用来判断是否满足某种条件，该语句将在第 4 章进行详细讲解，这里只需要了解即可。

程序运行效果如图 3.6 所示。

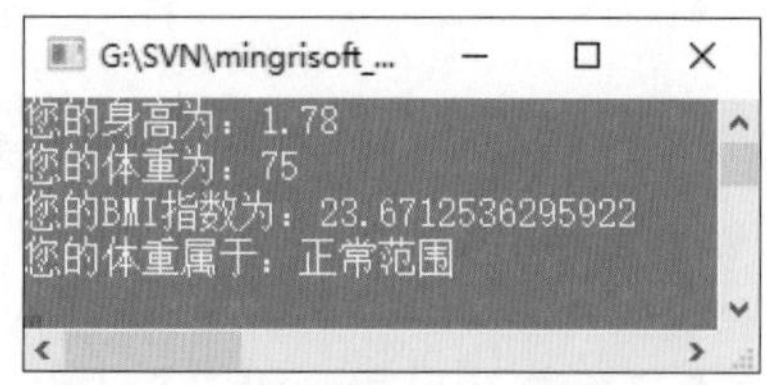

图 3.6　根据身高和体重计算 BMI 指数

一、在用户注册模块中，使用整型变量记录用户的年龄。（资源包 \Code\Try\03\01）

二、在 C# 开发的财务系统中，需要创建一个存储流动资金金额的临时变量，则应使用下列（ ）语句。（资源包 \Code\Try\03\02）

A）decimal theMoney;　　B）int theMoney;

C）string theMoney;　　D）Dim theMoney as double;

4. bool 类型

bool 类型（又称布尔类型）主要用来表示 true 或者 false 值，在 C# 中定义布尔类型时，需要使用 bool 关键字。例如，以下代码用于定义一个布尔类型的变量：

```
bool x = true;
```

布尔类型通常被用在流程控制语句中作为判断条件。

这里需要注意的是，布尔类型变量的值只能是 true 或者 false，不能将其他的值指定给布尔类型变量，例如，将一个整数 10 赋值给布尔类型变量，代码如下：

```
bool x = 10;
```

在 Visual Studio 开发环境中运行这句代码，就会出现如图 3.7 所示的错误提示。

图 3.7　将整数赋值给布尔型变量时出现的错误提示

布尔类型变量的默认值为 false。

5. 字符类型

字符类型在 C# 中使用 Char 类来表示，该类主要用来存储单个字符，它占用 16 位（两字节）的内存空间。在定义字符型变量时，要以单引号（' '）表示，如 'a' 表示一个字符，而 "a" 则表示一个字符串，因为虽然其只有一个字符，但由于使用了双引号，所以它仍然表示字符串，而不是字符。字符类型变量的声明非常简单，代码如下：

```
Char ch1 = 'L';
char ch2 = '1';
```

注意

Char 类只能定义一个 Unicode 字符。Unicode 字符是目前计算机中通用的字符编码，它为针对不同语言中的每个字符设定了统一的二进制编码，用于满足跨语言、跨平台的文本转换和处理要求，这里了解 Unicode 即可。

☑ Char 类的使用

Char 类为开发人员提供了许多方法，可以通过这些方法灵活地对字符进行各种操作。Char 类的常用方法及说明如表 3.3 所示。

表 3.3　Char 类的常用方法及说明

方　法	说　明
IsDigit	指示某个 Unicode 字符是否属于十进制数类别
IsLetter	指示某个 Unicode 字符是否属于字母类别
IsLetterOrDigit	指示某个 Unicode 字符是属于字母类别还是属于十进制数类别
IsLower	指示某个 Unicode 字符是否属于小写字母类别
IsNumber	指示某个 Unicode 字符是否属于数字类别
IsPunctuation	指示某个 Unicode 字符是否属于标点符号类别
IsSeparator	指示某个 Unicode 字符是否属于分隔符类别
IsUpper	指示某个 Unicode 字符是否属于大写字母类别
IsWhiteSpace	指示某个 Unicode 字符是否属于空白类别
Parse	将指定字符串的值转换为它的等效 Unicode 字符
ToLower	将 Unicode 字符的值转换为它的小写等效项
ToString	将字符的值转换为其等效的字符串表示
ToUpper	将 Unicode 字符的值转换为它的大写等效项
TryParse	将指定字符串的值转换为它的等效 Unicode 字符

从表 3.3 可以看到，C# 中的 Char 类提供了很多操作字符的方法，其中以 Is 和 To 开始的方法比较常用。以 Is 开始的方法大多判断 Unicode 字符是否为某个类别，比如是否大小写、是否是数字等；而以 To 开始的方法主要用于对字符大小写进行转换及字符串的转换。

实例 02　字符类 Char 的常用方法应用　　实例位置：资源包\Code\SL\03\02

创建一个控制台应用程序，演示如何使用 Char 类提供的常见方法，代码如下：

实例02-1

```
01  static void Main(string[] args)
02  {
03      char a = 'a';                               //声明字符a
04      char b = '8';                               //声明字符b
05      char c = 'L';                               //声明字符c
06      char d = '.';                               //声明字符d
07      char e = '|';                               //声明字符e
08      char f = ' ';                               //声明字符f
09      //使用IsLetter方法判断a是否为字母
10      Console.WriteLine("IsLetter方法判断a是否为字母：{0}", Char.IsLetter(a));
11      //使用IsDigit方法判断b是否为数字
12      Console.WriteLine("IsDigit方法判断b是否为数字：{0}", Char.IsDigit(b));
13      //使用IsLetterOrDigit方法判断c是否为字母或数字
14      Console.WriteLine("IsLetterOrDigit方法判断c是否为字母或数字：{0}", Char.IsLetterOrDigit(c));
15      //使用IsLower方法判断a是否为小写字母
16      Console.WriteLine("IsLower方法判断a是否为小写字母：{0}", Char.IsLower(a));
17      //使用IsUpper方法判断c是否为大写字母
18      Console.WriteLine("IsUpper方法判断c是否为大写字母：{0}", Char.IsUpper(c));
19      //使用IsPunctuation方法判断d是否为标点符号
20      Console.WriteLine("IsPunctuation方法判断d是否为标点符号：{0}", Char.IsPunctuation(d));
21      //使用IsSeparator方法判断e是否为分隔符
22      Console.WriteLine("IsSeparator方法判断e是否为分隔符：{0}", Char.IsSeparator(e));
23      //使用IsWhiteSpace方法判断f是否为空白
24      Console.WriteLine("IsWhiteSpace方法判断f是否为空白：{0}", Char.IsWhiteSpace(f));
25      Console.ReadLine();
26  }
```

代码注解

（1）第 3 行到第 8 行代码声明了 5 个不同类型的字符变量，下面的操作都是围绕这 5 个字符变量进行的。

（2）第 25 行代码主要是为了使控制台界面能够停留在桌面上。

程序的运行结果如图 3.8 所示。

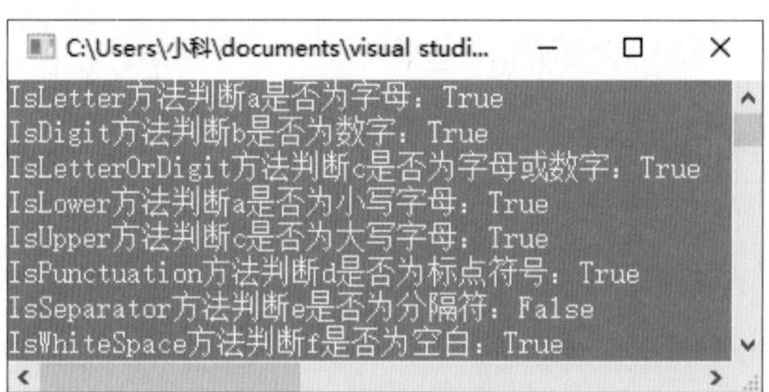

图 3.8　Char 类常用方法的应用

拓展训练

一、打印保险单详细列表时，使用 Char 类型记录用户的性别是 M（男）还是 W（女），效果如图 3.9 所示。（资源包 \Code\Try\03\03）

二、尝试在 Visual Studio 2022 开发工具中比较 'g' 和 103 是否相等。（资源包 \Code\Try\03\04）

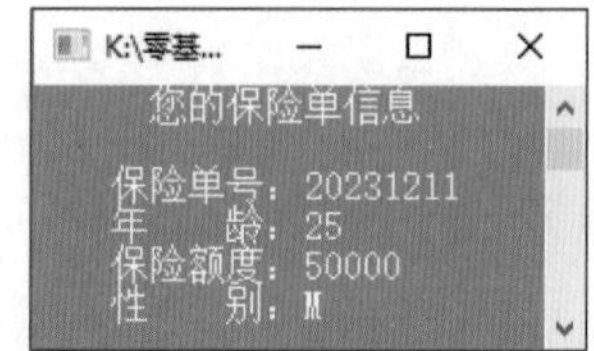

图 3.9　使用 Char 类型字符记录用户性别

☑ 转义字符

前面讲到了字符型变量只能存储单个字符，但是，如果在 Visual Studio 开发环境中编写如下代码：

```
char ch = '\';
```

就会出现如图 3.10 所示的错误提示。

图 3.10　定义反斜线时的错误提示

从代码上看，反斜线“\”是一个字符，正常应该是可以定义为字符的，但为什么会出现错误呢？这里就引出了转义字符的概念。

转义字符是一种特殊的字符变量，以反斜线“\”开头，后跟一个或多个字符。也就是说，在 C# 中，反斜线“\”是一个转义字符，不能单独作为字符使用。因此，如果要在 C# 中使用反斜线，可以使用以下代码表示：

```
char ch = '\\';
```

转义字符就相当于一个电源变换器，电源变换器就是通过一定的手段获得所需的电源形式，例如交流变成直流、高压变为低压、低频变为高频等。转义字符也是，它会将字符转换成另一种操作形式，或是将无法一起使用的字符进行组合。

注意

转义符（单个反斜线）“\”只针对后面紧跟着的单个字符进行操作。

C# 中常用的转义字符及其说明如表 3.4 所示。

表 3.4　转义字符及其说明

转 义 字 符	说　明
\n	回车换行
\t	横向跳到下一制表位置
\"	双引号
\b	退格
\r	回车
\f	换页
\\	反斜线
\'	单引号
\uxxxx	4 位十六进制数所表示的字符，如 \u0052

实例 03　输出 Windows 系统目录　　实例位置：资源包\Code\SL\03\03

创建一个控制台应用程序，通过使用转义字符在控制台窗口中输出 Windows 的系统目录，代码如下：

实例03-1

```
static void Main(string[] args)
{
    Console.WriteLine("Windows的系统目录为：C:\\Windows");       //输出Windows的系统目录
    Console.ReadLine();
}
```

程序的运行结果如图 3.11 所示。

拓展训练

一、在控制台窗口中输出 Visual Studio 2022 开发环境的安装目录。（资源包 \Code\Try\03\05）
二、使用转义字符输出带特殊效果的内容，效果如图 3.12 所示。（资源包 \Code\Try\03\06）

图 3.11　输出 Windows 的系统目录

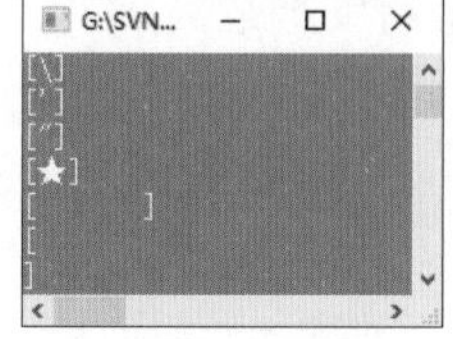

图 3.12　使用转义字符输出特殊效果

多学两招

在实例 03“输出 Windows 系统目录”中，遇到反斜线时，使用“\\”表示，但对于下面的情况：

```
Console.WriteLine("C:\\Windows\\Microsoft.NET\\Framework\\v4.0.30319\\2052");
```

即在有多级目录时，如果都使用“\\”，就会显得非常麻烦，这时可以用一个 @ 符号来进行多级转义，代码修改如下：

```
Console.WriteLine(@"C:\Windows\Microsoft.NET\Framework\v4.0.30319\2052");
```

3.3.3 变量的初始化

视频讲解：资源包\Video\03\3.3.3 变量的初始化.mp4

变量的初始化实际上就是给变量赋值，以便在程序中使用。首先，在 Visual Studio 2022 开发环境中运行下面一段代码：

```
static void Main(string[] args)
{
    string title;
    Console.WriteLine(title);
}
```

会出现如图 3.13 所示的错误提示。

图 3.13　变量未赋值时的错误提示

从图 3.13 可以看出，如果直接定义一个变量，就会提示使用了未赋值的变量，这说明：在程序中使用变量时，一定要对其进行赋值，也就是初始化，然后才可以使用。那么如何对变量进行初始化呢？

初始化变量有 3 种方法，分别是单独初始化变量、声明时初始化变量、同时初始化多个变量等，下面分别进行讲解。

1. 单独初始化变量

在 C# 中，使用赋值运算符“=”（等号）对变量进行初始化，即将等号右边的值赋给左边的变量。

例如，声明一个变量 sum，并初始化其默认值为 2023，代码如下：

```
int sum;                    //声明一个变量
sum = 2023;                 //使用赋值运算符“=”给变量赋值
```

在对变量进行初始化时，等号右边也可以是一个已经被赋值的变量。例如，首先声明两个变量 sum 和 num，然后将变量 sum 赋值为 2023，最后将变量 sum 赋值给变量 num，代码如下：

```
int sum, num;               //声明两个变量
sum = 2023;                 //将变量sum初始化为2023
num = sum;                  //将变量sum赋值给变量num
```

2. 声明时初始化变量

声明变量时可以对变量进行初始化，即在每个变量名后面加上给变量赋初始值的指令。

例如，声明一个整型变量 mr，并且赋值为 927。然后同时声明 3 个字符串型变量并初始化，代码如下：

```
int mr = 927;               //声明一个整型变量mr
//初始化字符串型变量mr_1、mr_2和mr_3
string mr_1 = "零基础学", mr_2 = "项目入门", mr_3 = "实例精粹";
```

3. 同时初始化多个变量

在对多个同类型的变量赋同一个值时，为了节省代码的行数，可以同时对多个变量进行初始化。

例如，声明 5 个 int 类型的变量 a、b、c、d、e，然后将这 5 个变量都初始化为 0，代码如下：

```
int a, b, c, d, e;
a = b = c = d = e = 0;
```

上面讲解了初始化变量的 3 种方法，现在对本节开始出现错误的代码段进行修改，使其能够正常

运行，修改后的代码如下：

```
static void Main(string[] args)
{
    //第一种方法
    //string title="零基础学C#";
    //第二种方法
    string title;
    title = "零基础学C#";
    Console.WriteLine(title);
}
```

再次运行程序，即可正常运行。

3.3.4 变量的作用域

视频讲解：资源包\Video\03\3.3.4 变量的作用域.mp4

由于变量被定义后，只是暂时存储在内存中，等程序执行到某一个点后，该变量会被释放掉。也就是说，变量有它的生命周期。因此，变量的作用域是指程序代码能够访问该变量的区域，如果超出该区域，则在编译时就会出现错误。在程序中，一般会根据变量的“有效范围”将变量分为“成员变量”和“局部变量”。

1. 成员变量

在类体中定义的变量被称为成员变量，成员变量在整个类中都有效。类的成员变量又可以分为两种，即实例变量和静态变量。

例如，在 Test 类中声明实例变量和静态变量，代码如下：

```
class Test
{
    int x = 45;
    static int y = 90;
}
```

其中，x 为实例变量，y 为静态变量（也称类变量）。如果在成员变量的类型前面加上关键字 static，这样的成员变量被称为静态变量。静态变量的有效范围可以跨类，甚至可达到整个应用程序之内。对于静态变量，除了能在定义它的类内存取，还能直接以“类名 . 静态变量”的方式在其他类中使用。

2. 局部变量

在类的方法体中定义的变量（定义方法的“{”与“}”之间的区域）称为局部变量，局部变量只在当前代码块中有效。

在类的方法中声明的变量（包括方法的参数）都属于局部变量。局部变量只有在当前定义的方法内有效，不能用于类的其他方法中。局部变量的生命周期取决于方法，当方法被调用时，C# 编译器为方法中的局部变量分配内存空间，当该方法的调用结束后，则会释放方法中局部变量占用的内存空间，局部变量也将被销毁。

变量的有效范围如图 3.14 所示。

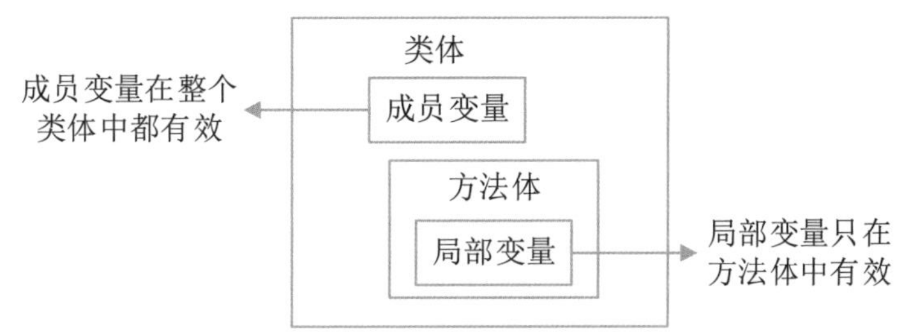

图 3.14　变量的有效范围

实例 04　使用变量记录用户登录名　|　**实例位置：资源包\Code\SL\03\04**

创建一个控制台应用程序，使用一个局部变量记录用户的登录名，代码如下：

视频讲解

实例04-1

```
static void Main(string[] args)
{
    Console.WriteLine("    欢迎进入明日科技官网\n\n    请首先输入用户名：");
    string Name = Console.ReadLine();                   //记录用户的输入
    Console.WriteLine("    登录用户：" + Name);          //输出当前登录用户
    Console.ReadLine();
}
```

程序运行结果如图 3.15 所示。

图 3.15　使用一个局部变量记录用户的登录名

一、制作用户登录模块时，使用局部变量记录登录用户和登录时间（提示：记录登录时间时，需要用到 DataTime 结构，该结构用来获取与日期相关的信息）。（资源包 \Code\Try\03\07）

二、使用一个 int 类型的变量记录每年京东的年中促销活动节日名称（提示：618），运行效果如图 3.16 所示。（资源包 \Code\Try\03\08）

图 3.16　使用变量记录京东 618 节日名称

3.4 常量

通过对前面知识的学习，我们知道了变量是随时可以改变值的量，那么，在遇到不允许改变值的情况时，该怎么办呢？这就是本节将要讲解的常量。

3.4.1 常量是什么

视频讲解：资源包\Video\03\3.4.1 常量是什么.mp4

常量就是程序在运行过程中，值不能改变的量，比如现实生活中的居民身份证号码、数学运算中的 π 值等，这些都是不会发生改变的，它们都可以被定义为常量。常量可以分为不同的类型，比如 98、368 是整数类型常量，3.14、0.25 是实数常量，即浮点类型的常量，'m'、'r' 是字符常量。

3.4.2 常量的分类

视频讲解：资源包\Video\03\3.4.2 常量的分类.mp4

常量主要有两种，分别是 const 常量和 readonly 常量，下面分别对这两种常量进行讲解。

1. const 常量

在 C# 中提到常量，通常指的是 const 常量。const 常量也叫静态常量，它的值在编译时就已经确定了。const 常量的值必须在声明时就进行初始化，而且之后不可以再更改。

例如，声明一个正确的 const 常量，同时声明一个错误的 const 常量，以便读者对比参考，代码如下：

```
const double PI = 3.1415926;            //正确的声明常量的方法
const int MyInt;                        //错误：声明常量时没有初始化
```

2. readonly 常量

readonly 常量是一种特殊的常量，也被称为动态常量，从字面上理解，readonly 常量可以进行动态赋值，但需要注意的是，这里的动态赋值是有条件的，它只能在构造函数中进行，例如，下面的代码：

```
class Program
{
    readonly int Price;                 //定义一个reanonly常量
    Program()                           //构造函数
    {
        Price = 368;                    //在构造函数中修改reanonly常量的值
    }
    static void Main(string[] args)
    {
    }
}
```

如果要在构造函数以外的位置修改 readonly 常量的值，比如，在 Main 方法中进行修改，代码如下：

```
class Program
{
    readonly int Price;                 //定义一个reanonly常量
    Program()                           //构造函数
    {
        Price = 368;                    //在构造函数中修改reanonly常量的值
    }
```

```
        static void Main(string[] args)
        {
            Program p = new Program();          //创建类的对象
            p.Price = 365;                      //试图对readonly常量的值进行修改
        }
}
```

这时再运行程序，将会出现如图 3.17 所示的错误提示。

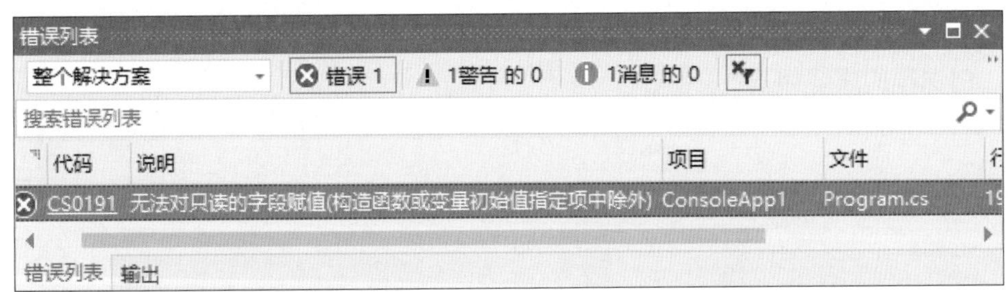

图 3.17　试图在构造函数以外的位置修改 readonly 常量值的错误提示

3. const 常量与 readonly 常量的区别

const 常量与 readonly 常量的主要区别如下。

☑ const 常量必须在声明时初始化，而 readonly 常量则可以在构造函数中初始化。

☑ const 常量在编译时就被解析，即将常量的值替换成初始化的值，而 readonly 常量的值需要在运行时确定。

☑ const 常量可以在类或者方法体中定义，而 readonly 常量只能在类中定义。

3.5 运算符

运算符是具有运算功能的符号，根据使用操作数的个数，可以将运算符分为单目运算符、双目运算符和三目运算符，其中，单目运算符是作用在一个操作数上的运算符，如正号（+）等；双目运算符是作用在两个操作数上的运算符，如加法（+）、乘法（*）等；三目运算符是作用在 3 个操作数上的运算符，C# 中唯一的三目运算符就是条件运算符（?:）。本节将详细讲解 C# 中的运算符。

3.5.1 算术运算符

视频讲解：资源包\Video\03\3.5.1 算术运算符.mp4

C# 中的算术运算符是双目运算符，主要包括 +、-、*、/ 和 % 5 种，它们分别用于进行加、减、乘、除和模（求余数）运算。C# 中算术运算符的功能及使用方式如表 3.5 所示。

表 3.5　算术运算符的功能及使用方式

运　算　符	说　　明	实　　例	结　　果
+	加	12.45f+15	27.45
-	减	4.56-0.16	4.4

续表

运 算 符	说 明	实 例	结 果
*	乘	5L*12.45f	62.25
/	除	7/2	3
%	求余	12%10	2

实例 05 计算学生成绩的分差及平均分

实例位置：资源包\Code\SL\03\05

某学生 3 门课程的成绩如下：

课程	分数
C	89
C#	90
SQL	60

编程实现两个功能：计算 C# 课和 SQL 课的分数之差，并计算 3 门课的平均分数。

代码如下：

实例05-1

```
static void Main(string[] args)
{
    int c = 89, csharp = 90, sql = 60;          //定义3个变量，分别存储C语言、C#和SQL的分数
    int sub = csharp - sql;                     //计算C#和SQL的分数差
    double avg = (c + csharp + sql) / 3;        //计算平均成绩
    Console.WriteLine("C#课和SQL课的分数之差： " + sub + " 分");
    Console.WriteLine("3门课的平均分： " + avg + " 分");
    Console.ReadLine();
}
```

程序运行结果如图 3.18 所示。

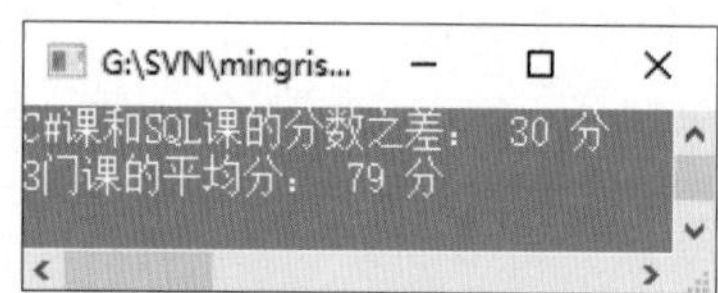

图 3.18 计算学生成绩的分差及平均分

一、制作一个简易的加法计算器程序，具体实现时，提示用户输入 3 个整型或浮点型数值，并计算这 3 个数值的和。（资源包 \Code\Try\03\09）

二、使用克莱姆法则求解下面的二元一次方程组。（资源包 \Code\Try\03\10）

$21.8x + 2y = 28$

$7x + 8y = 62$

提示：克莱姆法则求解二元一次方程组的公式如图 3.19 所示。

$$\begin{cases} ax + by = e \\ cx + dy = f \end{cases} \quad x = \frac{ed-bf}{ad-bc} \quad y = \frac{af-ec}{ad-bc}$$

图 3.19 克莱姆法则求解二元一次方程组的公式

注意

使用除法（/）运算符和求余运算符时，除数不能为 0，否则将会出现异常，如图 3.20 所示。

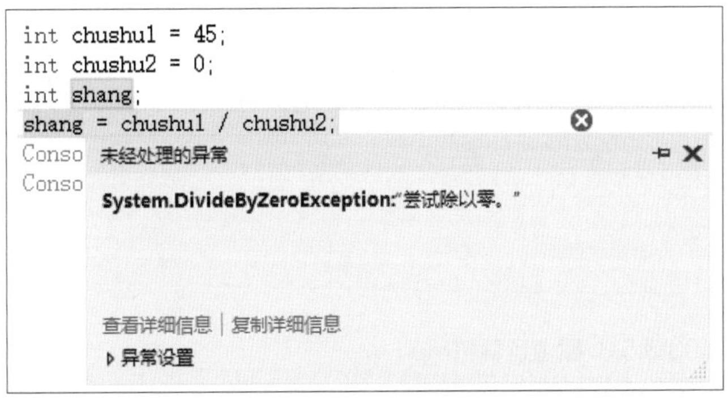

图 3.20　除数为 0 时出现的错误提示

3.5.2 自增自减运算符

视频讲解：资源包\Video\03\3.5.2 自增自减运算符.mp4

使用算术运算符时，如果需要对数值型变量的值进行加 1 或者减 1 操作，可以使用下面的代码：

```
int i=5;
i=i+1;
i=i-1;
```

针对以上功能，C# 中还提供了另外的实现方式：自增和自减运算符，分别用 ++ 和 -- 表示，下面分别对它们进行讲解。

自增和自减运算符是单目运算符，在使用时有两种形式，分别是 ++expr、expr++，或者 --expr、expr--，其中，++expr、--expr 是前置形式，它表示 expr 自身先加 1 或者减 1，其运算结果是自身修改后的值，再参与其他运算；而 expr++、expr-- 是后置形式，它也表示自身加 1 或者减 1，但其运算结果是自身未修改的值。也就是说，expr++、expr-- 是先参加完其他运算，然后进行自身加 1 或者减 1 操作，自增、自减运算符放在不同位置时的运算示意图如图 3.21 所示。

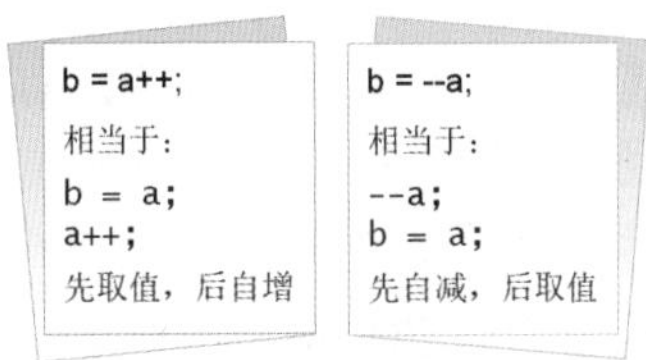

图 3.21　自增自减运算符放在不同位置时的运算示意图

例如，以下代码演示自增运算符放在变量的不同位置时的运算结果：

```
int i = 0, j = 0;            //定义int类型的 i、j
int post_i, pre_j;           //post_i表示后置形式运算的返回结果，pre_j表示前置形式运算的返回结果
post_i = i++;                //后置形式的自增，post_i是0
Console.WriteLine(i);        //输出结果是1
pre_j = ++j;                 //前置形式的自增，pre_j是1
Console.WriteLine(j);        //输出结果是1
```

注意

自增自减运算符只能作用于变量，因此，下面的形式是不合法的：

```
3++;                      //不合法，因为3是一个常量
(i+j)++;                  //不合法，因为i+j是一个表达式
```

多学两招 如果程序中不需要使用操作数原来的值，只是需要其自身进行加（减）1，那么建议使用前置自加（减），因为后置自加（减）需要先保存原来的值，而前置自加（减）不需要保存原来的值。

3.5.3 赋值运算符

视频讲解：资源包\Video\03\3.5.3 赋值运算符mp4

赋值运算符主要用来为变量等赋值，它是双目运算符。C# 中的赋值运算符分为简单赋值运算符和复合赋值运算符，下面分别进行讲解。

1. 简单赋值运算符

简单赋值运算符以符号“=”表示，其功能是将右操作数所含的值赋给左操作数。例如：

```
int a = 100;            //该表达式是将100赋值给变量a
```

2. 复合赋值运算符

在程序中对某个对象进行某种操作后，如果再将操作结果重新赋值给该对象，则可以通过下面的代码实现：

```
int a = 3;
int temp = 0 ;
temp = a + 2 ;
a= temp ;
```

上面的代码看起来很烦琐，在 C# 中，上面的代码等价于：

```
int a = 3;
a += 2;
```

上面代码中的 += 就是一种复合赋值运算符，复合赋值运算符又称为带运算的赋值运算符，它其实是将赋值运算符与其他运算符合并成一个运算符来使用，从而同时实现两种运算符的效果。

C# 提供了很多复合赋值运算符，其说明及运算规则如表 3.6 所示。

表 3.6　复合赋值运算符的说明及运算规则

名　称	运 算 符	运 算 规 则	意　义
加赋值	+=	x+=y	x=x+y
减赋值	-=	x-=y	x=x-y
除赋值	/=	x/=y	x=x/y
乘赋值	*=	x*=y	x=x*y
模赋值	%=	x%=y	x=x%y
位与赋值	&=	x&=y	x=x&y

续表

名　称	运 算 符	运 算 规 则	意　义
位或赋值	|=	x|=y	x=x|y
右移赋值	>>=	x>>=y	x=x>>y
左移赋值	<<=	x<<=y	x=x<<y
异或赋值	^=	x^=y	x=x^y

3. 复合赋值运算符的优势及劣势

使用复合赋值运算符时，虽然“a += 1”与“a = a + 1”两者的计算结果是相同的，但是在不同的场景下，两种使用方法都有各自的优势和劣势，下面分别介绍。

（1）低精度类型自增

在 C# 中，整数的默认类型是 int 型，所以下面的代码会报错：

```
byte a=1;            //创建byte型变量a
a=a+1;               //让a的值加1，错误提示：无法将int型转换成byte型
```

在在上面的代码中，在没有进行强制类型转换的条件下，a+1 的结果是一个 int 值，无法直接赋给一个 byte 变量。但是如果使用“+=”实现递增计算，就不会出现这个问题，代码如下：

```
byte a=1;            //创建byte类型变量a
a+=1;                //让a的值加1
```

（2）不规则的多值运算

复合赋值运算符的功能虽然强大，但是有些时候是不推荐使用的，例如下面的情况：

```
a = (2 + 3 - 4) * 92 / 6;
```

如果将上面这行代码改成复合赋值运算符实现，就会显得非常烦琐，代码如下：

```
a += 2;
a += 3;
a -= 4;
a *= 92;
a /= 6;
```

说明

在 C# 中可以把赋值运算符连在一起使用。如：

```
x = y = z = 5;
```

在这个语句中，变量 x、y、z 都得到同样的值 5，但在程序开发中不建议使用这种赋值语法。

3.5.4 关系运算符

视频讲解

视频讲解：资源包\Video\03\3.5.4 关系运算符.mp4

关系运算符是双目运算符，它用于在程序中的变量之间以及其他类型的对象之间的比较，它返回一个代表运算结果的布尔值。当运算符对应的关系成立时，运算结果为 true，否则为 false。关系运算符

通常用在条件语句中作为判断的依据。C# 中的关系运算符共有 6 个，其使用及说明如表 3.7 所示。

表 3.7 关系运算符的使用及说明

运 算 符	作 用	举 例	操 作 数 据	结 果
>	大于	a > b	整型、浮点型、字符型	false
<	小于	156 < 456	整型、浮点型、字符型	true
==	等于	c == c	基本数据类型、引用型	true
!=	不等于	y! = t	基本数据类型、引用型	true
>=	大于或等于	479>=426	整型、浮点型、字符型	true
<=	小于或等于	12.45<=45.5	整型、浮点型、字符型	true

说明

不等于运算符（!=）是与等于运算符相反的运算符，它与 !(a==b) 是等效的。

实例 06 使用关系运算符比较大小关系

实例位置：资源包\Code\SL\03\06

创建一个控制台应用程序，声明 3 个 int 类型的变量，并分别对它们进行初始化，然后分别使用 C# 中的各种关系运算符对它们的大小关系进行比较，代码如下：

视 频 讲 解

实例06-1

```
01 static void Main(string[] args)
02 {
03     int num1 = 4, num2 = 7, num3 = 7;                          //定义3个int变量，并初始化
04     //输出3个变量的值
05     Console.WriteLine("num1=" + num1 + " , num2=" + num2 + " , num3=" + num3);
06     Console.WriteLine();                                       //换行
07     Console.WriteLine("num1<num2的结果：" + (num1 < num2));     //小于操作
08     Console.WriteLine("num1>num2的结果：" + (num1 > num2));     //大于操作
09     Console.WriteLine("num1==num2的结果：" + (num1 == num2));   //等于操作
10     Console.WriteLine("num1!=num2的结果：" + (num1 != num2));   //不等于操作
11     Console.WriteLine("num1<=num2的结果：" + (num1 <= num2));   //小于或等于操作
12     Console.WriteLine("num2>=num3的结果：" + (num2 >= num3));   //大于或等于操作
13     Console.ReadLine();
14 }
```

代码注解

（1）第 6 行代码使用“Console.WriteLine();”输出了一个空行，起到了换行的作用。
（2）第 7 行到第 12 行代码主要演示 6 种关系运算符的使用方法。

程序运行结果如图 3.22 所示。

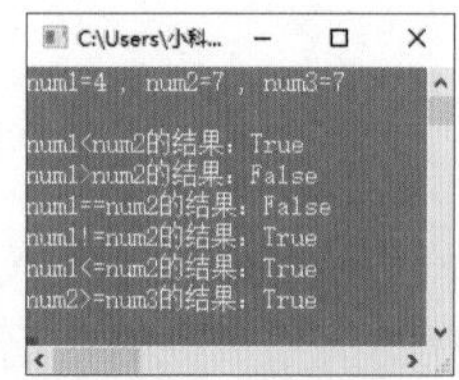

图 3.22 使用关系运算符比较大小关系

拓展训练

一、有两个链球，它们分别重 5kg 和 8kg，请使用程序输出其中更重的一个链球。（资源包 \Code\Try\03\11）

二、国家推出二孩政策，A 家庭陆续生了 2 个孩子，B 家庭陆续生了 4 个孩子，编写程序判断哪个家庭属于超生家庭？（资源包 \Code\Try\03\12）

3.5.5 逻辑运算符

视 频 讲 解

视频讲解：资源包\Video\03\3.5.5 逻辑运算符.mp4

假定某面包店，在每周二的下午 7 点至 8 点和每周六的下午 5 点至 6 点，对生日蛋糕商品进行折扣让利活动，那么想参加折扣活动的顾客就要在时间上满足这样的条件（周二且 7:00 PM~8:00 PM）或者（周六且 5:00 PM~6:00 PM），这里就用到了逻辑关系，在 C# 中也提供了这样的逻辑运算符来进行逻辑运算。

逻辑运算符是对真和假这两种布尔值进行运算，运算后的结果仍是一个布尔值。在 C# 中，逻辑运算符主要包括 &（&&）（逻辑与）、|（||）（逻辑或）、!（逻辑非）。在逻辑运算符中，除了“!”是单目运算符，其他都是双目运算符。表 3.8 列出了逻辑运算符的用法和说明。

表 3.8　逻辑运算符的用法和说明

运　算　符	含　　义	用　　法	结 合 方 向
&&、&	逻辑与	op1&&op2	从左到右
||、|	逻辑或	op1||op2	从左到右
!	逻辑非	!op	从右到左

使用逻辑运算符进行逻辑运算时，其运算结果如表 3.9 所示。

表 3.9　使用逻辑运算符进行逻辑运算的结果

表达式 1	表达式 2	表达式 1&& 表达式 2	表达式 1|| 表达式 2	! 表达式 1
true	true	true	true	false
true	false	false	true	false
false	false	false	false	true
false	true	false	true	true

多学两招

逻辑运算符“&&”与“&”都表示“逻辑与”，那么它们之间的区别在哪里呢？从表 3.9 可以看出，当两个表达式都为 true 时，逻辑与的结果才会是 true。使用“&”会判断两个表达式；而“&&”则是针对 bool 类型的数据进行判断，当第一个表达式为 false 时，则不去判断第二个表达式，直接输出结果，从而节省计算机判断的次数。通常将这种在逻辑表达式中从左端的表达式可推断出整个表达式的值称为“短路”，而那些始终执行逻辑运算符两边的表达式称为“非短路”。“&&”属于“短路”运算符，而“&”则属于“非短路”运算符。“||”与“|”的区别跟“&&”与“&”的区别类似。

实例 07　参加面包店的打折活动　　实例位置：资源包\Code\SL\03\07

创建一个控制台应用程序，使用代码实现前面描述的面包店打折活动的场景，代码如下：

视 频 讲 解

实例07-1

```
01 static void Main(string[] args)
02 {
03     Console.WriteLine("面包店正在打折，活动进行中......\n");          //输出提示信息
04     Console.Write("请输入星期：");                                  //输出提示信息
05     string strWeek = Console.ReadLine();                          //记录用户输入的星期
06     Console.Write("请输入时间：");                                  //输出提示信息
07     int intTime = Convert.ToInt32(Console.ReadLine());            //记录用户输入的事件
08     //判断是否满足活动参与条件（使用了if条件语句）
09     if((strWeek == "星期二" && (intTime >= 19 && intTime <= 20)) || (strWeek == "星期六" &&
   (intTime >= 17 && intTime <= 18)))
10     {
11         Console.WriteLine("恭喜您，您获得了折扣活动参与资格，请尽情选购吧！"); //输出提示信息
12     }
13     else
14     {
15         Console.WriteLine("对不起，您来晚了一步，期待下次活动……"); //输出提示信息
16     }
17     Console.ReadLine();
18 }
```

代码注解

（1）第 9 行和第 13 行代码使用了 if…else 条件判断语句，主要用来判断是否满足某种条件，该语句将在第 4 章进行详细讲解，这里只需要了解即可。

（2）第 9 行代码中对条件进行判断时，使用了逻辑运算符 &&、|| 和关系运算符 ==、>=、<=。

程序运行结果如图 3.23 和图 3.24 所示。

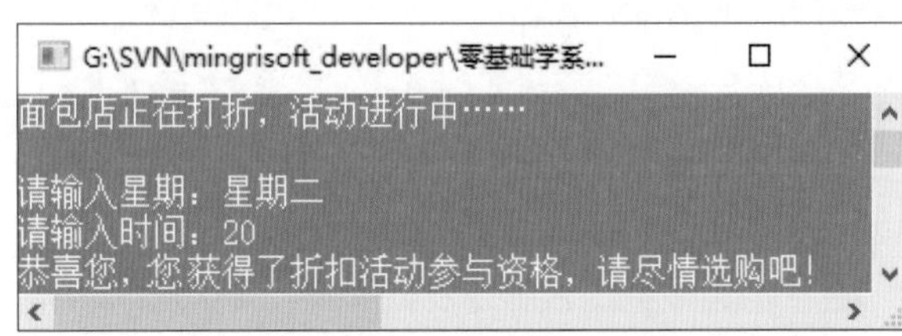

图 3.23　符合条件的运行效果

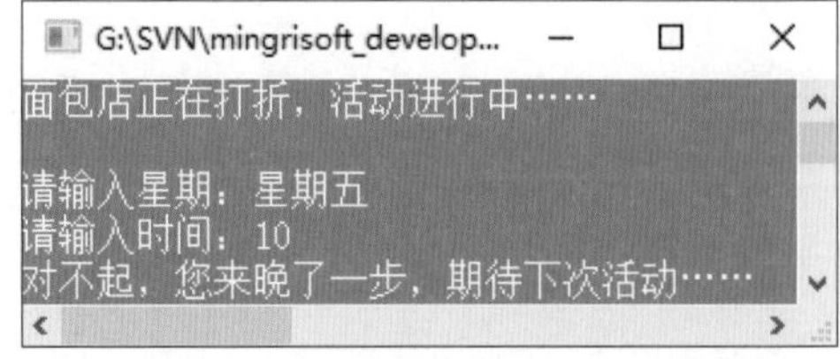

图 3.24　不符合条件的运行效果

拓展训练

一、在明日学院网站首页中，可以使用账户名、手机号或者电子邮箱进行登录。请判断某用户是否可以登录。（已知服务器中有如下记录，账户名为明日，手机号为 136****0204，电子邮箱为 mingrisoft@mingrisoft.com。）（资源包 \Code\Try\03\13）

二、有两名男性应聘者：一位 25 岁，另一位 32 岁。该公司招聘信息中有一个要求，即男性应聘者的年龄在 23~30 岁之间，判断这两名应聘者是否满足这个要求。（资源包 \Code\Try\03\14）

3.5.6 位运算符

视频讲解：资源包\Video\03\3.5.6 位运算符.mp4

视频讲解

位运算符的操作数类型是整型，可以是有符号的，也可以是无符号的。C# 中的位运算符有位与、位或、位异或和取反运算符，其中位与、位或、位异或运算符为双目运算符，取反运算符为单目运算

符。位运算是完全针对位方面的操作，因此，在实际使用时，它需要先将要执行运算的数据转换为二进制数，然后才能进行运算。

说明

整型数据在内存中以二进制形式表示，如整型变量 7 的 32 位二进制数表示是 00000000 00000000 00000000 00000111，其中，左边最高位是符号位，最高位是 0 表示正数，若为 1，则表示负数。负数采用补码表示，如 -8 的 32 位二进制数表示为 11111111 11111111 11111111 11111000。

1. “按位与”运算

“按位与”运算的运算符为“&”，“按位与”运算的运算法则是：如果两个整型数据 a 和 b 对应位都是 1，则结果位才是 1，否则为 0。如果两个操作数的精度不同，则结果的精度与精度高的操作数相同，如图 3.25 所示。

2. “按位或”运算

“按位或”运算的运算符为“|”，“按位或”运算的运算法则是：如果两个操作数对应位都是 0，则结果位才是 0，否则为 1。如果两个操作数的精度不同，则结果的精度与精度高的操作数相同，如图 3.26 所示。

```
&  0000 0000 0000 1100
   0000 0000 0000 1000
   -------------------
   0000 0000 0000 1000
```

图 3.25　12&8 的运算过程

```
|  0000 0000 0000 0100
   0000 0000 0000 1000
   -------------------
   0000 0000 0000 1100
```

图 3.26　4|8 的运算过程

3. “按位异或”运算

“按位异或”运算的运算符是“^”，“按位异或”运算的运算法则是：当两个操作数的二进制数表示相同（同时为 0 或同时为 1）时，结果为 0，否则为 1。若两个操作数的精度不同，则结果数的精度与精度高的操作数相同，如图 3.27 所示。

4. “取反”运算

“取反”运算也称“按位非”运算，运算符为“~”。“取反”运算就是将操作数对应二进制数中的 1 修改为 0，0 修改为 1，如图 3.28 所示。

```
^  0000 0000 0001 1111
   0000 0000 0001 0110
   -------------------
   0000 0000 0000 1001
```

图 3.27　31^22 的运算过程

```
~  0000 0000 0111 1011
   -------------------
   1111 1111 1000 0100
```

图 3.28　~123 的运算过程

说明

在图 3.28 中，123 取反后得到的结果中，由于前面符号位为 1，因此最高位以负数计算，即 -2^7+2^2，所以结果为 −124。

在 C# 中使用 Console.WriteLine 输出图 3.25~ 图 3.28 的运算结果，主要代码如下：

```
Console.WriteLine("12与8的结果为: " + (12 & 8));          //"按位与"计算整数的结果
Console.WriteLine("4或8的结果为: " + (4 | 8));            //"按位或"计算整数的结果
Console.WriteLine("31异或22的结果为: " + (31 ^ 22));      //"按位异或"计算整数的结果
Console.WriteLine("123取反的结果为: " + ~123);            //"按位取反"计算整数的结果
Console.ReadLine();
```

运算结果如图 3.29 所示。

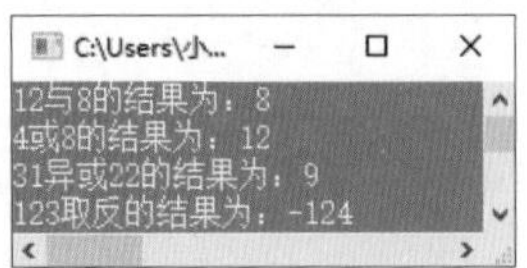

图 3.29　图 3.25 ~ 图 3.28 的运算结果

3.5.7 移位运算符

视频讲解：资源包\Video\03\3.5.7 移位运算符.mp4

C# 中的移位运算符有两个，分别是左移位 << 和右移位 >>，这两个运算符都是双目运算符，它们主要用来对整数类型的数据进行移位操作。移位运算符的右操作数不可以是负数，并且要小于左操作数的位数。下面分别对左移位 << 和右移位 >> 进行讲解。

1. 左移位运算符 <<

左移位运算符 << 是将一个二进制操作数向左移动指定的位数，左边（高位端）溢出的位被丢弃，右边（低位端）的空位用 0 补充。左移位运算相当于乘以 2 的 *n* 次幂。

例如，int 类型数据 48 对应的二进制数为 00110000，将其左移 1 位，根据左移位运算符的运算规则，可以得出 (00110000<<1)=01100000，所以转换为十进制数就是 96（48×2）；将其左移 2 位，根据左移位运算符的运算规则，可以得出 (00110000<<2)=11000000，所以转换为十进制数就是 192（48×2^2），其执行过程如图 3.30 所示。

2. 右移位运算符 >>

右移位运算符 >> 是将一个二进制操作数向右移动指定的位数，右边（低位端）溢出的位被丢弃，而在填充左边（高位端）的空位时，如果最高位是 0（表示正数），左侧空位填入 0；如果最高位是 1（表示负数），左侧空位填入 1。右移位运算相当于除以 2 的 n 次幂。

正数 48 右移 1 位的运算过程如图 3.31 所示。

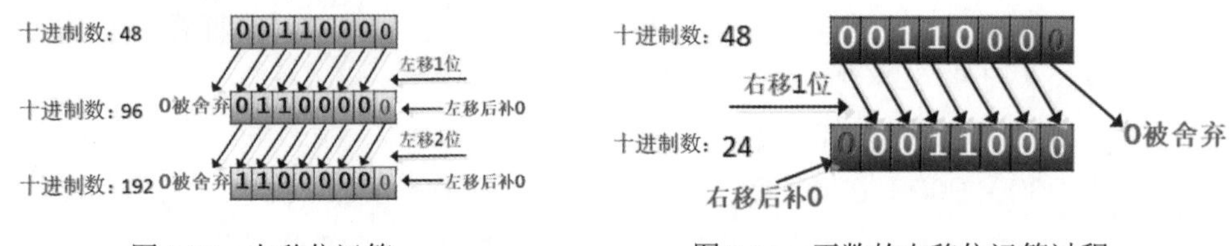

图 3.30　左移位运算　　　　图 3.31　正数的右移位运算过程

负数 -80 右移 2 位的运算过程如图 3.32 所示。

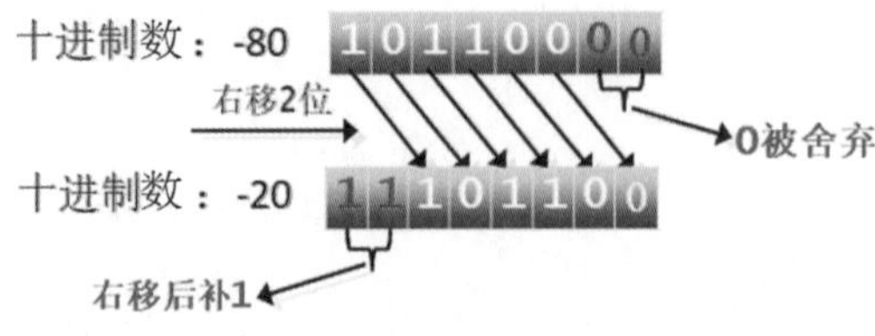

图 3.32　负数的右移位运算过程

多学两招

由于移位运算的速度很快，在程序中遇到表达式乘以或除以 2 的 *n* 次幂的情况时，一般采用移位运算来代替。

3.5.8 条件运算符

视频讲解：资源包\Video\03\3.5.8 条件运算符.mp4

条件运算符用“?:”表示，它是 C# 中唯一的三目运算符，该运算符需要 3 个操作数，形式如下：

```
<表达式1> ? <表达式2> : <表达式3>
```

其中，表达式 1 是一个布尔值，可以为真或假，如果表达式 1 为真，返回表达式 2 的运算结果，如果表达式 1 为假，则返回表达式 3 的运算结果。例如：

```
01 int  x=5, y=6, max;
02 max=x<y? y : x ;
```

多学两招

条件运算符相当于一个 if 语句。因此，上面的第 2 行代码可以修改如下：

```
if (x<y)
    max=y;
else
    max=x;
```

关于 if 语句的详细讲解，请参见第 4 章。

另外，条件运算符的结合性是从右向左的，即：从右向左运算，例如：

```
int  x =5 , y = 6 ;
int  a = 1 ,b = 2 ;
int  z=0;
z= x>y ? x : a>b? a : b ;        //z的值是2
```

等价于：

```
int  x =5 , y = 6 ;
int  a = 1 ,b = 2 ;
int  z=0;
z= x>y ? x : (a>b? a : b) ;      //z的值是2
```

实例 08　判断人的年龄所处阶段

实例位置：资源包\Code\SL\03\08

创建一个控制台应用程序，使用条件运算符判断输入年龄所处的阶段，并输出相应的提示信息，代码如下：

实例08-1

```
static void Main(string[] args)
{
    Console.Write("请输入一个年龄：");                    //屏幕输入提示字符串
    int age = Int32.Parse(Console.ReadLine());         //将输入的年龄转换成int类型
    //利用条件运算符判断年龄是否大于40，并输出相应的内容
    string info = age > 40 ? "人到中年了！" : "这正是黄金奋斗的年龄";
    Console.WriteLine(info);
    Console.ReadLine();
}
```

代码注解

（1）在第 4 行代码中，Int32.Parse 方法用来将用户的输入转换为 int 类型，并存储到 int 类型变量中。

（2）第 6 行代码定义了一个 string 类型的变量，记录条件表达式的返回结果。

程序运行结果如图 3.33 所示。

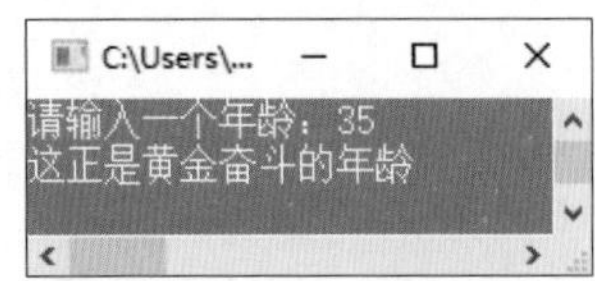

图 3.33　使用条件运算符判断人的年龄阶段

拓展训练

一、通过使用条件运算符判断输入的年份是不是闰年。（**资源包** \Code\Try\03\15）

二、使用逻辑运算符判断用户输入的用户名和密码是否同时满足条件，如果是，输出“登录成功”，否则，输出“登录失败”。提示：默认的用户名和密码分别是 mr 和 mrsoft，另外，该程序实现时需要用到关系运算符“==”和条件运算符“?:”。登录成功和失败的效果分别如图 3.34 和图 3.35 所示。（**资源包** \Code\Try\03\16）

图 3.34　登录成功

图 3.35　登录失败

3.6 数据类型转换

类型转换是将一个值从一种数据类型更改为另一种数据类型的过程。例如，可以将 string 类型数据“457”转换为一个 int 类型，也可以将任意类型的数据转换为 string 类型。

数据类型转换有两种方式，即隐式转换与显式转换。如果从低精度数据类型向高精度数据类型转换，则永远不会溢出，并且总是成功的；而如果从高精度数据类型向低精度数据类型转换，则必然会有信息丢失，甚至有可能失败，这种转换规则就像图 3.36 所示的两个场景，高精度相当于一个大水杯，低精度相当于一个小水杯，大水杯可以轻松装下小水杯中所有的水，但小水杯无法装下大水杯中所有的水，装不下的部分必然会溢出。

图 3.36　大小水杯转换类比数据类型转换的示意图

3.6.1 隐式类型转换

视频讲解：资源包\Video\03\3.6.1　隐式类型转换.mp4

隐式类型转换就是不需要声明就能进行的转换，进行隐式类型转换时，编译器不需要进行检查就能自动进行转换。下列基本数据类型会涉及数据转换（不包括逻辑类型），这些类型按精度从“低”到“高”排列的顺序为 byte < short < int < long < float < double，可对照图 3.37，其中 char 类型比较特殊，

它可以与部分 int 型数字兼容，并且不会发生精度变化。

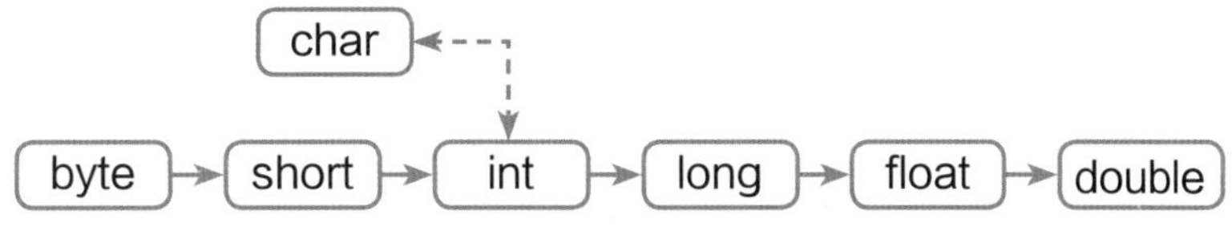

图 3.37　自动转换的兼容顺序图

例如，将 int 类型的值隐式转换成 long 类型，代码如下：

```
int i = 927;                //声明一个整型变量i并初始化为927
long j = i;                 //隐式转换成long类型
```

3.6.2 显式类型转换

视频讲解：资源包\Video\03\3.6.2 显式类型转换.mp4

有很多场合不能隐式地进行类型转换，否则编译器就会出现错误。例如，下面的类型在进行隐式转换时会出现错误：

☑ int 类型转换为 short 类型时，就会丢失数据
☑ int 类型转换为 uint 类型时，就会丢失数据
☑ float 类型转换为 int 类型时，就会丢失小数点后面的所有数据
☑ double 类型转换为 int 类型时，就会丢失小数点后面的所有数据
☑ 数值类型转换为 char 类型时，就会丢失数据
☑ decimal 类型转换为其他数值类型时，decimal 类型的内部结构不同于整数和浮点数

如果遇到上面类型之间的转换，就需要用到 C# 中的显式类型转换。显式类型转换也被称为强制类型转换，它需要在代码中明确地声明要转换的类型。如果要把高精度的变量转换为低精度的变量，就需要使用显式类型转换。

显式类型转换的一般形式为：

```
(类型说明符)表达式
```

其功能是把表达式的运算结果强制转换成类型说明符所表示的类型。

例如，下面的代码用来把 x 转换为 float 类型：

```
(float) x;
```

通过显式类型转换，就可以解决高精度数据向低精度转换的问题。例如，将 double 类型的值 4.5 赋值给 int 类型变量时，可以使用下面的代码实现：

```
int  i ;
i = (int)4.5;               //使用显式类型转换
```

3.6.3 使用 Convert 类进行转换

视频讲解：资源包\Video\03\3.6.3 使用Convert类进行转换.mp4

在 3.6.2 节中讲解了可以使用“(类型说明符)表达式”进行显式类型转换，使用这种方式实现将

long 型数据转换成 int 型数据：

```
long l=3000000000;
int i = (int)l;
```

按照代码的本意，i 的值应该是 3000000000，但在运行这两行代码时，却发现 i 的值是 -1294967296，这主要是由于 int 类型的最大值为 2147483647，很明显，3000000000 要比 2147483647 大，所以在使用上面代码进行显式类型转换时，出现了与预期不符的结果，但是程序并没有报告错误。如果在实际开发中遇到这种情况，可能会引起大的 BUG，那么，在遇到这种错误时，有没有一种方式能够向开发人员报告错误呢？答案是肯定的。C# 中提供了 Convert 类，该类也可以进行显式类型转换，它的主要作用是将一个基本数据类型转换为另一个基本数据类型。Convert 类的常用方法及说明如表 3.10 所示。

表 3.10　Convert 类的常用方法及说明

方　法	说　明
ToBoolean	将指定的值转换为等效的布尔值
ToByte	将指定的值转换为 8 位无符号整数
ToChar	将指定的值转换为 Unicode 字符
ToDateTime	将指定的值转换为 DateTime
ToDecimal	将指定值转换为 Decimal 数字
ToDouble	将指定的值转换为双精度浮点数字
ToInt32	将指定的值转换为 32 位有符号整数
ToInt64	将指定的值转换为 64 位有符号整数
ToSByte	将指定的值转换为 8 位有符号整数
ToSingle	将指定的值转换为单精度浮点数字
ToString	将指定值转换为其等效的 String 表示形式
ToUInt32	将指定的值转换为 32 位无符号整数
ToUInt64	将指定的值转换为 64 位无符号整数

例如，定义一个 double 类型的变量 x，并赋值为 198.99，使用 Convert 类将其显式转换为 int 类型，代码如下：

```
double x = 198.99;                    //定义double类型变量并初始化
int y = Convert.ToInt32(x);           //使用Convert类的方法进行显式类型转换
```

下面使用 Convert 类的 ToInt32 对本节开始的两行代码进行修改，修改后的代码如下：

```
long l=3000000000;
int i = Convert.ToInt32(l);
```

再次运行这两行代码，则会出现如图 3.38 所示的错误提示。

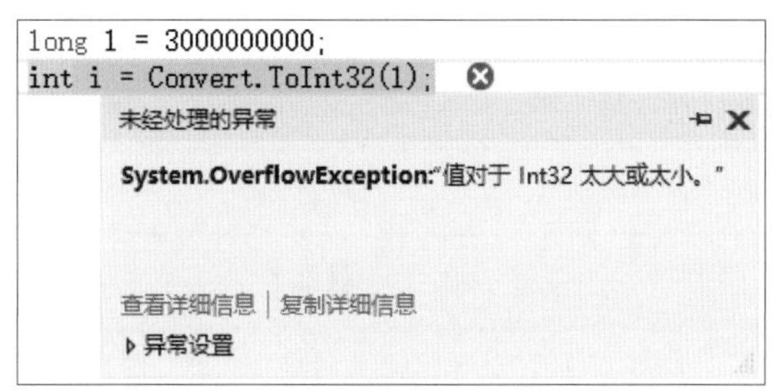

图 3.38　显式类型转换的错误提示

这样，开发人员即可根据图 3.38 中的错误提示对程序代码进行修改，避免程序出现逻辑错误。

3.7 运算符优先级与结合性

视频讲解：资源包\Video\03\3.7 运算符优先级与结合性.mp4

C# 中的表达式是使用运算符连接起来的符合 C# 规范的式子，运算符的优先级决定了表达式中运算执行的先后顺序。运算符优先级其实相当于进销存的业务流程，如进货、入库、销售、出库，只能按这个步骤进行操作。运算符的优先级也是这样的，它是按照一定的先后顺序进行计算的，C# 中的运算符优先级由高到低依次是：

（1）自增、自减运算符。

（2）算术运算符。

（3）移位运算符。

（4）关系运算符。

（5）逻辑运算符。

（6）条件运算符。

（7）赋值运算符。

如果两个运算符具有相同的优先级，则会根据其结合性确定是从左至右运算，还是从右至左运算。表 3.11 列出了运算符由高到低的优先级及结合性。

表 3.11　运算符由高到低的优先级及结合性

运算符类别	运　算　符	数　　目	结　合　性
单目运算符	++、--、!	单目	←
算术运算符	*、/、%	双目	→
	+、-	双目	→
移位运算符	<<、>>	双目	→
关系运算符	>、>=、<、<=	双目	→
	==、!=	双目	→

续表

运算符类别	运 算 符	数 目	结 合 性
逻辑运算符	&&	双目	→
	||	双目	→
条件运算符	? :	三目	←
赋值运算符	=、+=、-=、*=、/=、%=	双目	←

说明

表 3.11 中的"←"表示从右至左，"→"表示从左至右。从表 3.11 中可以看出，C# 中的运算符中，只有单目、条件和赋值运算符的结合性为从右至左，其他运算符的结合性都是从左至右的，所以，下面的代码是等效的：

```
!a++;                  等效于：        !(a++);
a ? b : c ? d : e;     等效于：        a ? b : (c ? d : e);
a = b = c;             等效于：        a = (b = c);
a + b - c;             等效于：        (a + b) - c;
```

3.8 小结

本章向读者介绍的是 C# 的基础语法，其中需要读者重点掌握的是 C# 中的基本数据类型、变量与常量，以及运算符三大知识点。另外，要对数据类型之间的转换有一定的了解。在使用变量时，需要读者注意的是变量的有效范围，否则在使用时会出现编译错误或浪费内存资源。此外，各种运算符也是本章的重点，只有正确使用这些运算符，才能得到预期的结果。

本章 e 学码：关键知识点拓展阅读

if…else if	低精度	枚举类型
string	赋值运算符	内存地址
Unicode 字符	高精度	强制转换
标识符	构造函数	条件语句
补码	跨平台	销毁
操作数	类型说明符	溢出
初始化	逻辑运算	作用域

第 4 章

流程控制语句

（视频讲解：2 小时 42 分钟）

本章概览

做任何事情都要遵循一定的原则。例如，到图书馆去借书，就必须要有借书证，并且借书证不能过期，这两个条件缺一不可。程序设计也是如此，需要利用流程控制实现与用户的交流，并根据用户的需求决定程序"做什么""怎么做"。

流程控制对于任何一门编程语言来说都是至关重要的，它提供了控制程序如何执行的方法。如果没有流程控制语句，整个程序将按照线性顺序来执行，而不能根据用户的需求决定程序执行的顺序。本章将对 C# 中的流程控制语句进行详细讲解。

知识框架

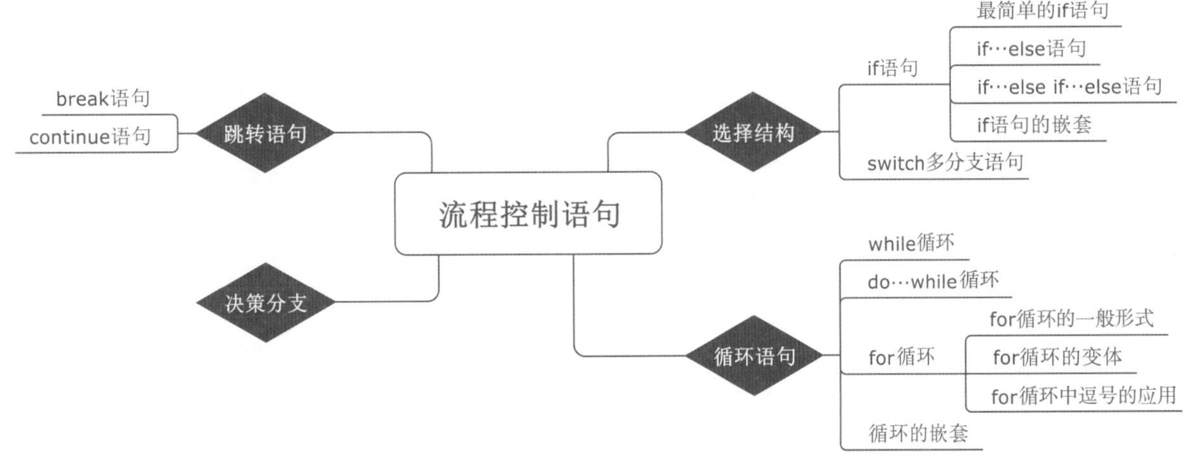

4.1 决策分支

视频讲解：资源包\Video\04\4.1 决策分支.mp4

计算机的主要功能是提供用户的计算功能，但在计算的过程中会遇到各种各样的情况，针对不同的情况会有不同的处理方法，这就要求程序开发语言要有处理决策的能力。汇编语言使用判断指令和跳转指令实现决策，高级语言使用选择判断语句实现决策。

一个决策系统就是一个分支结构，这种分支结构就像一个树形结构，每到一个节点都需要做决定，就像人走到十字路口，是向前走，还是向左走或向右走都需要做决定，不同的分支代表不同的决定。例如，十字路口的分支结构如图 4.1 所示。

为描述决策系统的流程，设计人员开发了流程图。流程图使用图形方式描述系统不同状态的不同处理方法。开发人员使用流程图表现程序的结构，主要的流程图符号如图 4.2 所示。

使用流程图描述十字路口转向的决策，利用方位做决定，判断是否是南方，如果是南方向，则前行，如果不是南方，则寻找南方，流程图如图 4.3 所示。

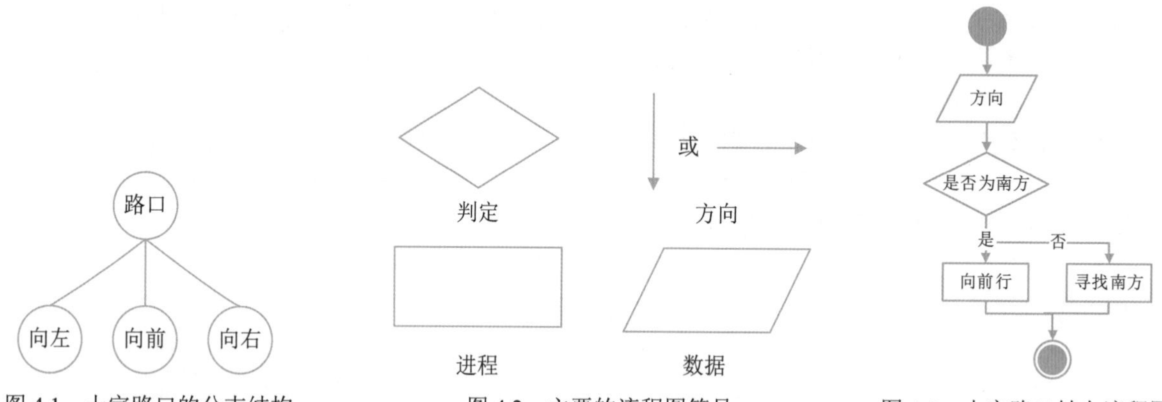

图 4.1　十字路口的分支结构　　图 4.2　主要的流程图符号　　图 4.3　十字路口转向流程图

在程序中使用选择结构语句来做决策，选择结构是编程语言的基础语句，在 C# 语言中有两种选择结构语句，分别是 if 语句和 switch 语句，下面分别对这两种选择结构语句进行讲解。

说明　选择结构语句也被称为条件判断语句或者分支语句。

4.2 if 语句

在生活中，每个人都要做出各种各样的选择。例如，吃什么菜？走哪条路？找什么人？那么当程序遇到选择时，该怎么办呢？这时需要使用的就是选择结构语句。if 语句是最基础的一种选择结构语句，它主要有 3 种形式，分别为最简单的 if 语句、if…else 语句和 if…else if…else 多分支语句，本节将分别对它们进行详细讲解。

4.2.1 最简单的 if 语句

视频讲解：资源包\Video\04\4.2.1 最简单的if语句.mp4

在 C# 中使用 if 关键字来组成选择语句，其最简单的语法形式如下：

```
if(表达式)
{
    语句块
}
```

说明

使用 if 语句时，如果只有一条语句，省略 {} 是没有语法错误的，也不影响程序的执行，但是为了程序代码的可读性，建议不要省略。

其中，表达式部分必须用 () 括起来，它可以是一个单纯的布尔变量或常量，也可以是关系表达式或逻辑表达式，如果表达式的值为真，则执行“语句块”，之后继续执行“下一条语句”；如果表达式的值为假，就跳过“语句块”，执行“下一条语句”，这种形式的 if 语句相当于汉语里的“如果……那么……”，其流程图如图 4.4 所示。

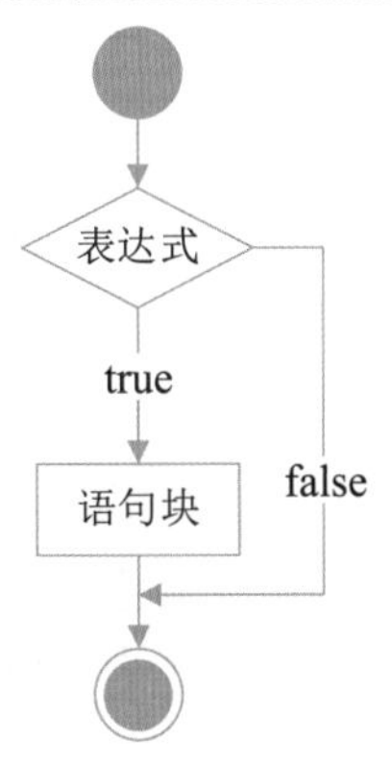

图 4.4　if 语句流程图

实例 01　判断输入的数字是不是奇数　　实例位置：资源包\Code\SL\04\01

使用 if 语句判断用户输入的数字是不是奇数，代码如下：

实例01-1

```
01 static void Main(string[] args)
02 {
03     Console.WriteLine("请输入一个数字：");
04     int iInput = Convert.ToInt32(Console.ReadLine()); //记录用户的输入
05     if (iInput % 2 != 0)                              //使用if语句进行判断
06     {
07         Console.WriteLine(iInput + " 是一个奇数！");
08     }
09     Console.ReadLine();
10 }
```

代码注解

（1）第 4 行代码使用 Convert.ToInt32 方法将用户的输入强制转换成了 int 类型，并使用 int 类型变量记录。

（2）奇数的条件是不能被 2 整除。因此，第 5 行代码判断用户输入的数求余 2 是否不等于 0，以此来确定用户的输入是不是奇数。

运行程序，当输入 5 时，结果如图 4.5 所示；当输入 6 时，结果如图 4.6 所示。

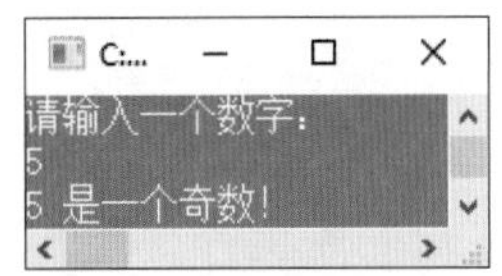

图 4.5　奇数运行结果

图 4.6　不是奇数的运行结果

拓展训练

一、创建一个控制台应用程序，判断用户输入的数是不是偶数。（资源包 \Code\Try\04\01）

二、模拟到银行取钱场景：已知银行卡密码是 404328，密码正确才可以取钱。使用 if 语句判断取钱密码是否正确。如果输入的密码是 404328，则说明密码正确。运行结果如图

4.7 所示。（资源包 \Code\Try\04\02）

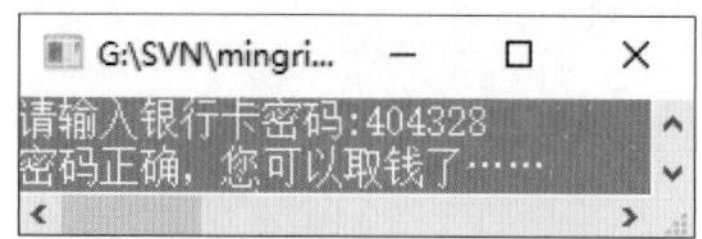

图 4.7　模拟到银行取钱结果

说明

if 语句后面如果只有一条语句，可以不使用大括号 {}，例如，下面的代码：

```
if (a > b)
    max = a;
```

不建议开发人员使用这种形式，不管 if 语句后面有多少要执行的语句，都建议使用大括号 {} 括起来，这样方便代码的阅读。

常见错误

（1）if 语句后面多加了分号。例如，if 语句正确表示如下：

```
if (i == 5)
    Console.WriteLine("i的值是5");
```

上面两行代码的本意是：当变量 i 的值为 5 时，执行 if 下面的输出语句。但是，如果在 if 判断后面多加了分号，例如，将上面的代码修改成如下代码：

```
if (i == 5);
    Console.WriteLine("i的值是5");
```

此时输出语句将会无条件执行，if 语句就起不到判断的作用。

（2）使用 if 语句时，如果要将多个语句作为复合语句来执行，例如，程序的真正意图是如下语句：

```
if(flag)
{
    i++;
    j++;
}
```

但是，如果省略了大括号 {}，代码如下：

```
if(flag)
    i++;
    j++;
```

执行程序时，无论 flag 是否为 true，j++ 都会无条件执行，这显然与程序的本意是不符的，但程序并不会报告异常，因此这种错误很难发现。

4.2.2 if…else 语句

视频讲解：资源包\Video\04\4.2.2 if…else语句.mp4

如果遇到只能二选一的条件，比如某个公司在发展过程中遇到了“扩张”和“求稳”的抉择，示意图如图 4.8 所示。

图 4.8　公司发展面临的抉择

C# 中提供了 if…else 语句解决类似问题，其语法如下：

```
if(表达式)
{
    语句块1;
}
else
{
    语句块2;
}
```

使用 if…else 语句时，表达式可以是一个单纯的布尔变量或常量，也可以是关系表达式或逻辑表达式，如果满足条件，则执行 if 后面的语句块，否则，执行 else 后面的语句块，这种形式的选择语句相当于汉语里的“如果……否则……”，其流程图如图 4.9 所示。

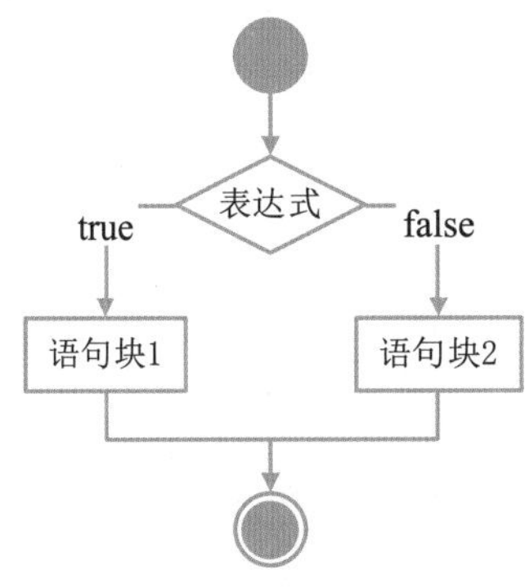

图 4.9　if…else 语句流程图

多学两招

if…else 语句可以使用条件运算符进行简化，如下面的代码：

```
if(a > 0)
    b = a;
else
    b = -a;
```

可以简写成：

```
b = a > 0?a:-a;
```

上段代码主要实现求绝对值的功能，如果 a > 0，就把 a 的值赋值给变量 b，否则将 -a 赋值给变量 b。使用条件运算符的好处是可以使代码简洁，并且有一个返回值。

实例 02　根据分数划分优秀等级　　实例位置：资源包\Code\SL\04\02

使用 if…else 语句判断用户输入的分数是不是足够优秀，如果大于 90，则表示优秀，否则，输出“希望你继续努力”，代码如下：

实例02-1

```
static void Main(string[] args)
{
    Console.WriteLine("请输入你的分数：");
    int score = Convert.ToInt32(Console.ReadLine());  //记录用户的输入
    if (score > 90)                                    //判断输入是否大于90
    {
        Console.WriteLine("你非常优秀！");
    }
    else                                               //不大于90的情况
    {
        Console.WriteLine("希望你继续努力！");
    }
    Console.ReadLine();
}
```

运行程序，当输入一个大于 90 的数时（比如 93），结果如图 4.10 所示；当输入一个小于 90 的数时（比如 87），结果如图 4.11 所示。

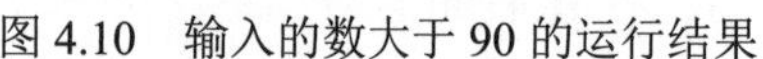
图 4.10　输入的数大于 90 的运行结果

图 4.11　输入的数小于 90 的运行结果

拓展训练

一、使用 if…else 语句实现一个报销业务花销的程序，具体实现时，判断要报销的金额是否小于 5000，如果是，输出“正常报销！”；否则，输出“不符合规定报销”。（资源包 \Code\Try\04\03）

二、模拟拨打电话场景：官方电话号码为 4006751066，如果输入的电话号码是 4006751066，显示“电话正在接通，请等待……”，否则，提示拨打的号码不存在。（资源包 \Code\Try\04\04）

注意

在使用 else 语句时，else 不可以单独使用，它必须和关键字 if 一起使用，例如，下面的代码是错误的：

```
else
{
    max=a;
}
```

在程序中使用 if…else 语句时，如果出现 if 语句多于 else 语句的情况，将会出现悬垂 else 问题，究竟 else 和哪个 if 相匹配呢？例如，下面的代码：

```
if(x>1)
    if(y>x)
        y++;
else
    x++;
```

如果遇到上面的情况，记住：在没有特殊处理的情况下，else 永远都与最后出现的 if 语句相匹配，即：上面代码中的 else 是与 if(y>x) 语句相匹配的。如果要改变 else 语句的匹配对象，可以使用大括号，例如，将上面的代码修改如下：

```
if(x>1)
{
    if(y>x)
        y++;
}
else
    x++;
```

如果修改成这样，else 将与 if(x>1) 语句相匹配。

多学两招

建议在 if 后面使用大括号 {} 将要执行的语句括起来，这样可以避免程序代码混乱。

4.2.3 if…else if…else 语句

视频讲解：资源包\Video\04\4.2.3 if…else if…else语句.mp4

在网上购物付款时通常都有多种选择，如图 4.12 所示。

图 4.12　购物时的付款页面

图 4.12 中提供了 3 种付款方式，这时用户就需要从多个选项中选择一个。在开发程序时，如果遇到多选一的情况，则可以使用 if…else if…else 语句，该语句是一个多分支选择语句，通常表现为“如果满足某种条件，进行某种处理，否则，如果满足另一种条件，则执行另一种处理……”。if…else if…else 语句的语法格式如下：

```
if(表达式1)
{
    语句1;
}
else if(表达式2)
{
    语句2;
}
else if(表达式3)
{
    语句3
```

```
}
…
else if(表达式m)
{
    语句m
}
else
{
    语句n
}
```

使用 if…else if…else 语句时，表达式部分必须用括号 () 括起来，它可以是一个单纯的布尔变量或常量，也可以是关系表达式或逻辑表达式。如果表达式的值为真，则执行语句；如果表达式的值为假，则跳过该语句，进行下一个 else if 的判断，只有在所有表达式都为假的情况下，才会执行 else 中的语句。if…else if…else 语句的流程图如图 4.13 所示。

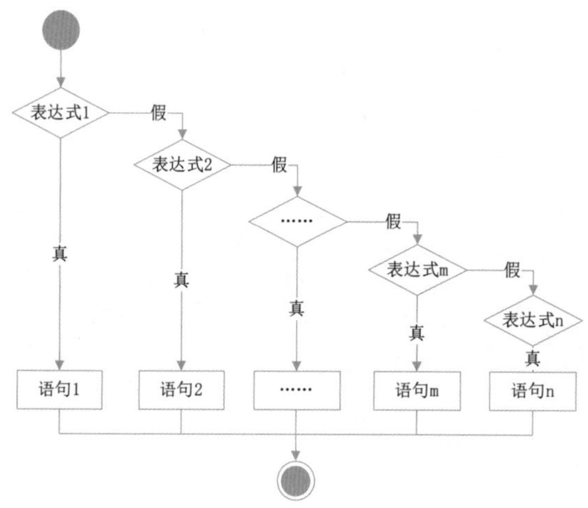

图 4.13　if…else if…else 语句的流程图

注意

if 和 else if 都需要判断表达式的真假，而 else 则不需要判断。另外，else if 和 else 都必须跟 if 一起使用，不能单独使用。

实例 03　根据用户输入的年龄输出相应信息提示　　实例位置：资源包\Code\SL\04\03

使用 if…else if…else 多分支语句实现根据用户输入的年龄输出相应信息提示的功能，代码如下：

实例03-1

```
static void Main(string[] args)
{
    int YouAge = 0;                              //声明一个int类型的变量YouAge，值为0
    Console.WriteLine("请输入您的年龄：");
    YouAge = int.Parse(Console.ReadLine());      //获取用户输入的数据
    if (YouAge <= 18)                            //调用if语句判断输入的数据是否小于或等于18
    {
        //如果小于或等于18，则输出提示信息
```

实例03-1

```
09            Console.WriteLine("您的年龄还小，要努力奋斗哦！");
10        }
11        else if (YouAge > 18 && YouAge <= 30)       //判断是否大于18岁且小于或等于30岁
12        {
13            //如果输入的年龄大于18岁且小于或等于30岁，则输出提示信息
14            Console.WriteLine("您现在的阶段正是努力奋斗的黄金阶段！");
15        }
16        else if (YouAge > 30 && YouAge <= 50)       //判断输入的年龄是否大于30岁且小于或等于50岁
17        {
18            //如果输入的年龄大于30岁且小于或等于50岁，则输出提示信息
19            Console.WriteLine("您现在的阶段正是人生的黄金阶段！");
20        }
21        else
22        {
23            Console.WriteLine("最美不过夕阳红！");
24        }
25        Console.ReadLine();
26    }
```

代码注解

第 5 行代码中的 int.Parse 方法用来将用户的输入强制转换成 int 类型。

运行程序，输入一个年龄值，按 <Enter> 键，即可输出相应的信息提示，效果如图 4.14 所示。

图 4.14　if…else if…else 语句的使用

拓展训练

一、模拟设计游戏关卡，要求根据输入的数字，直接进入对应的关卡。如输入数字 3，控制台则输出“当前进入第 3 关”；游戏设置只有 3 关，因此，当输入的数字不是 1、2、3 时，将提示“请输入正确的关数，当前游戏只有 3 关”。输入正确关数的效果如图 4.15 所示，输入不正确关数的效果如图 4.16 所示。（资源包 \Code\Try\04\05）

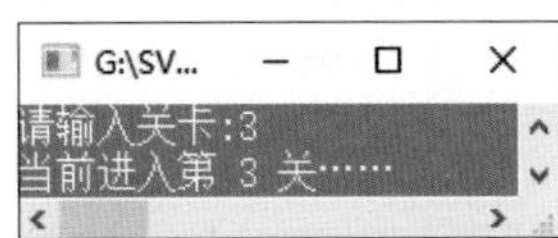

图 4.15　输入正确的关数

图 4.16　输入不正确的关数

二、使用 if…else if…else 多分支语句实现根据学生成绩划分等级的功能，其中，有“优、良、中、差”4 个等级，60 分以下是差，60 到 75 分是中，75 到 85 是良，85 以上是优。（资源包 \Code\Try\04\06）

多学两招

使用 if 选择语句时，尽量遵循以下原则：

（1）使用 bool 型变量作为判断条件，假设 bool 型变量为 flag，较为规范的书写：

```
if(flag)                                    //表示为真
if(!flag)                                   //表示为假
```

不符合规范的书写，例如：

```
if(flag==true)
if(flag==false)
```

（2）使用浮点类型变量与 0 值进行比较时，规范的书写格式如下：

```
if(d_value>=-0.00001&&d_value<=0.00001)  //这里的0.00001是d_value的精度，d_value是double类型
```

不符合规范的书写格式如下：

```
if(d_value==0.0)
```

（3）使用 if(1==a) 这样的书写格式可以防止错写成 if(a=1) 这种形式，以避免逻辑上的错误。

4.2.4 if 语句的嵌套

视频讲解：资源包\Video\04\4.2.4 if语句的嵌套.mp4

前面讲过 3 种形式的 if 选择语句，这 3 种形式的选择语句都可以互相进行嵌套。例如，在最简单的 if 语句中嵌套 if…else 语句，形式如下：

```
if(表达式1)
{
    if(表达式2)
        语句1;
    else
        语句2;
}
```

又如，在 if…else 语句中嵌套 if…else 语句，形式如下：

```
if(表达式1)
{
    if(表达式2)
        语句1;
    else
        语句2;
}
else
{
    if(表达式2)
        语句1;
    else
        语句2;
}
```

说明

if 选择语句可以有多种嵌套方式，在开发程序时，可以根据自身需要选择合适的嵌套方式，但一定要注意逻辑关系的正确处理。

实例 04　判断输入的年份是不是闰年　　实例位置：资源包\Code\SL\04\04

通过使用嵌套的 if 语句实现判断用户输入的年份是不是闰年的功能，代码如下：

实例04-1

```
01 static void Main(string[] args)
02 {
03     Console.WriteLine("请输入一个年份：");
04     int iYear = Convert.ToInt32(Console.ReadLine());  //记录用户输入的年份
05     if (iYear % 4 == 0)                                //四年一闰
06     {
07         if (iYear % 100 == 0)
08         {
09             if (iYear % 400 == 0)                      //四百年再闰
10             {
11                 Console.WriteLine("这是闰年");
12             }
13             else                                       //百年不闰
14             {
15                 Console.WriteLine("这不是闰年");
16             }
17         }
18         else
19         {
20             Console.WriteLine("这是闰年");
21         }
22     }
23     else
24     {
25         Console.WriteLine("这不是闰年");
26     }
27     Console.ReadLine();
28 }
```

代码注解

判断闰年的方法是“四年一闰，百年不闰，四百年再闰”。程序使用嵌套的 if 语句对这 3 个条件进行逐一判断，第 5 行代码首先判断年份能否被 4 整除 iYear%4==0，如果不能整除，输出字符串“这不是闰年”，如果能整除，第 7 行代码继续判断能否被 100 整除 iYear%100==0，如果不能整除，输出字符串“这是闰年”，如果能整除，第 9 行代码继续判断能否被 400 整除 iYear%400==0，如果能整除，输出字符串“这是闰年”，如果不能整除，输出字符串“这不是闰年”。

运行程序，当输入一个闰年年份时（比如 2000），效果如图 4.17 所示；当输入一个非闰年年份时（比如 2023），效果如图 4.18 所示。

图 4.17　输入闰年年份的结果

图 4.18　输入非闰年年份的结果

拓展训练

一、使用嵌套的 if 语句实现根据用户输入的年龄，输出相应信息提示的功能（即本章实例 03 的功能）。（资源包 \Code\Try\04\07）

二、模拟客人的用餐场景：根据人数安排客人到 4 人桌、6 人桌、10 人桌用餐，如果人数过多，则提示“抱歉，我们店暂时没有这么大的包厢！”，效果如图 4.19 所示。（资源包 \Code\Try\04\08）

图 4.19　模拟客人的用餐场景

（1）使用 if 语句嵌套时，要注意 else 关键字要和 if 关键字成对出现，并且遵守近邻原则，即：else 关键字总是和自己最近的 if 语句相匹配。

（2）在进行条件判断时，应该尽量使用复合语句，以免产生二义性，导致运行结果和预想的不一致。

4.3 switch 多分支语句

在程序开发中一个常见的问题就是检测一个变量是否符合某个条件，如果不符合，再用另一个值来检测它，以此类推，当然，这种问题可以使用 if 选择语句完成。

例如，使用 if 语句检测变量是否符合某个条件，代码如下：

```
char grade = 'B';
if (grade == 'A')
{
    Console.WriteLine("真棒");
}
if (grade == 'B')
{
    Console.WriteLine("做得不错");
}
if (grade == 'C')
{
    Console.WriteLine("再接再厉");
}
```

在执行上面的代码时，每一条 if 语句都会进行判断，这样显得非常烦琐，为了简化这种编写代码的方式，C# 中提供了 switch 语句，将判断动作组织起来，以一个比较简单的方式实现“多选一”的逻辑。本节将对 switch 语句进行详细讲解。

4.3.1 switch 语句

视频讲解：资源包\Video\04\4.3.1 switch语句.mp4

switch 语句是多分支条件判断语句，它根据参数的值使程序从多个分支中选择一个用于执行的分支，其基本语法如下：

```
switch(判断参数)
{
case 常量值1:
    语句块1
    break;
case 常量值2:
    语句块2
    break;
…
case 常量值n:
    语句块n
    break;
defaul:
    语句块n+1
    break;
}
```

switch 关键字后面的括号 () 中是要判断的参数，参数必须是 sbyte、byte、short、ushort、int、uint、long、ulong、char、string、bool 或者枚举类型中的一种，大括号 { } 中的代码是由多个 case 子句组成的，每个 case 关键字后面都有相应的语句块，这些语句块都是 switch 语句可能执行的语句块。如果符合常量值，则 case 下的语句块就会被执行，语句块执行完毕后，执行 break 语句，使程序跳出 switch 语句；如果条件都不满足，则执行 default 中的语句块。

注意

（1）case 后的各常量值不可以相同，否则会出现错误。
（2）case 后面的语句块可以包含多条语句，不必使用大括号 {} 括起来。
（3）case 语句和 default 语句的顺序可以改变，但不会影响程序的执行结果。
（4）一个 switch 语句中只能有一个 default 语句，而且 default 语句可以省略。

switch 语句的执行流程图如图 4.20 所示。

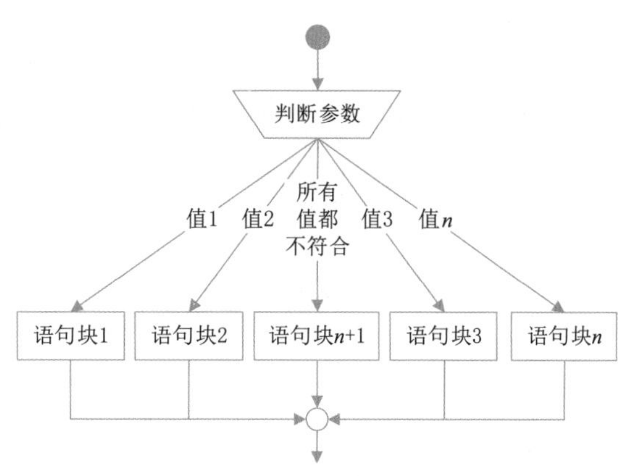

图 4.20　switch 语句的执行流程图

实例 05　查询高考录取分数线　　实例位置：资源包\Code\SL\04\05

使用 switch 多分支语句实现查询高考录取分数线的功能，假设，民办本科：350 分；艺术类本科：290 分；体育类本科：280 分；二本：445 分；一本：555 分。代码如下：

实例05-1

```
static void Main(string[] args)
{
    //输出提示问题
    Console.WriteLine(“请输入要查询的录取分数线（比如民办本科、艺术类本科、体育类本科、二本、一本）");
    string strNum = Console.ReadLine();           //获取用户输入的数据
    switch (strNum)
    {
        case “民办本科":                          //查询民办本科分数线
            Console.WriteLine(“民办本科录取分数线：350”);
            break;
        case “艺术类本科":                        //查询艺术类本科分数线
            Console.WriteLine(“艺术类本科录取分数线：290”);
            break;
        case “体育类本科":                        //查询体育类本科分数线
            Console.WriteLine(“体育类本科录取分数线：280”);
            break;
        case “二本":                              //查询二本分数线
            Console.WriteLine(“二本录取分数线：445”);
            break;
        case “一本":                              //查询一本分数线
            Console.WriteLine(“一本录取分数线：555”);
            break;
        default:                                  //如果不是以上输入，则提示输入有误
            Console.WriteLine(“您输入的查询信息有误！”);
            break;
    }
    Console.ReadLine();
}
```

程序运行效果如图 4.21 所示。

图 4.21　查询高考录取分数线

拓展训练

一、某大型商超为答谢新老顾客，当累计消费金额达到一定数额时，顾客可享受不同的折扣：

①尚未超过 200 元，顾客必须按照小票价格支付全款；
②不少于 200 元但尚未超过 600 元，顾客全部的消费金额可享 8.5 折优惠；
③不少于 600 元但尚未超过 1000 元，顾客全部的消费金额可享 7 折优惠；
④不少于 1000 元，顾客全部的消费金额可享 6 折优惠；

根据顾客购物小票上的消费金额，在控制台上输出该顾客将享受的折扣与打折后需支付的金额。（资源包 \Code\Try\04\09）

二、某加油站有 90 号、93 号、97 号 3 种汽油和 0 号柴油，售价分别为 6.8 元 / 升、6.42 元 / 升、7.02 元 / 升和 5.75 元 / 升。加油站提供了两个服务等级，如果用户自己加油，则可以优惠 10%，如果需要工作人员协助加油，则可以优惠 5%。编程实现针对用户输入的加油量 x，和汽油的种类 y，以及服务的等级 z，输出用户应付的金额。运行结果如图 4.22

所示。（资源包 \Code\Try\04\10）

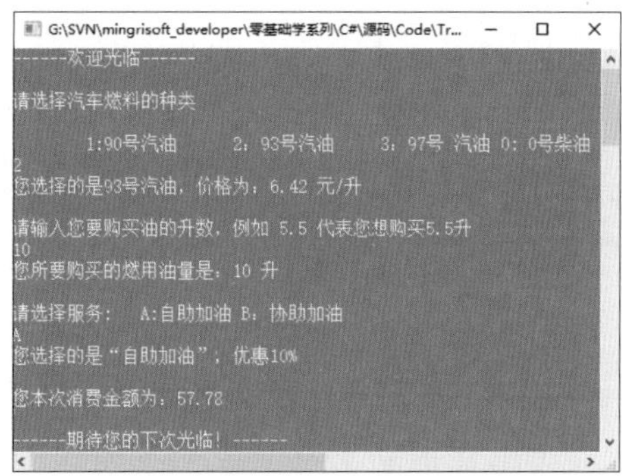

图 4.22　模拟加油站加油的场景

（1）使用 switch 语句时，常量表达式的值不可以是浮点类型。例如，下面的代码就是不合法的：

```
double dNum = Convert.ToDouble(Console.ReadLine());
switch (dNum)
{
    case 1.0:
        Console.WriteLine("分支一");
        break;
    case 2.0:
        Console.WriteLine("分支二");
        break;
}
```

运行上面的代码时，将会出现如图 4.23 所示的错误提示。

图 4.23　判断参数为浮点类型时出现的错误提示

（2）使用 switch 语句时，每一个 case 语句或者 default 后面必须有一个 break 关键字，否则将会出现如图 4.24 所示的错误提示。

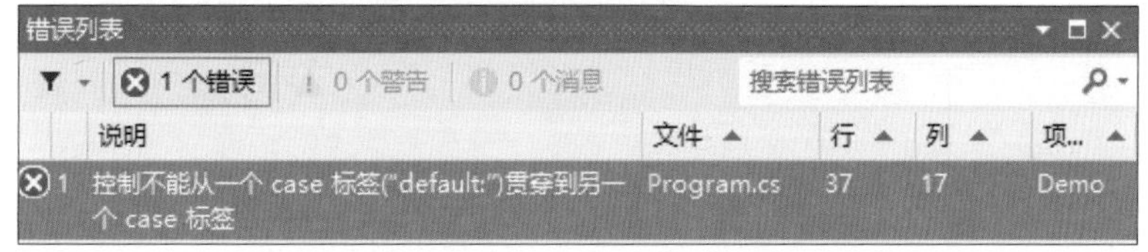

图 4.24　缺少 break 关键字时的错误提示

4.3.2 switch 与 if…else if…else 的区别

视频讲解：资源包\Video\04\4.3.2 switch与if…else if…else的区别.mp4

在 4.2.3 节中讲到的 if…else if…else 语句也可以用来实现多分支选择的情况，但它主要是对布尔表达式、关系表达式或者逻辑表达式进行判断，而 switch 多分支语句主要对常量值进行判断。因此，在程序开发中，如果遇到多分支选择的情况，并且判断的条件不是关系表达式、逻辑表达式或者浮点类型，就可以使用 switch 语句代替 if…else if…eise 语句，这样执行效率会更高。

4.4 while 和 do…while 循环

学习和使用 C# 语言的目的是使用它编写出能够解决现实生活中问题的程序。生活中存在很多重复性的工作，有时甚至不知道这种工作需要重复的次数，那么如何用简单的 C# 语句解决这种复杂的、带有重复性的问题呢？C# 中提供了循环控制语句来解决这类问题。C# 中的循环语句主要有 while、do…while 和 for 3 种语句，本节将首先对 while 和 do…while 循环语句的使用进行讲解。

4.4.1 while 循环

视频讲解：资源包\Video\04\4.4.1 while循环.mp4

while 语句用来实现“当型”循环结构，它的语法格式如下：

```
while(表达式)
{
    语句
}
```

表达式一般是一个关系表达式或一个逻辑表达式，其表达式的值应该是一个逻辑值真或假（true 和 false），当表达式的值为真时，开始循环执行语句；而当表达式的值为假时，退出循环，执行循环外的下一条语句。循环每次都是执行完语句后回到表达式处重新开始判断，重新计算表达式的值。

while 循环的流程图如图 4.25 所示。

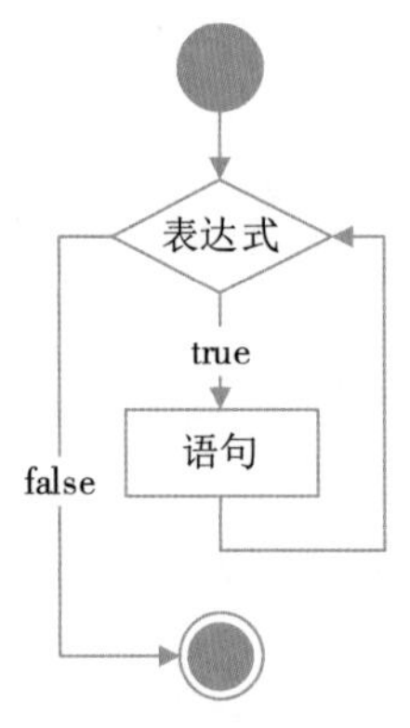

图 4.25　while 循环的流程图

实例 06　使用 while 循环挑战数学家高斯　|　实例位置：资源包\Code\SL\04\06

视 频 讲 解

200 多年以前，在德国的一所乡村小学里，有一个很懒的老师，他总是要求学生不停地做整数加法计算，在学生们对一长串整数求和的过程中，他就可以在旁边名正言顺地偷懒了。有一天，他又用同样的方法布置了一道从 1 加到 100 的求和问题。正当他打算偷懒时，就有一个学生说自己算出了答案。老师自然是不信的，不看答案就让学生再去算，可是学生还是站在老师面前不动。老师被激怒了，认为这个学生是在挑衅自己的威严，他不相信一个小学生能在几秒钟内就将从 1 到 100 这 100 个数的求和问题计算出结果。于是抢过学生的答案，正打算教训学生时，突然发现学生写的答案是 5050。老师愣住了，原来这个学生不是一个数一个数加起来计算的，而是将 100 个数分成 1+100=101、2+99=101，一直到 50+51=101，等 50 对，然后使用 101 × 50=5050 计算得出的，这个聪明的学生就是德国著名的数学家高斯。本实例将使用 while 循环语句挑战高斯，通过程序实现 1 到 100 的累加，代码如下：

实例06-1

```
static void Main(string[] args)
{
    int iNum = 1;                //iNum从1到100递增
    int iSum = 0;                //记录每次累加后的结果
    while (iNum <= 100)          //iNum <= 100 是循环条件
    {
        iSum += iNum;            //把iNum每次的值累加到上次累加的结果中
        iNum++;                  //每次循环iNum的值加1
    }
    //输出结果
    Console.WriteLine(“1到100的累加结果是：" + iSum);
    Console.ReadLine();
}
```

代码注解

（1）题目要求计算 1 到 100 之间的数字的累加结果，那么需要先定义一个变量 iNum 作为循环条件的判定，iNum 的初始值是 1，循环条件是 iNum 必须小于或等于 100。也就是，只有到 iNum 小于或等于 100 时才进行累加操作，若 iNum 大于 100，则循环终止。

（2）每次循环只能计算其中一次相加的结果，想要计算 100 个数字的累加值，需要定义一个变量 iSum 来暂存每次累加的结果，并作为下一次累加操作的基数。

（3）iNum 的初始值是 1，要计算 1 到 100 之间每个数的累加，需要 iNum 每次进入循环，进行累加后，iNum 的值增加 1，为下一次进入循环进行累加做准备，也同时作为循环结束的判断条件。

（4）当 iNum 大于 100 时，循环结束，执行后面的输出语句。

程序运行结果如下：

```
1到100的累加结果是：5050
```

拓展训练

一、编写程序求满足 $1+3+5+\cdots+n>500$ 的最小正整数 n。（资源包\Code\Try\04\11）

二、使用 C# 开发一个猜数字的小游戏，随机生成一个 1 到 200 之间的数字作为基准数，玩家每次通过键盘输入一个数字，如果输入的数字和基准数相同，则成功过关，否则重新输入。如果玩家输入 -1，表示退出游戏。运行结果如图 4.26 所示。（资源包\Code\Try\04\12）

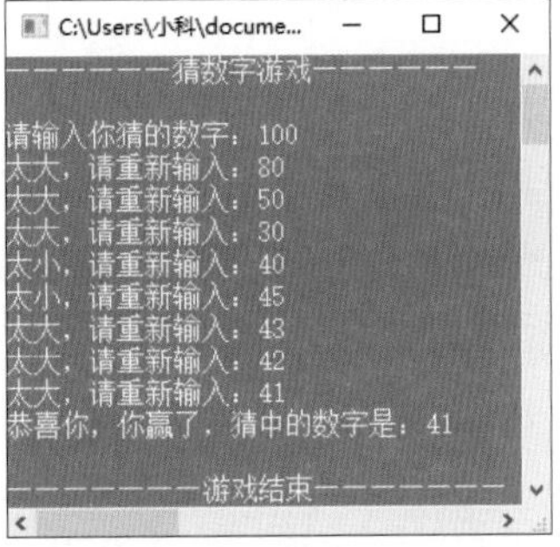

图 4.26　猜数字游戏

常见错误

如果将实例 06 代码中 while 语句后面的大括号去掉，将代码修改如下：

```
static void Main(string[] args)
{
    int iNum = 1;                                    //iNum从1到100递增
    int iSum = 0;                                    //记录每次累加后的结果
    while (iNum <= 100)                              //iNum <= 100 是循环条件
        iSum += iNum;                                //把iNum每次的值累加到上次累加的结果中
        iNum++;                                      //每次循环iNum的值加1
    Console.WriteLine("1到100的累加结果是：" + iSum); //输出结果
    Console.ReadLine();
}
```

重新编译并运行程序，运行的时候会没有任何结果。分析造成这种情况的原因：当 while 语句循环体中的语句大于一条时，需要把循环体放在大括号 {} 中，如果 while 语句后面没有大括号，则 while 循环只会循环 while 语句后的第一条语句，对于上面的代码，则没有对循环变量 iNum 增加的过程，于是每次进入循环时，iNum 的值都是 1，造成死循环，永远不会执行后面的其他语句。

注意

（1）循环体如果是多条语句，需要用大括号括起来，如果不用大括号，则循环体只包含 while 语句后的第一条语句。

（2）循环体内或表达式中必须有使循环结束的条件，例如，实例 06 中的循环条件是 iNum <= 100，iNum 的初始值为 1，循环体中就用 iNum++ 来使得 iNum 趋向于 100，使循环结束。

4.4.2 do…while 循环

视频讲解

视频讲解：资源包\Video\04\4.4.2 do…while循环.mp4

在有些情况下，无论循环条件是否成立，循环体的内容都要被执行一次，这时可以使用 do…while 循环。do…while 循环的特点是先执行循环体，再判断循环条件，其语法格式如下：

```
do
{
    语句
}
while(表达式);
```

do 为关键字，必须与 while 成对使用。do 与 while 之间的语句称为循环体，该语句是用大括号 {} 括起来的复合语句。循环语句中的表达式与 while 语句中的相同，也为关系表达式或逻辑表达式，但特别值得注意的是：do…while 语句后一定要有分号“;”。do…while 循环的流程图如图 4.27 所示。

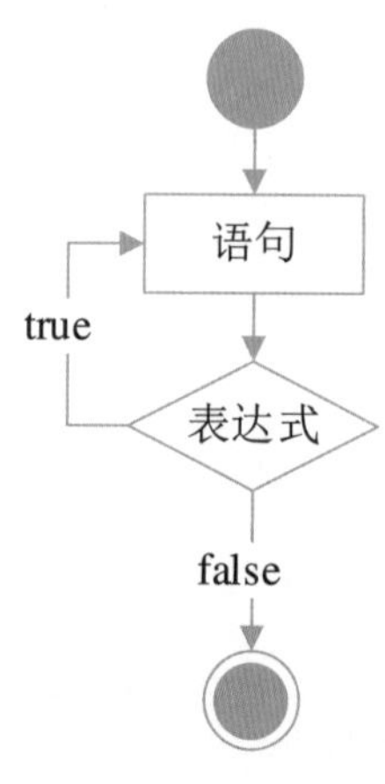

图 4.27　do…while 循环的流程图

从图 4.27 中可以看出，当程序运行到 do…while 时，先执行一次循环体的内容，再判断循环条件，当循环条件为“真”时，重新返回执行循环体的内容，如此反复，直到循环条件为“假”时，循环结束，程序执行 do…while 循环后面的语句。

实例 07　使用 do…while 循环挑战数学家高斯　｜　**实例位置：资源包\Code\SL\04\07**

使用 do…while 循环语句编写程序实现 1 到 100 的累加，代码如下：

实例07-1

```
static void Main(string[] args)
{
    int iNum = 1;                                  //iNum从1到100递增
    int iSum = 0;                                  //记录每次累加后的结果
    do
    {
        iSum += iNum;                              //把iNum每次的值累加到上次累加的结果中
        iNum++;                                    //每次循环iNum的值加1
    } while (iNum <= 100);                         //iNum <= 100 是循环条件
    Console.WriteLine("1到100的累加结果是：" + iSum);//输出结果
    Console.ReadLine();
}
```

在上面的代码中，将判断条件 iNum <= 100 放到了循环体后面，这样，无论 iNum 是否满足条件，都将至少执行一次循环体。

程序运行结果与实例 06 的运行结果一样。

一、使用 do…while 循环语句计算 n 的阶乘（$1 \times 2 \times 3 \times \cdots \times n$），要求输入 n 的值，输出 n 的阶乘。（资源包 \Code\Try\04\13）

二、自动售卖机有 3 种饮料，价格分别为 3 元、5 元、7 元。自动售卖机仅支持 1 元硬币支付，请编程实现该售卖机自动收费的系统。（资源包 \Code\Try\04\14）

4.4.3 while 和 do…while 语句的区别

视频讲解：资源包\Video\04\4.4.3 while和do…while语句的区别.mp4

while 语句和 do…while 语句都用来控制代码的循环，但 while 语句适用于先判断条件，再执行循环结构的场合；而 do…while 语句则适用于先执行循环结构，再进行条件判断的场合。具体来说，使用 while 语句时，如果条件不成立，则循环结构一次都不会执行，如果使用 do…while 语句，即使条件不成立，程序也至少会执行一次循环结构。

请分析下面两段代码分别执行几次循环。

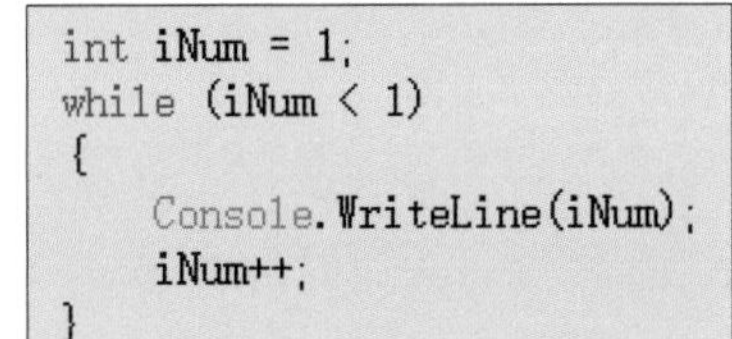

```
int iNum = 1;
while (iNum < 1)
{
    Console.WriteLine(iNum);
    iNum++;
}
```

```
int iNum = 1;
do
{
    Console.WriteLine(iNum);
    iNum++;
} while (iNum < 1);
```

4.5 for 循环

for 循环是 C# 中最常用的一种循环结构，它既能够用于循环次数已知的情况，又能够用于循环次数未知的情况。本节将对 for 循环的使用进行详细讲解。

4.5.1 for 循环的一般形式

视频讲解

视频讲解：资源包\Video\04\4.5.1 for循环的一般形式.mp4

for 循环的常用语法格式如下：

```
for(表达式1;表达式2;表达式3)
{
    语句
}
```

for 循环的执行过程如下：

（1）求解表达式 1。

（2）求解表达式 2，若表达式 2 的值为“真”，则执行循环体内的语句，然后执行下面第（3）步，若值为“假”，则转到下面第（5）步。

（3）求解表达式 3。

（4）转回到第（2）步执行。

（5）循环结束，执行 for 循环接下来的语句。

for 循环的流程图如图 4.28 所示。

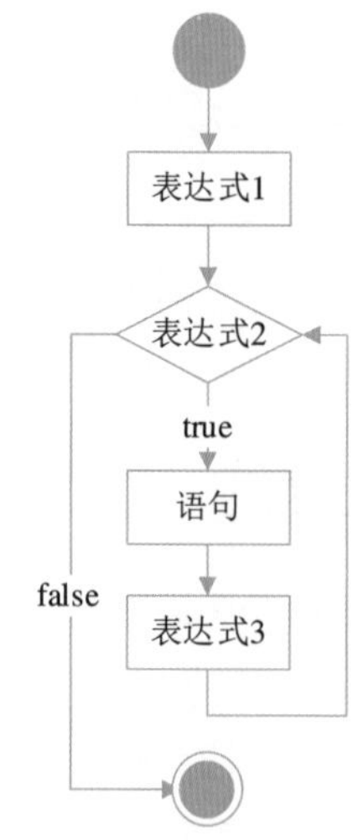

图 4.28　for 循环的流程图

for 循环最常用的格式如下：

```
for(循环变量赋初值;循环条件;循环变量增值)
{
    语句
}
```

实例 08　使用 for 循环挑战数学家高斯　　实例位置：资源包\Code\SL\04\08

使用 for 循环语句编写程序实现 1 到 100 的累加。代码如下：

视频讲解　实例08-1

```
01  static void Main(string[] args)
02  {
03      int iSum = 0;                                    //记录每次累加后的结果
04      for (int iNum = 1; iNum <= 100; iNum++)
05      {
06          iSum += iNum;                                //把iNum每次的值累加到上次累加的结果中
07      }
08      Console.WriteLine("1到100的累加结果是：" + iSum); //输出结果
09      Console.ReadLine();
10  }
```

代码注解

在第 4 行代码中，iNum 是循环变量，iNum 的初始值为 1，循环条件是 iNum 小于或等于 100，每次循环结束会对 iNum 进行累加。

说明

程序运行结果与实例 06 的运行结果相同。

拓展训练

一、使用 for 循环实现 1 到 100 之间奇数的累加。（资源包 \Code\Try\04\15）

二、经典面试题：有一组数 1、1、2、3、5、8、13、21、34……要求算出这组数的第 30 个数是多少？（资源包 \Code\Try\04\16）

多学两招

可以把 for 循环改成 while 循环，代码如下：

```
表达式1;
while（表达式2）
{
    语句
    表达式3;
}
```

4.5.2 for 循环的变体

视频讲解

视频讲解：资源包\Video\04\4.5.2 for循环的变体.mp4

for 循环在具体使用时，有很多种变体形式，比如，可以省略“表达式 1”、省略“表达式 2”、省略“表达式 3”或者 3 个表达式都省略，下面分别对 for 循环的常用变体形式进行讲解。

1. 省略“表达式 1”的情况

for 循环语句的一般格式中的“表达式 1”可以省略，在 for 循环中，“表达式 1”一般用于为循环变量赋初值，若省略“表达式 1”，则需要在 for 循环的前面为循环条件赋初值。例如：

```
for(;iNum <= 100; iNum++)
{
    sum += iNum;
}
```

此时，需要在 for 循环之前，为 iNum 这个循环变量赋初值。程序在执行时，跳过“表达式 1”这一步，其他过程不变。

常见错误

若把上面的 for 循环语句改成 for(iNum <= 100; iNum ++) 后进行编译，就会出现如图 4.29 所示的错误提示。这是因为省略“表达式 1”后，其后的分号也省略了。正确的是不能省略分号的。

图 4.29　使用 for 循环语句中缺少分号的情况

2. 省略“表达式 2”的情况

使用 for 循环时，“表达式 2”也可以省略，如果省略了“表达式 2”，则循环没有终止条件，会无限循环下去。针对这种使用方法，一般会配合后面将会学到的 break 语句等来结束循环。

省略“表达式 2”情况的举例：

```
for(iNum = 1;;iNum++)
{
    iSum += iNum;
}
```

这种情况的 for 循环相当于以下 while 语句：

```
while(true)                //条件永远为真
{
    iSum += iNum;
    iNum ++;
}
```

3. 省略“表达式 3”的情况

使用 for 循环时，“表达式 3”也可以省略，但此时程序设计者应另外设法保证循环变量的改变。例如，下面的代码在循环体中对循环变量的值进行了改变：

```
for(iNum = 1; iNum<=100;)
{
    iSum += iNum;
    iNum ++;
}
```

此时，在 for 循环的循环体内，对 iNum 这个循环变量的值进行了改变，这样才能使程序随着循环的进行逐渐趋近并满足程序终止条件。程序在执行时，跳过“表达式 3”这一步，其他过程不变。

4. 3 个表达式都省略的情况

for 循环语句中的 3 个表达式都可以省略，这种情况既没有对循环变量赋初值的操作，又没有循环条件，也没有改变循环变量的操作，在这种情况下，与省略“表达式 2”的情况类似，都需要配合使用 break 语句来结束循环，否则，会造成死循环。

例如，下面的代码就会出现死循环，因为没有跳出循环的条件表达式。

```
int i = 100;
for(;;)
{
    Console.WriteLine(i);
}
```

4.5.3 for 循环中逗号的应用

视频讲解：资源包\Video\04\4.5.3 for循环中逗号的应用.mp4

在 for 循环语句中，“表达式 1”和“表达式 3”都可以使用逗号表达式，即：包含一个以上的表达式，中间用逗号间隔。例如，在“表达式 1”处为变量 iNum 和 iSum 同时赋初值，代码如下：

```
for(iSum = 0, iNum = 1; iNum <= 100; iNum++)
{
    iSum += iNum;
}
```

4.6 循环的嵌套

视频讲解：资源包\Video\04\4.6 循环的嵌套.mp4

在一个循环里可以包含另一个循环，组成循环嵌套，而里层循环还可以继续进行循环嵌套，构成多层循环结构。

3 种循环（while 循环、do…while 循环和 for 循环）之间都可以相互嵌套。例如，下面的 6 种嵌套都是合法的嵌套形式。

☑ while 循环中嵌套 while 循环

```
while（表达式）
{
    语句
    while（表达式）
    {
        语句
    }
}
```

☑ do…while 循环中嵌套 do…while 循环

```
do
{
    语句
    do
    {
        语句
    }
    while（表达式）;
}while（表达式）;
```

☑ for 循环中嵌套 for 循环

```
for(表达式;表达式;表达式)
{
    语句
    for（表达式;表达式;表达式）
    {
        语句
    }
}
```

☑ while 循环中嵌套 do…while 循环

```
while(表达式)
{
    语句
    do
    {
        语句
    }
    while(表达式) ;
}
```

☑ while 循环中嵌套 for 循环

```
while(表达式)
{
    语句
    for(表达式;表达式;表达式)
    {
        语句
    }
}
```

☑ for 循环中嵌套 while 循环

```
for(表达式;表达式;表达式)
{
    语句
    while(表达式)
    {
        语句
    }
}
```

实例 09　使用循环嵌套输出九九乘法表 | 实例位置：资源包\Code\SL\04\09

使用嵌套的 for 循环打印九九乘法表，代码如下：

视频讲解

```
static void Main(string[] args)
{
    int iRow, iColumn;                              //定义行数和列数
    for (iRow = 1; iRow < 10; iRow++)               //行数循环
```

实例09-1

```
    {
        for (iColumn = 1; iColumn <= iRow; iColumn++)          //列数循环
        {
            //输出每一行的数据
            Console.Write("{0}*{1}={2} ", iColumn, iRow, iRow * iColumn);
        }
        Console.WriteLine();                                    //换行
    }
    Console.ReadLine();
}
```

代码注解

本实例的代码使用了双层 for 循环，第一个循环可以看成对乘法表的行数的控制，同时也是每一个乘法公式的第二个因子；因为输出的九九乘法表是等腰直角三角形排列的，第二个循环控制乘法表的列数，列数的最大值应该等于行数。因此第二个循环的条件应该是在第一个循环的基础上建立的。

程序运行效果如图 4.30 所示。

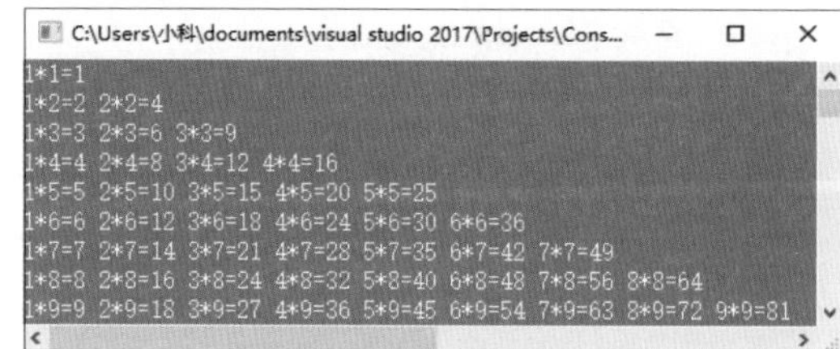

图 4.30　使用循环嵌套输出九九乘法表

拓展训练

一、使用循环嵌套输出金字塔形状，具体实现时，需要考虑的问题有以下 3 点：首先控制三角形输出的行数，其次控制三角形的空白位置，最后将三角形进行显示。运行效果如图 4.31 所示。（资源包 \Code\Try\04\17）

二、百钱买百鸡：5 文钱可以买一只公鸡，3 文钱可以买一只母鸡，1 文钱可以买三只雏鸡。现在用 100 文钱买 100 只鸡，那么公鸡、母鸡、雏鸡各有多少只？（资源包 \Code\Try\04\18）

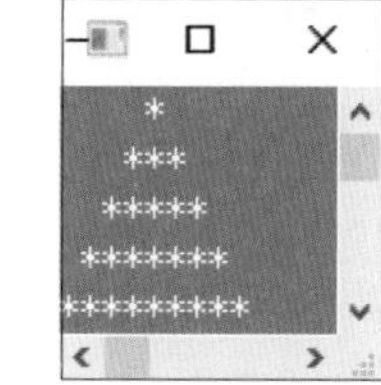

图 4.31　使用循环嵌套输出金字塔形状

4.7 跳转语句

C# 语言中的跳转语句主要包括：break 语句和 continue 语句，跳转语句可以用于提前结束循环，本节将分别对它们进行详细讲解。

4.7.1 break 语句

视频讲解：资源包\Video\04\4.7.1 break语句.mp4

在 4.3 节中已经介绍过使用 break 语句可以使流程跳出 switch 多分支结构，实际上，break 语句还可以用来跳出循环体，执行循环体之外的语句。break 语句通常应用在 switch、while、do…while 或 for 语句中，当多个 switch、while、do…while 或 for 语句互相嵌套时，break 语句只应用于最里层的语句。break 语句的语法格式如下：

```
break;
```

说明

break 一般会与 if 语句搭配使用，表示在某种条件下，循环结束。

实例 10　使用 break 跳出循环　　实例位置：资源包\Code\SL\04\10

修改实例 06，在 iNum 的值为 50 时，退出循环，代码如下：

视频讲解

实例10-1

```
01 static void Main(string[] args)
02 {
03     int iNum = 1;                          //iNum从1到100递增
04     int iSum = 0;                          //记录每次累加后的结果
05     while (iNum <= 100)                    //iNum <= 100 是循环条件
06     {
07         iSum += iNum;                      //把iNum每次的值累加到上次累加的结果中
08         iNum++;                            //每次循环iNum的值加1
09         if (iNum == 50)                    //判断iNum的值是否为50
10             break;                         //退出循环
11     }
12     Console.WriteLine("1到49的累加结果是：" + iSum); //输出结果
13     Console.ReadLine();
14 }
```

代码注解

第 9 行中的 iNum == 50 是判断条件，在该条件满足的情况下，执行第 10 行代码的 break 语句，从而跳出 while 循环，执行后面的输出语句。

程序运行结果如下：

```
1到49的累加结果是：1225
```

拓展训练

一、通过键盘输入一个整数，判断这个数是否是素数（只能被 1 和其自身整除的数为素数）。（资源包 \Code\Try\04\19）

二、地铁 1 号线共有 18 个地铁站，某人乘坐 1 号线从始发站前往第 4 站，请在控制台输出此人经过哪些地铁站（地铁站名采用数字编号，例如第 4 站）。运行效果如图 4.32 所示。（资源包 \Code\Try\04\20）

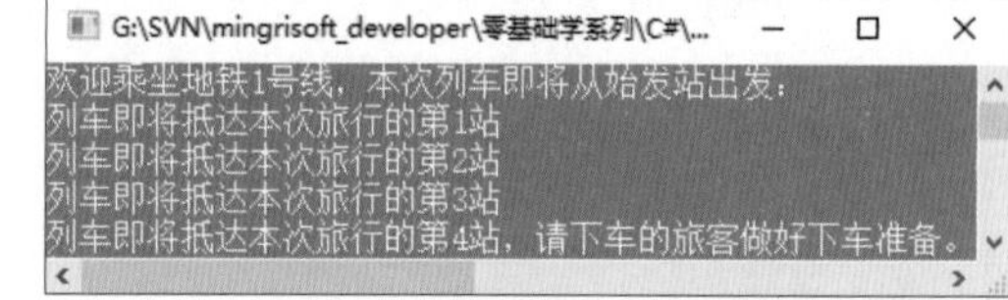

图 4.32　模拟地铁站报站

4.7.2 continue 语句

视频讲解：资源包\Video\04\4.7.2 continue语句.mp4

continue 语句的作用是结束本次循环，它通常应用于 while、do…while 或 for 语句中，用来忽略循环语句内位于它后面的代码而直接开始下一次的循环。当多个 while、do…while 或 for 语句互相嵌套时，continue 语句只能使直接包含它的循环开始一次新的循环。continue 的语法格式如下：

```
continue;
```

说明

continue 一般会与 if 语句搭配使用，表示在某种条件下不执行后面的语句，直接开始下一次的循环。

实例 11　计算 100 以内所有偶数的和

实例位置：资源包\Code\SL\04\11

通过在 for 循环中使用 continue 语句实现 1 到 100 之间所有偶数的和，代码如下：

实例11-1

```
01  static void Main(string[] args)
02  {
03      int iSum = 0;                                      //定义变量，用来存储偶数和
04      int iNum = 1;                                      //定义变量，用来作为循环变量
05      for (; iNum <= 100; iNum++)                        //执行for循环
06      {
07          if (iNum % 2 == 1)                             //判断是否为偶数
08              continue;                                  //继续下一次循环
09          iSum += iNum;                                  //记录偶数的和
10      }
11      Console.WriteLine("1到100之间的偶数的和：" + iSum); //输出偶数和
12      Console.ReadLine();
13  }
```

代码注解

在第 7 行代码中，当所判断的数字是奇数时，会执行第 8 行代码的 continue 语句，跳过后面的累加操作，直接进入下一次循环。

程序运行结果如下：

```
1到100之间的偶数的和：2550
```

拓展训练

一、某剧院发售演出门票，演播厅的观众席有 4 行，每行有 10 个座位。为了不影响观众的视角，在发售门票时，屏蔽掉最左一列和最右一列的座位。（资源包 \Code\Try\04\21）

二、某公司新建 4×4 个办公卡位，现只有第 1 排第 3 个和第 3 排第 2 个卡位被使用，在控制台输出尚未使用的卡位。（资源包 \Code\Try\04\22）

4.8 小结

本章详细介绍了选择结构语句、循环语句和跳转语句的概念及用法。在程序中，语句是程序完成一次操作的基本单位，而流程语句控制语句执行的顺序，在讲解流程控制语句的过程中，通过实例演示每种语句的用法。在学习本章内容时，读者要重点掌握 if 语句、switch 语句、for 语句和 while 语句的用法，因为这几种语句在程序开发中会经常用到。希望通过对本章的学习，读者能够熟练掌握 C# 中流程控制语句的使用，并能够应用于实际的开发中。

本章 e 学码：关键知识点拓展阅读

Convert.ToInt32	汇编语言	悬垂 else
int.Parse 方法	枚举类型	异常
参数	嵌套	

第 5 章

数组——批量数据处理

（视频讲解：1 小时 15 分钟）

本章概览

数组是 C# 中非常特殊和重要的一项内容，在开发程序时，如果涉及的数据不多，可以使用变量存取和处理数据，但对于批量的数据处理，就要用到数组。数组是一种相同类型的、用一个标识符封装到一起的基本类型数据，可以使用一个统一的数组名和索引来唯一确定数组中的每个元素，它的执行效率非常高。本章将对 C# 中的数组进行详细讲解。

知识框架

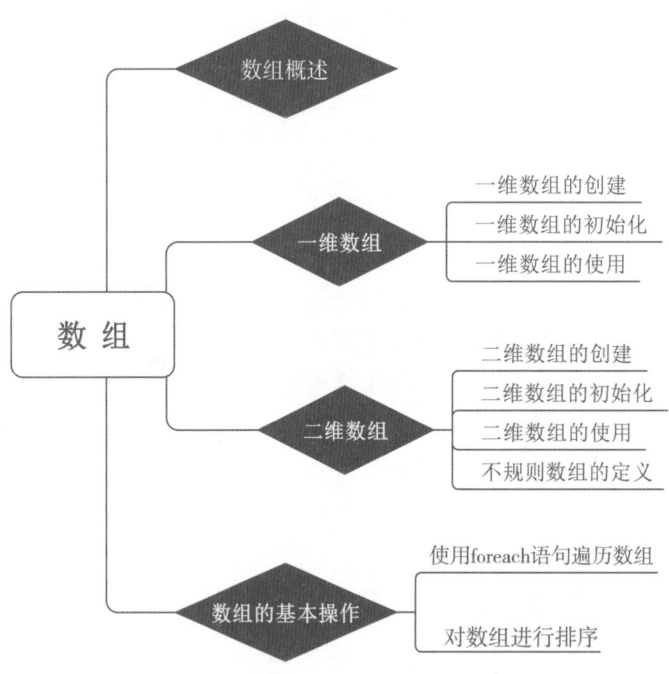

5.1 数组概述

视频讲解：资源包\Video\05\5.1 数组概述.mp4

假设正在编写一个程序，需要保存一个班级中每个学生的数学成绩（假定是整数），共有 5 个学生，如果用前面所学的知识实现，就需要声明 5 个整型变量来保存每个学生的成绩，代码如下：

```
int score1,score2,score3,score4,score5;
```

如果是 100 个学生，难道要定义 100 个整型变量吗？这显然是不现实的，那怎么办呢？这时就可以使用数组来实现。

数组是具有相同数据类型的一组数据的集合，例如，球类的集合——足球、篮球、羽毛球等；电器集合——电视机、洗衣机、电风扇等。前面学过的变量用来保存单个数据，而数组则保存的是多个相同类型的数据。数组与变量的比较效果如图 5.1 所示。

数组中的每一个变量被称为数组的元素，数组能够容纳元素的数量被称为数组的长度。数组中的每个元素都具有唯一的索引与其相对应，数组的索引从零开始。

数组是通过指定数组的元素类型、数组的秩（维数）及数组每个维度的上限和下限来定义的，即一个数组的定义需要包含以下几个要素。

☑ 元素类型。

☑ 数组的维数。

☑ 每个维数的上下限。

数组的组成要素如图 5.2 所示。

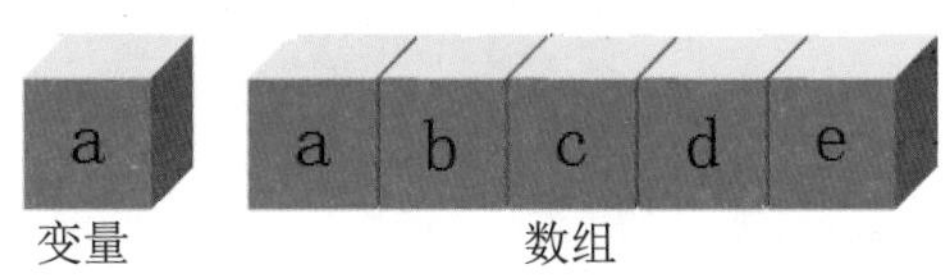

图 5.1　数组与变量的比较效果

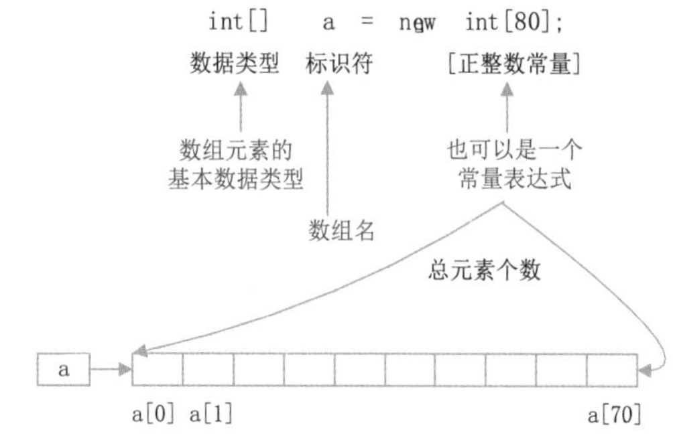

图 5.2　数组的组成要素

在程序设计中引入数组可以更有效地管理和处理数据，根据数组的维数将数组分为一维数组、多维数组和不规则数组等，下面分别讲解。

5.2 一维数组

一维数组实质上是一组相同类型数据的线性集合，例如，学校学生们排列的一字长队就是一个数组，每一位学生都是数组中的一个元素；又如，把一家快捷酒店看作一个一维数组，那么酒店里的每个房间都是这个数组中的元素。本节将介绍一维数组的创建及使用。

5.2.1 一维数组的创建

视频讲解：资源包\Video\05\5.2.1 一维数组的创建.mp4

数组作为对象，允许使用 new 关键字进行内存分配。在使用数组之前，首先必须定义数组变量所属的类型。一维数组的创建有两种形式。

1. 先声明，再用 new 关键字进行内存分配

声明一维数组使用以下形式：

```
数组元素类型[ ] 数组名字;
```

数组元素类型决定了数组的数据类型，它可以是 C# 中任意的数据类型。数组名字为一个合法的标识符，符号“[ ]”表明是一个数组。单个“[ ]”表示要创建的数组是一个一维数组。

例如，声明一维数组，代码如下：

```
int[] arr;          //声明int型数组，数组中的每个元素都是int型
string[] str;       //声明string型数组，数组中的每个元素都是string型
```

声明数组后，还不能访问它的任何元素，因为声明数组只是给出了数组名字和元素的数据类型，要想真正使用数组，还要为它分配内存空间。在为数组分配内存空间时，必须指明数组的长度。为数组分配内存空间的语法格式如下：

```
数组名字 = new 数组元素类型[数组元素的个数];
```

通过上面的语法可知，使用 new 关键字分配数组时，必须指定数组元素的类型和数组元素的个数，即数组的长度。

例如，为数组分配内存，代码如下：

```
arr = new int[5];
```

使用 new 关键字为数组分配内存时，整型数组中各个元素的初始值都为 0。

以上代码表示要创建有 5 个元素的一个整型数组，其数据存储形式如图 5.3 所示。

在图 5.3 中，arr 为数组名称，中括号“[ ]”中的值为数组的索引。数组通过索引来区分数组中不同的元素。数组的索引是从 0 开始的。由于创建的数组 arr 中有 5 个元素，因此数组中元素的索引为 0~4。

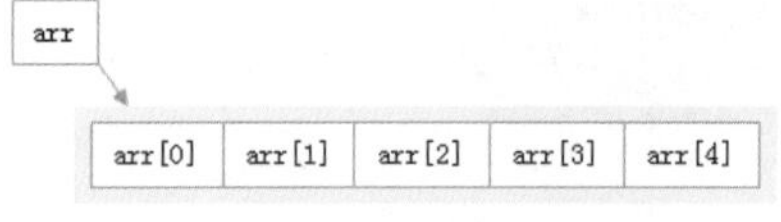

图 5.3　一维数组的数据存储形式

在上面的代码中，定义了一个长度为 5 的数组，如果使用 arr[5]，将会引起索引超出范围异常，因为数组的索引是从 0 开始的。索引超出范围的异常提示如图 5.4 所示。

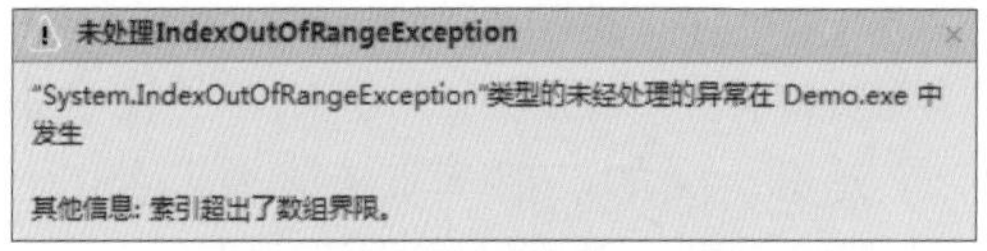

图 5.4　索引超出范围的异常提示

2. 声明的同时为数组分配内存

这种创建数组的方法是将数组的声明和内存的分配合并在一起执行。

语法如下：

```
数组元素类型[] 数组名 = new数组元素类型[数组元素的个数];
```

例如，声明并为数组分配内存，代码如下：

```
int[] month = new int[12];
```

上面的代码创建数组 month，并指定了数组长度为 12。

5.2.2 一维数组的初始化

数组的初始化主要分为两种：为单个数组元素赋值和同时为整个数组赋值，下面分别介绍。

1. 为单个数组元素赋值

为单个数组元素赋值即首先声明一个数组，并指定长度，然后为数组中的每个元素赋值，例如：

```
int[] arr = new int[5];                    //定义一个int类型的一维数组
arr[0] = 1;                                //为数组的第1个元素赋值
arr[1] = 2;                                //为数组的第2个元素赋值
arr[2] = 3;                                //为数组的第3个元素赋值
arr[3] = 4;                                //为数组的第4个元素赋值
arr[4] = 5;                                //为数组的第5个元素赋值
```

使用这种方式对数组进行赋值时，通常使用循环实现，例如，上面的代码可以修改为如下形式：

```
01 int[] arr = new int[5];                        //定义一个int类型的一维数组
02 for (int i = 0; i < arr.Length; i++)           //遍历数组
03 {
04     arr[i] = i + 1;                            //为遍历到的数组元素赋值
05 }
```

在第 2 行代码中的 arr.Length 用来获取数组的长度。

数组大小必须与大括号中的元素个数相匹配，否则会产生编译错误。

2. 同时为整个数组赋值

同时为整个数组赋值时需要使用大括号，将要赋值的数据包含在大括号中，并用逗号（,）隔开。例如：

```
string[] arrStr = new string[7] { "Sun", "Mon", "Tue", "Wed", "Thu", "Fri", "Sat" };
```

或者

```
string[] arrStr = new string[] { "Sun", "Mon", "Tue", "Wed", "Thu", "Fri", "Sat" };
```

或者

```
string[] arrStr = { "Sun", "Mon", "Tue", "Wed", "Thu", "Fri", "Sat" };
```

以上 3 种形式实现的效果是一样的，都是定义了一个长度为 7 的 string 类型数组，并进行了初始化，其中，后两种形式会自动计算数组的长度。

5.2.3 一维数组的使用

视频讲解：资源包\Video\05\5.2.3 一维数组的使用.mp4

实例 01　输出一年中每个月的天数　　实例位置：资源包\Code\SL\05\01

创建一个控制台应用程序，其中定义了一个 int 类型的一维数组，实现将各月的天数输出，代码如下：

实例01-1

```
01 static void Main(string[] args)
02 {
03     //定义并初始化一维数组
04     int[] day = new int[] { 31, 28, 31, 30, 31, 30, 31, 31, 30, 31, 30, 31 };
05     for (int i = 0; i < 12; i++)                              //利用循环将信息输出
06     {
07         Console.WriteLine((i + 1) + "月有" + day[i] + "天");    //输出的信息
08     }
09     Console.ReadLine();
10 }
```

第 7 行代码中的 day[i] 用来获取遍历到的数组元素。

程序运行结果如图 5.5 所示。

一、定义一个数组，保存学生的成绩，并输出学生成绩。（资源包 \Code\Try\05\01）

二、从一副牌中随机抽取 4 张牌（提示：实现时需要用到 Random 类的 Next 方法，Random 类是一个生成随机数的类，其 Next 方法用来随机生成指定范围内的数字），效果如图 5.6 所示。（资源包 \Code\Try\05\02）

图 5.5　输出 1~12 月中各月的天数

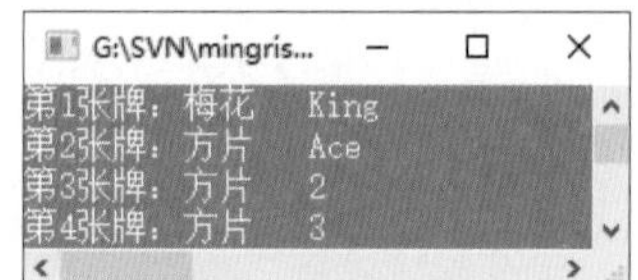

图 5.6　随机抽取扑克牌中的 4 张牌

5.3 二维数组

二维数组是一种特殊的多维数组，多维数组是指可以用多个索引访问的数组，在声明时，用多个中括号或者在中括号内加逗号，就表明是多维数组，有 n 个中括号或者在中括号内有 n 个逗号，就表示是 n+1 维数组。下面以最常用的二维数组为例讲解多维数组的使用。

5.3.1 二维数组的创建

视频讲解：资源包\Video\05\5.3.1　二维数组的创建.mp4

前文提到快捷酒店的每一楼层都有很多房间，这些房间都可以构成一维数组，如果这家酒店有

500 间房，并且所有的房间都在同一楼层里，那么拿到 499 号房钥匙的旅客可能就不高兴了，因为从 1 号房走到 499 号房要花好长时间。因此每家酒店都有很多楼层，每一楼层都会有很多房间，形成一个立体的结构，把大量的房间均摊到每一楼层，这种结构就是二维表结构。在计算机中，二维表结构可以使用二维数组来表示。使用二维表结构表示快捷酒店每一楼层的房间号的效果如图 5.7 所示。

楼层	房间号						
一楼	1101	1102	1103	1104	1105	1106	1107
二楼	2101	2102	2103	2104	2105	2106	2107
三楼	3101	3102	3103	3104	3105	3106	3107
四楼	4101	4102	4103	4104	4105	4106	4107
五楼	5101	5102	5103	5104	5105	5106	5107
六楼	6101	6102	6103	6104	6105	6106	6107
七楼	7101	7102	7103	7104	7105	7106	7107

图 5.7　二维表结构表示的楼层房间号

二维数组常用于表示二维表，表中的信息以行和列的形式表示，第一个下标代表元素所在的行，第二个下标代表元素所在的列。

声明二维数组的语法如下：

```
type[,] arrayName;
type[][] arrayName;
```

☑ type：二维数组的数据类型。

☑ arrayName：二维数组的名称。

例如，声明一个 int 类型的二维数组，可以使用下面两种形式：

```
int[,] myarr;                  //声明一个int类型的二维数组，名称为myarr
```

或者

```
int[][] myarr;                 //声明一个int类型的二维数组，名称为myarr
```

与一维数组一样，二维数组在声明时也没有分配内存空间，同样也可以使用关键字 new 先分配内存，然后才可以访问每个元素。

对于二维数组，有两种为数组分配内存的方式。

1. 直接为每一维分配内存空间

例如，定义一个二维数组，并直接为其分配内存空间，代码如下：

```
int[,] a = new int[2, 4];      //定义一个2行4列的int类型二维数组
```

上面的代码定义了一个 int 类型的二维数组 a，二维数组 a 中包括两个长度为 4 的一维数组，内存分配如图 5.8 所示。

2. 分别为每一维分配内存空间

例如，定义一个二维数组，分别为每一维分配内存空间，代码如下：

```
int[][] a = new int[2][];          //定义一个2行的int类型二维数组
a[0] = new int[2];                 //初始化二维数组的第1行有2个元素
a[1] = new int[3];                 //初始化二维数组的第2行有3个元素
```

通过第二种方式为二维数组分配内存如图 5.9 所示。

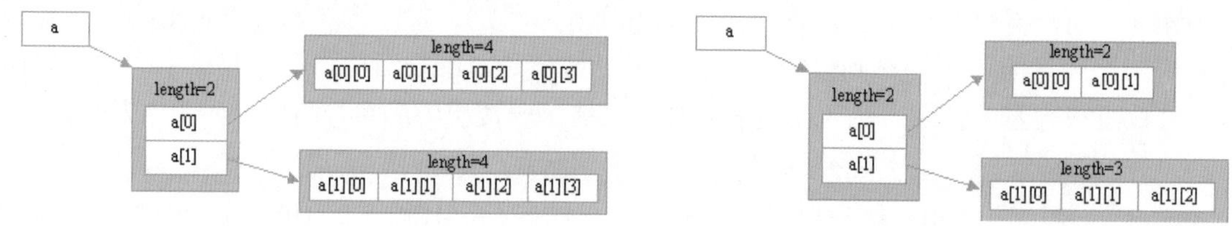

图 5.8　二维数组内存分配（第一种方式）　　图 5.9　二维数组内存分配（第二种方式）

说明

在上面的代码中，由于为每一维分配的内存空间不同。因此，a 相当于一个不规则二维数组。

5.3.2 二维数组的初始化

视频讲解：资源包\Video\05\5.3.2 二维数组的初始化.mp4

视频讲解

二维数组有两个索引（即下标），构成由行列组成的一个矩阵，如图 5.10 所示。

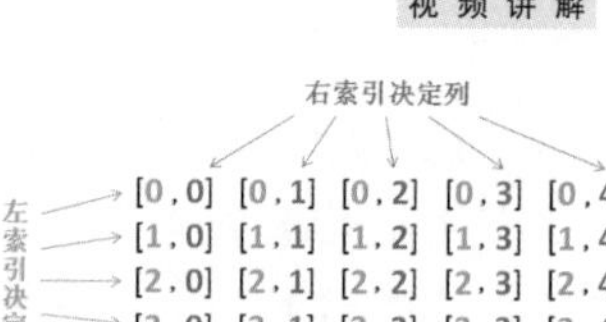

图 5.10　二维数组索引与行列的关系

二维数组的初始化主要分为 3 种：为单个二维数组元素赋值、为每一维数组元素赋值，以及同时为整个二维数组赋值，下面分别介绍。

1. 为单个二维数组元素赋值

为单个二维数组元素赋值，即首先声明一个二维数组，并指定行数和列数，然后为二维数组中的每个元素进行赋值，例如：

```
int[,] myarr = new int[2, 2];          //定义一个int类型的二维数组
myarr[0, 0] = 0;                       //为二维数组中的第1行第1列赋值
myarr[0, 1] = 1;                       //为二维数组中的第1行第2列赋值
myarr[1, 0] = 1;                       //为二维数组中的第2行第1列赋值
myarr[1, 1] = 2;                       //为二维数组中的第2行第2列赋值
```

使用这种方式对二维数组进行赋值时，通常使用嵌套的循环实现，例如，上面的代码可以修改为如下形式：

```
int[,] myarr = new int[2, 2];          //定义一个int类型的二维数组
for (int i = 0; i < 2; i++)            //遍历二维数组的行
{
    for (int j = 0; j < 2; j++)        //遍历二维数组的列
    {
        myarr[i, j] = i + j;           //为遍历到的二维数组中的第i行第j列赋值
    }
}
```

2. 为每一维数组元素赋值

为二维数组中的每一维数组元素赋值时，首先需要使用“数组类型 [][]”形式声明一个数组，并指定数组的行数，然后分别为每一维数组元素赋值。例如：

```
int[][] myarr = new int[2][];          //定义一个2行的int类型二维数组
myarr[0] = new int[] { 0, 1 };         //初始化二维数组的第1行
myarr[1] = new int[] { 1, 2 };         //初始化二维数组的第2行
```

3. 同时为整个二维数组赋值

同时为整个二维数组赋值时需要使用嵌套的大括号，将要赋值的数据包含在里层大括号中，每个大括号中间用逗号（,）隔开。例如：

```
int[,] myarr = new int[2,2] { { 12, 0 }, { 45, 10 } };
```

或者

```
int[,] myarr = new int[,]{ { 12, 0 }, { 45, 10 } };
```

或者

```
int[,] myarr = {{12,0},{45,10}};
```

以上 3 种形式实现的效果是一样的，都是定义了一个长度为 2 行 2 列的 int 类型二维数组，并进行了初始化，其中，后两种形式会自动计算数组的行数和列数。

5.3.3 二维数组的使用

视频讲解：资源包\Video\05\5.3.3 二维数组的使用.mp4

实例 02　模拟客车售票系统　　实例位置：资源包\Code\SL\05\02

创建一个控制台应用程序，模拟制作一个简单的客车售票系统，假设客车的座位是 9 行 4 列，使用一个二维数组记录客车售票系统中的所有座位号，并在每个座位号上都显示"【有票】"，然后用户输入一个坐标位置，按 <Enter> 键，即可将该座位号显示为"【已售】"。代码如下：

实例02-1

```
static void Main(string[] args)
{
    Console.Title = "简单客车售票系统";                          //设置控制台标题
    string[,] zuo = new string[9, 4];                           //定义二维数组
    for (int i = 0; i < 9; i++)                                 //for循环开始
    {
        for (int j = 0; j < 4; j++)                             //for循环开始
        {
            zuo[i, j] = "【有票】";                              //初始化二维数组
        }
    }
    string s = string.Empty;                                    //定义字符串变量
    while (true)                                                //开始售票
    {
        Console.Clear();                                        //清空控制台信息
        Console.WriteLine("\n        简单客车售票系统" + "\n"); //输出字符串
        for (int i = 0; i < 9; i++)
        {
            for (int j = 0; j < 4; j++)
            {
                System.Console.Write(zuo[i, j]);                //输出售票信息
            }
```

实例02-1

```
23             Console.WriteLine();                                  //输出换行符
24         }
25         Console.Write("请输入座位行号和列号(如：0,2)输入q键退出：");
26         s = Console.ReadLine();                                    //售票信息输入
27         if (s == "q") break;                                       //输入字符串“q”退出系统
28         string[] ss = s.Split(',');                                //拆分字符串
29         int one = int.Parse(ss[0]);                                //得到座位行数
30         int two = int.Parse(ss[1]);                                //得到座位列数
31         zuo[one, two] = "【已售】";                                //标记售票状态
32     }
33 }
```

代码注解

（1）在第 13 行代码中的 while (true) 用来设置一个无限循环，以便能够循环输入坐标位置。

（2）在第 28 行代码中用到了字符串的 Split 方法，该方法用来根据指定的符号对字符串进行分隔，这里了解即可，该方法将在第 6 章进行详细讲解。

程序运行效果如图 5.11 所示。

拓展训练

一、模拟订购火车票，运行结果如图 5.12 所示。（资源包 \Code\Try\05\03）

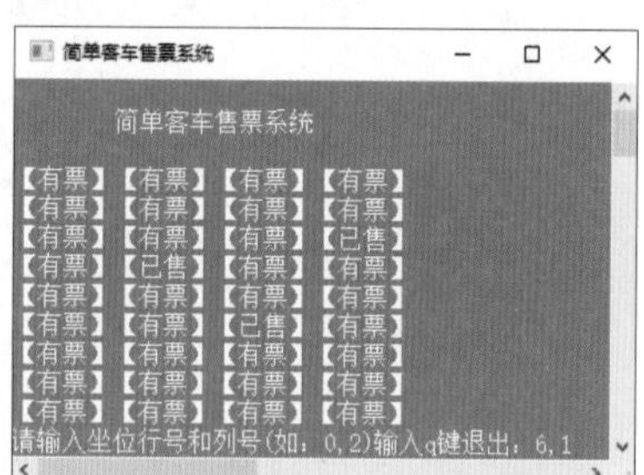

图 5.11　模拟客车售票系统

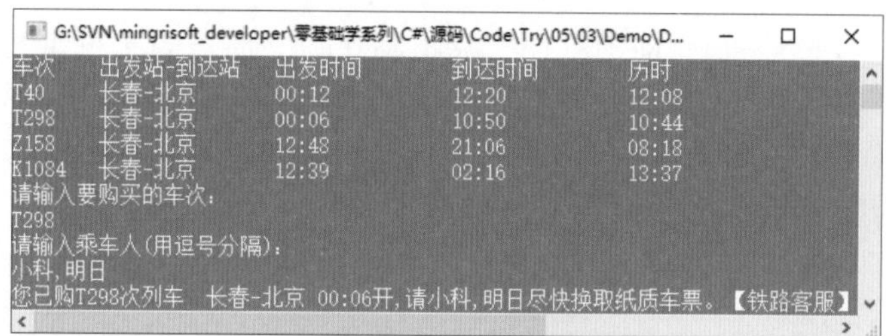

图 5.12　模拟订购火车票

二、利用二维数组分别以横版和竖版形式输出古诗《春晓》。（资源包 \Code\Try\05\04）

5.3.4 不规则数组的定义

视频讲解

视频讲解：资源包\Video\05\5.3.4 不规则数组的定义.mp4

前面讲的二维数组是行和列固定的矩形方阵，如 4×4、3×2 等。另外，C# 还支持不规则的数组，例如，在二维数组中，不同行的元素个数完全不同，例如：

```
int[][] a = new int[3][];        //创建二维数组，指定行数，不指定列数
a[0] = new int[5];               //第一行分配5个元素
a[1] = new int[3];               //第二行分配3个元素
a[2] = new int[4];               //第三行分配4个元素
```

在上面的代码中，定义的不规则二维数组所占的内存空间如图 5.13 所示。

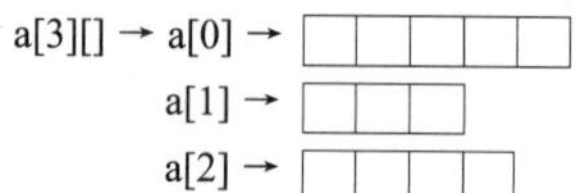

图 5.13　不规则二维数组占用的内存空间

5.4 数组与 Array 类

视频讲解：资源包\Video\05\5.4　数组与Array类.mp4

C# 中的数组是由 System.Array 类派生而来的引用对象，其关系图如图 5.14 所示。

图 5.14　数组与 Array 类的关系图

可以使用 Array 类中的各种属性或者方法对数组进行各种操作。例如，可以使用 Array 类的 Length 属性获取数组元素的长度，可以使用 Rank 属性获取数组的维数。

Array 类的常用方法及说明如表 5.1 所示。

表 5.1　Array 类的常用方法及说明

方　法	说　明
Copy	将数组中的指定元素复制到另一个 Array 中
CopyTo	从指定的目标数组索引处开始，将当前一维数组中的所有元素复制到另一个一维数组中
Exists	判断数组中是否包含指定的元素
GetLength	获取 Array 的指定维中的元素个数
GetLowerBound	获取 Array 中指定维度的下限
GetUpperBound	获取 Array 中指定维度的上限
GetValue	获取 Array 中指定位置的值
Reverse	反转一维 Array 中元素的顺序
SetValue	设置 Array 中指定位置的元素
Sort	对一维 Array 数组元素进行排序

实例 03　使用数组编写程序打印杨辉三角　　实例位置：资源包\Code\SL\05\03

使用数组打印杨辉三角，杨辉三角是一个由数字排列成的三角形，其本质特征是它的两条边都是由数字 1 组成的，其余的数则等于它上方的两个数之和，代码如下：

```
static void Main(string[] args)
{
    int[][] Array_int = new int[10][];                    //定义一个10行的二维数组
    //向数组中记录杨辉三角的值
    for (int i = 0; i < Array_int.Length; i++)            //遍历行数
    {
        Array_int[i] = new int[i + 1];                    //定义二维数组的列数
        for (int j = 0; j < Array_int[i].Length; j++)     //遍历二维数组的列数
        {
            if (i <= 1)                                   //如果是数组的前两行
            {
                Array_int[i][j] = 1;                      //将其设置为1
                continue;
```

实例03-1

```
14              }
15              else
16              {
17                  if (j == 0 || j == Array_int[i].Length - 1) //如果是行首或行尾
18                      Array_int[i][j] = 1;                    //将其设置为1
19                  else                                        //根据杨辉算法进行计算
20                      Array_int[i][j] = Array_int[i - 1][j - 1] + Array_int[i - 1][j];
21              }
22          }
23      }
24      for (int i = 0; i <= Array_int.Length-1; i++)           //输出杨辉三角
25      {
26          //循环控制每行前面打印的空格数
27          for (int k = 0; k <= Array_int.Length - i; k++)
28          {
29              Console.Write("   ");
30          }
31          //循环控制每行打印的数据
32          for (int j = 0; j < Array_int[i].Length; j++)
33          {
34              Console.Write("{0}     ", Array_int[i][j]);
35          }
36          Console.WriteLine();                                 //换行
37      }
38      Console.ReadLine();
39  }
```

代码注解

在第 17 行代码中，j==0 判断是不是行首，j == Array_int[i].Length - 1 判断是不是行尾，因为在杨辉三角中，每一行的行首和行尾都是 1，所以这里进行了特殊处理。

程序运行效果如图 5.15 所示。

拓展训练

一、定义一个字符数组，通过控制台输入为字符数组赋值，在控制台输入时，要求输入英文字符串，并且每个单词之间用空格隔开，然后统计输入的字符串中有多少个单词。（资源包 \Code\Try\05\05）

二、模拟淘宝购物车场景（记录商品名称、数量和价格，并统计总金额），效果如图 5.16 所示。（资源包 \Code\Try\05\06）

图 5.15 打印杨辉三角

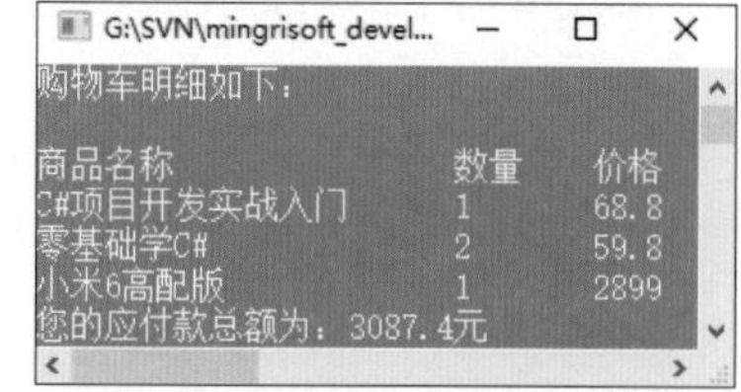

图 5.16 模拟淘宝购物车场景

5.5 数组的基本操作

在开发程序时，数组最常用的操作是遍历和排序，本节将对这两种操作分别进行详细讲解。

5.5.1 使用 foreach 语句遍历数组

视频讲解：资源包\Video\05\5.5.1 使用foreach语句遍历数组.mp4

除了使用循环输出数组的元素，C# 中还提供了一种 foreach 语句，该语句用来遍历集合中的每个元素，而数组也属于集合类型。因此，foreach 语句可以遍历数组。foreach 语句的语法格式如下：

```
foreach(【类型】 【迭代变量名】 in 【集合】)
{
    语句
}
```

其中，【类型】和【迭代变量名】用于声明迭代变量，迭代变量相当于一个范围覆盖整个语句块的局部变量，在 foreach 语句执行期间，迭代变量表示当前正在为其执行迭代的集合元素；【集合】必须有一个从该集合的元素类型到迭代变量的类型的显式转换，如果【集合】的值为 null，则会出现异常。

foreach 语句的执行流程如图 5.17 所示。

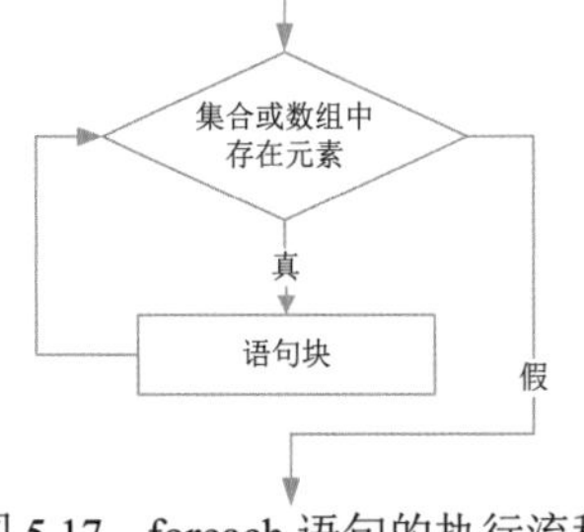

图 5.17　foreach 语句的执行流程

实例 04　输出狼人杀游戏主要角色

实例位置：资源包\Code\SL\05\04

在控制台中使用一维数组存储狼人杀游戏的主要角色，并使用 foreach 遍历输出。代码如下：

实例04-1

```
static void Main(string[] args)
{
    Console.WriteLine("狼人杀游戏主要角色：");    //提示信息
    //定义数组，存储狼人杀游戏主要角色
    string[] roles = { "狼人", "预言家", "村民", "女巫", "丘比特", "猎人", "守卫" };
    foreach(string role in roles)              //遍历数组
    {
        Console.Write(role + "  ");            //输出遍历到的元素
    }
    Console.ReadLine();
}
```

程序运行结果如图 5.18 所示。

拓展训练

一、现通过以下语句将“零基础学 C#”这本书放入购物车中，使用 foreach 循环将遍历这个 List 集合。（资源包 \Code\Try\05\07）

```
List<string> list = new List<string>();       //定义一个List集合
list.Add("零基础学C#");                        //向List集合中添加图书
list.Add("2本");                               //向List集合中添加图书数量
list.Add("69.8");                              //向List集合中添加图书价格
```

二、现在很多家长给孩子起名都非常有意思，甚至融入了自己平时玩的游戏名称，比如“王者荣耀”“黄埔军校”“高富帅”“白富美”“徐栩如生”等，请输出这些比较好玩的名字，效果如图 5.19 所示。（资源包 \Code\Try\05\08）

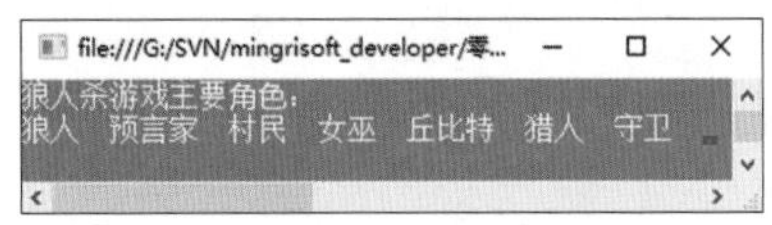

图 5.18　输出狼人杀游戏主要角色

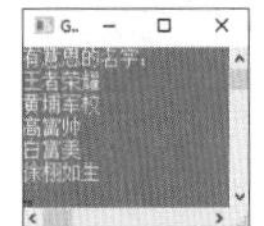

图 5.19　输出有意思的名字

说明

foreach 语句通常用来遍历集合，而数组也是一种简单的集合。

5.5.2 对数组进行排序

视频讲解：资源包\Video\05\5.5.2 对数组进行排序.mp4

C# 中提供了用于对数组进行排序的方法 Array.Sort 和 Array.Reverse，下面分别进行讲解。

1. Array.Sort 方法

Array.Sort 方法用于对一维 Array 中的元素进行排序，该方法有多种形式，其最常用的两种形式如下：

```
public static void Sort(Array array)
public static void Sort(Array array,int index,int length)
```

- ☑ array：要排序的一维 Array。
- ☑ index：排序范围的起始索引。
- ☑ length：排序范围内的元素数。

例如，使用 Array.Sort 方法对数组中的元素按从小到大排序，代码如下：

```
int[] arr = new int[] { 3, 9, 27, 6, 18, 12, 21, 15 };
Array.Sort(arr);                            //对数组元素排序
```

注意

在 Sort 方法中所用到的数组不能为空，也不能是多维数组，它只对一维数组进行排序。

2. Array.Reverse 方法

Array.Reverse 方法用于反转一维 Array 中元素的顺序，该方法有两种形式，分别如下：

```
public static void Reverse(Array array)
public static void Reverse(Array array,int index,int length)
```

- ☑ array：要反转的一维 Array。
- ☑ index：要反转部分的起始索引。
- ☑ length：要反转部分中的元素个数。

例如，下面使用 Array. Reverse 方法对数组的元素进行反转，代码如下：

```
int[] arr = new int[] { 3, 9, 27, 6, 18, 12, 21, 15 };
Array.Reverse(arr);                              //对数组元素进行反转
```

注意

对数组进行反转，并不是反向排序，比如，有一个一维数组，元素为“36 89 76 45 32”，反转之后为“32 45 76 89 36”，而不是“89 76 45 36 32”。

5.6 小结

本章主要对 C# 中的数组进行了详细讲解，包括什么是数组、一维数组和二维数组的创建、初始化及使用，数组的基类——Array 类的使用，数组的遍历及排序等基本操作。大家在学习本章内容时，需要重点掌握数组的创建、初始化及遍历操作。

本章 e 学码：关键知识点拓展阅读

arr.Length	Random 类	集合	索引
i++	Split	矩阵	线性集合
new	遍历	数据类型	引用对象

第6章

看似简单的字符串

（视频讲解：2小时52分钟）

本章概览

字符串几乎是所有编程语言在项目开发过程中，涉及最多的一项内容。大部分项目的运行结果都需要以文本形式展示给客户，比如财务系统的总账报表、电子游戏的比赛结果、火车站的列车时刻表等。这些都是经过程序精密的计算、判断和梳理后，将我们想要的内容用文本形式直观地展示出来。曾经有一位“久经沙场”的程序员说过一句话：“开发一个项目，基本上就是在不断地处理字符串”。本章将对C#中的字符串进行详细讲解。

知识框架

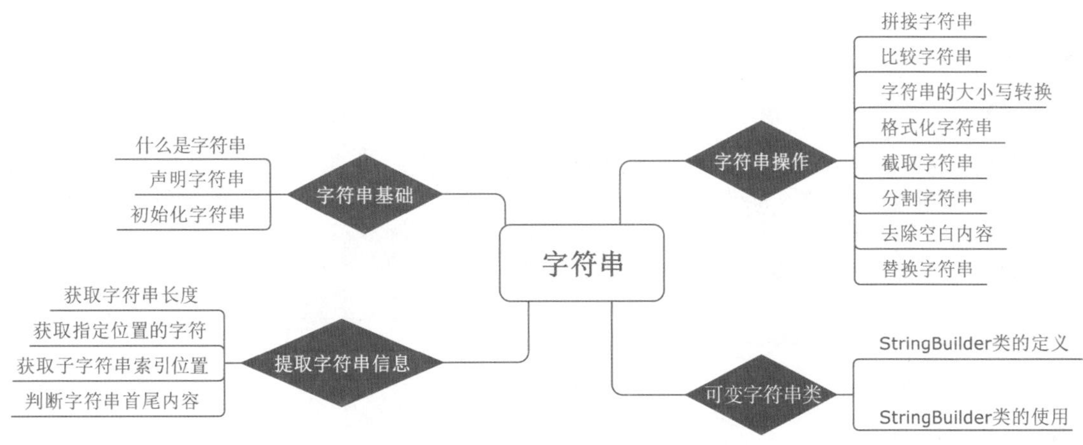

6.1 什么是字符串

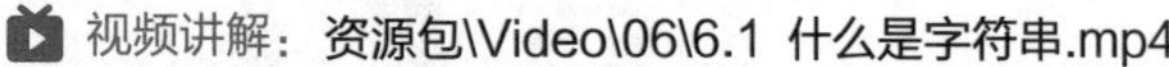

视频讲解：资源包\Video\06\6.1 什么是字符串.mp4

前面的章节介绍了 char 类型可以保存字符，但它只能表示单个字符。如果要用 char 类型来展示像“版权说明”“功能简介”之类的内容，则可以使用 C# 中最常用到的一个概念——字符串。

字符串，顾名思义，就是用字符拼接成的文本值。字符串的存储方式类似于数组，不仅字符串的长度可取，而且每一位上的元素也可取。在 C# 语言中，可以通过 string 类创建字符串。

6.2 字符串的声明与初始化

C# 语言中的字符串通过 string 类来创建，本节将对字符串的声明及初始化进行讲解。

6.2.1 声明字符串

视频讲解：资源包\Video\06\6.2.1 声明字符串.mp4

在 C# 语言中，字符串必须包含在一对双引号（" "）之内。例如：

```
“23.23”、"ABCDE"、"你好"
```

这些都是字符串常量，字符串常量是系统能够显示的任何文字信息，甚至是单个字符。

注意

在 C# 中，由双引号（" "）包围的都是字符串，不能作为其他数据类型来使用，例如，"1+2" 的输出结果永远也不会是 3。

可以通过以下语法格式来声明字符串：

```
string str = [null]
```

☑ string：指定该变量为字符串类型。

☑ str：任意有效的标识符，表示字符串变量的名称。

☑ null：如果省略 null，表示 str 变量是未初始化的状态，否则，表示声明的字符串的值就等于 null。

例如，声明一个字符串变量 strName，代码如下：

```
string strName;
```

6.2.2 初始化字符串

视频讲解：资源包\Video\06\6.2.2 初始化字符串.mp4

声明字符串之后，如果要使用该字符串，例如，下面的代码：

```
string str;
Console.WriteLine(str);
```

运行上面的代码，将会出现如图 6.1 所示的错误提示。

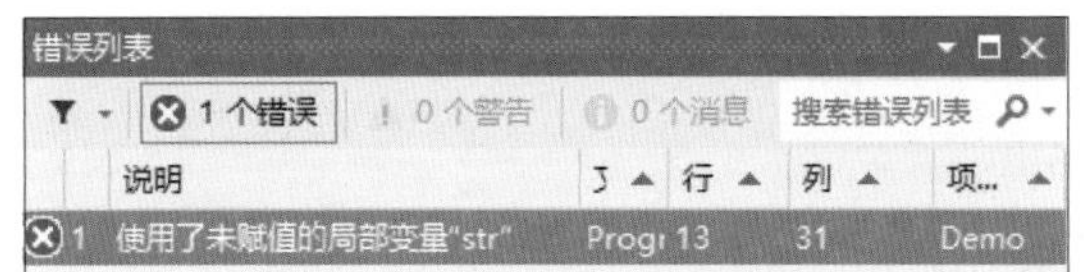

图 6.1　使用未初始化的变量时的错误提示

从图 6.1 可以看出，要使用一个变量，必须首先对其进行初始化（即赋值），对字符串进行初始化的方法主要有以下几种。

☑ 引用字符串常量，示例代码如下：

```
string a = “时间就是金钱，我的朋友。";
string b = “锄禾日当午";
string str1, str2;
str1 = “We are students”;
str2 = “We are students”;
```

当两个字符串对象引用相同的常量时，就会有相同的实体，例如，在上面的代码中，str1 和 str2 的内存示意图如图 6.2 所示。

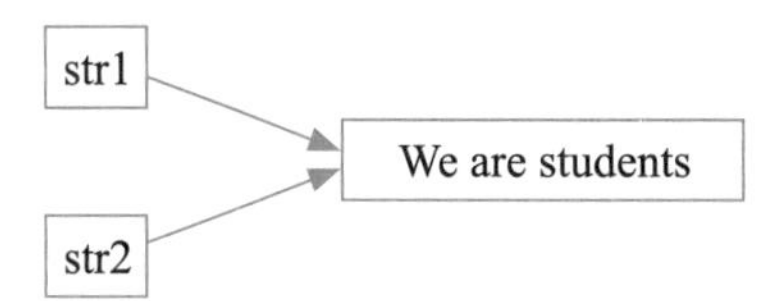

图 6.2　两个字符串对象引用相同的常量

☑ 利用字符数组初始化，示例代码如下：

```
char[] charArray = { 't', 'i', 'm', 'e' };
string str = new string(charArray);
```

☑ 提取字符数组中的一部分初始化字符串，示例代码如下：

```
char[] charArray = { '时', '间', '就', '是', '金', '钱' };
string str = new string(charArray, 4, 2);
```

6.3 提取字符串信息

字符串作为对象，可以通过相应的方法获取字符串的有效信息，如获取某字符串的长度、某个索引位置的字符等。本节将对常用的获取字符串信息的方法进行讲解。

6.3.1 获取字符串长度

视频讲解：资源包\Video\06\6.3.1 获取字符串长度.mp4

获取字符串的长度可以使用 string 类的 Length 属性，其语法格式如下：

```
public int Length { get; }
```

其中，属性值表示当前字符串中字符的数量。

例如，定义一个字符串变量，并为其赋值，然后使用 Length 属性获取该字符串的长度，代码如下：

```
string num = "12345 67890";
int size = num.Length;
```

输出变量 size 的值，得到的结果是 11，这表示使用 Length 属性返回的字符串长度是包括字符串中的空格的。

6.3.2 获取指定位置的字符

视频讲解：资源包\Video\06\6.3.2 获取指定位置的字符.mp4

获取指定位置的字符可以使用 string 类的 char 属性，其语法格式如下：

```
public char this[
    int index
] { get; }
```

☑ index：当前字符串中的位置。

☑ 属性值：位于 index 位置的字符。

例如，定义一个字符串变量，并为其赋值，然后获取该字符串索引位置为 5 的字符并输出，代码如下：

```
string str = "努力工作是人生最好的投资";              //创建字符串对象str
char chr = str[5];                                    //将字符串str中索引位置为5的字符赋值给chr
Console.WriteLine("字符串中索引位置为5的字符是：" + chr); //输出chr
```

运行结果如下：

```
字符串中索引位置为5的字符是：人
```

说明

字符串中的索引位置是从 0 开始的。

6.3.3 获取子字符串索引位置

视频讲解：资源包\Video\06\6.3.3 获取子字符串索引位置.mp4

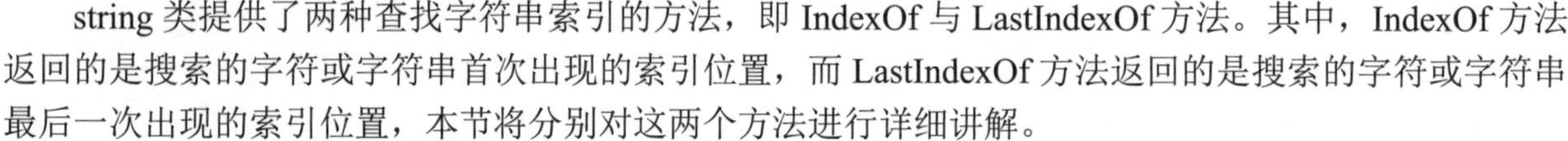

string 类提供了两种查找字符串索引的方法，即 IndexOf 与 LastIndexOf 方法。其中，IndexOf 方法返回的是搜索的字符或字符串首次出现的索引位置，而 LastIndexOf 方法返回的是搜索的字符或字符串最后一次出现的索引位置，本节将分别对这两个方法进行详细讲解。

1. IndexOf 方法

IndexOf 方法常用的几种语法格式如下：

```
public int IndexOf(char value)
public int IndexOf(string value)
public int IndexOf(char value,int startIndex)
public int IndexOf(string value,int startIndex)
public int IndexOf(char value,int startIndex,int count)
public int IndexOf(string value,int startIndex,int count)
```

☑ value：要搜索的字符或字符串。

☑ startIndex：搜索起始位置。

☑ count：要检查的字符位置数。

☑ 返回值：如果找到字符或字符串，则为 value 从零开始的索引位置；如果未找到字符或字符串，则为 -1。

例如，查找字符 e 在字符串 str 中第一次出现的索引位置，代码如下：

```
string str = "We are the world";
int size = str.IndexOf('e');                  //size的值为1
```

理解字符串的索引位置，需要对字符串的下标有所了解。在计算机中，string 对象是用数组表示的。字符串的下标是 0~Length-1。在上面的代码中，字符串 str 的下标排列如图 6.3 所示。

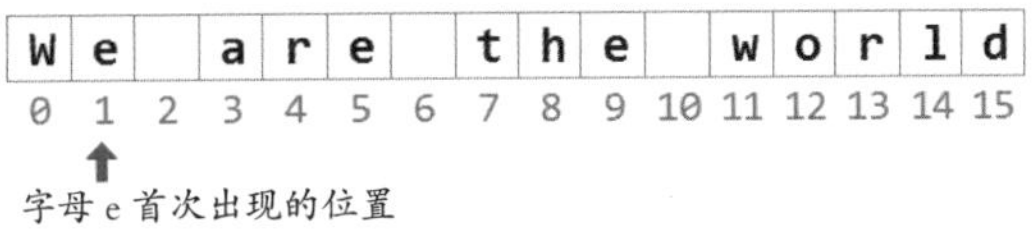

W	e		a	r	e		t	h	e		w	o	r	l	d
0	1	2	3	4	5	6	7	8	9	10	11	12	13	14	15

↑ 字母 e 首次出现的位置

图 6.3　字符串 str 的下标排列

多学两招　在日常开发工作中，经常会遇到判断一个字符串中是否包含某个字符或者某个子字符串的情况，这时就可以使用 IndexOf 方法。

实例 01　查找"r"在字符串中出现的位置　　实例位置：资源包\Code\SL\06\01

查找字符串"We are the world"中"r"第一、二、三次出现的索引位置，代码如下：

视频讲解　实例01-1

```
01  static void Main(string[] args)
02  {
03      string str = "We are the world";                 //创建字符串
04      int firstIndex = str.IndexOf("r");               //获取字符串中"r"第一次出现的索引位置
05      //获取字符串中"r"第二次出现的索引位置，从第一次出现的索引位置之后开始查找
06      int secondIndex = str.IndexOf("r", firstIndex + 1);
07      //获取字符串中"r"第三次出现的索引位置，从第二次出现的索引位置之后开始查找
08      int thirdIndex = str.IndexOf("r", secondIndex + 1);
09      //输出三次获取的索引位置
10      Console.WriteLine("r第一次出现的索引位置是：" + firstIndex);
11      Console.WriteLine("r第二次出现的索引位置是：" + secondIndex);
12      Console.WriteLine("r第三次出现的索引位置是：" + thirdIndex);
13      Console.ReadLine();
14  }
```

代码注解　在第 6 行代码中使用 firstIndex + 1 作为起始查找位置，在第 8 行代码中使用 secondIndex + 1 作为起始查找位置。

程序运行结果如图 6.4 所示。

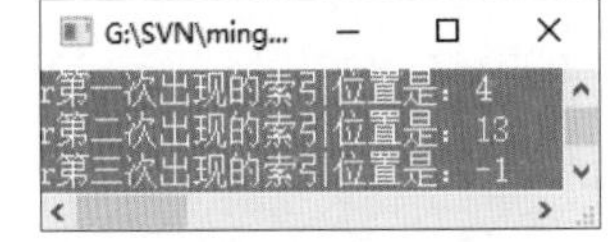

图 6.4　查找"r"第一、二、三次出现的索引位置

从图 6.4 中可以看出，由于字符串中只有两个"r"，所以程序输出了这两个"r"的索引位置，第三次搜索时已经找不到"r"了，所以返回 -1。

拓展训练

一、定义一个字符串""世界上最快乐的事，莫过于为理想而奋斗！""，然后确认该字符串中是否存在关键字"理想"。（资源包 \Code\Try\06\01）

二、有一个书单"零基础学 C#、C# 从入门到精通、C# 项目开发实战入门"，请编程实现，查询"零基础学 C#"在该书单中的位置。（资源包 \Code\Try\06\02）

2. LastIndexOf 方法

LastIndexOf 方法常用的几种语法格式如下：

```
public int LastIndexOf(char value)
public int LastIndexOf(string value)
public int LastIndexOf(char value,int startIndex)
public int LastIndexOf(string value,int startIndex)
public int LastIndexOf(char value,int startIndex,int count)
public int LastIndexOf(string value,int startIndex,int count)
```

☑ value：要搜索的字符或字符串。

☑ startIndex：搜索起始位置。

☑ count：要检查的字符位置数。

☑ 返回值：如果找到字符或字符串，则为 value 从零开始的索引位置；如果未找到字符或字符串，则为 -1。

例如，查找字符 e 在字符串 str 中最后一次出现的索引位置，代码如下：

```
string str = "We are the world";
int size = str.LastIndexOf('e');                    //size的值为9
```

字符 e 在字符串 str 中最后一次出现的索引位置如图 6.5 所示。

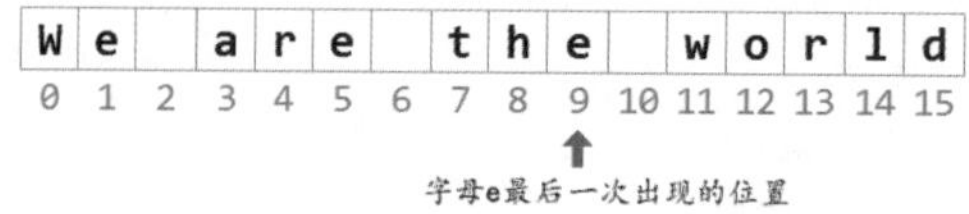

图 6.5　字符 e 在字符串 str 中最后一次出现的索引位置

6.3.4 判断字符串首尾内容

视频讲解：资源包\Video\06\6.3.4 判断字符串首尾内容.mp4

string 类提供了两种判断字符串首尾内容的方法，即 StartsWith 与 EndsWith 方法。其中，StartsWith 方法用来判断字符串是否以指定的内容开始，而 EndsWith 方法用来判断字符串是否以指定的内容结束，本节将分别对这两种方法进行详细讲解。

1. StartsWith 方法

StartsWith 方法用来判断字符串是否以指定的内容开始，其常用的几种语法格式如下：

```
public bool StartsWith(string value)
public bool StartsWith(string value,bool ignoreCase,CultureInfo culture)
```

☑ value：要比较的字符串。

☑ ignoreCase：在比较过程中如果忽略大小写，则为 true；否则为 false。

☑ culture：CultureInfo 对象，用来确定如何对字符串与 value 进行比较的区域性信息。如果 culture 为 null，则使用当前区域性信息。

☑ 返回值：如果 value 与字符串的开头匹配，则为 true；否则为 false。

例如，使用 StartsWith 方法判断一个字符串是否以“梦想”开始，代码如下：

```
string str = "梦想还是要有的，万一实现了呢！";          //定义一个字符串，并初始化
bool result = str.StartsWith("梦想");                  //判断str是否以“梦想”开始
Console.WriteLine(result);
```

上面代码的运行结果为 true。

多学两招

如果在判断某一个英文字符串是否以某字母开始时，需要忽略大小写，可以使用第 2 种形式，并将第 2 个参数设置为 true。例如，定义一个字符串“Keep on going never give up”，然后使用 StartsWith 方法判断该字符串是否以“keep”开始，代码如下：

```
string str = "Keep on going never give up";
bool result = str.StartsWith("keep", true, null);        //判断str是否以keep开始
Console.WriteLine(result);
```

上面代码的返回结果为 true，因为这里使用了 StartsWith 方法的第 2 种形式，并且第 2 个参数为 true，在比较时，会忽略“Keep”和“keep”大小写，因此返回结果为 true。

2. EndsWith 方法

EndsWith 方法用来判断字符串是否以指定的内容结束，其常用的几种语法格式如下：

```
public bool EndsWith(string value)
public bool EndsWith(string value,bool ignoreCase,CultureInfo culture)
```

- ☑ value：要比较的字符串。
- ☑ ignoreCase：若在比较过程中忽略大小写，则为 true；否则为 false。
- ☑ culture：CultureInfo 对象，用来确定如何对字符串与 value 进行比较的区域性信息。如果 culture 为 null，则使用当前区域性信息。
- ☑ 返回值：如果 value 与字符串的末尾匹配，则为 true；否则为 false。

多学两招

如果在比较时需要忽略大小写，通常使用第 2 种形式，并将第 2 个参数设置为 true。

例如，使用 EndsWith 方法判断一个字符串是否以句号（。）结束，代码如下：

```
string str = "梦想还是要有的，万一实现了呢！";        //定义一个字符串，并初始化
bool result = str.EndsWith("。");                    //判断str是否以“。”结尾
Console.WriteLine(result);
```

上面代码的运行结果为 false。

6.4 字符串操作

6.4.1 拼接字符串

视频讲解

视频讲解：资源包\Video\06\6.4.1 拼接字符串.mp4

使用“+”运算符可完成对多个字符串的拼接，“+”运算符可以连接多个字符串并产生一个 string 对象。

例如，定义两个字符串，使用“+”运算符连接，代码如下：

```
string s1 = "hello";                    //声明string对象s1
string s2 = "world";                    //声明string对象s2
string s = s1 + " " + s2;               //将对象s1和s2连接后的结果赋值给s
```

多学两招

C# 中一个相连的字符串不能分开写在两行中。例如：

```
Console.WriteLine("I like
C#");
```

这种写法是错误的，如果一个字符串太长，为了便于阅读，可以将这个字符串分成两行书写，此时就可以使用“+”将两个字符串拼接起来，之后在加号处换行。因此，上面的语句可以修改为如下形式：

```
Console.WriteLine("I like" +
"C#");
```

6.4.2 比较字符串

视频讲解：资源包\Video\06\6.4.2 比较字符串.mp4

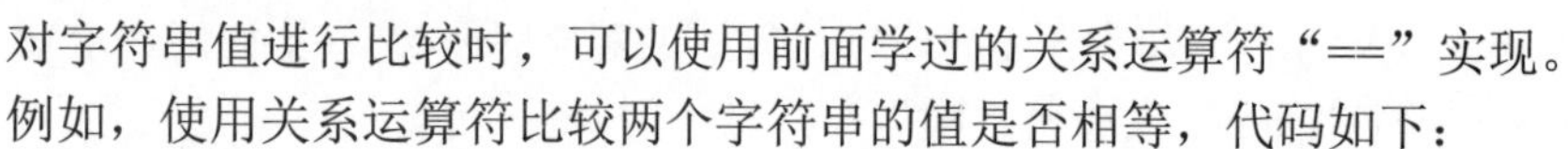

对字符串值进行比较时，可以使用前面学过的关系运算符“==”实现。

例如，使用关系运算符比较两个字符串的值是否相等，代码如下：

```
string str1 = "mingrikeji";
string str2 = "mingrikeji";
Console.WriteLine((str1 == str2));
```

上面代码的输出结果为 true。

除了使用关系运算符“==”，在 C# 中最常见的比较字符串的方法还有 Equals 方法，下面对其进行讲解。

Equals 方法主要用于比较两个字符串是否相同，如果相同，则返回值是 true，否则为 false，其常用的两种语法格式如下：

```
public bool Equals (string value)
public static bool Equals (string a,string b)
```

☑ value：与此字符串比较的字符串。

☑ a 和 b：要进行比较的两个字符串。

☑ 返回值：使用第 1 种形式，如果 value 参数的值与此字符串相同，则为 true；否则为 false。使用第 2 种形式，如果 a 的值与 b 的值相同，则为 true；否则为 false。 如果 a 和 b 均为 null，该方法返回 true。

实例 02 验证用户名和密码是否正确 | 实例位置：资源包\Code\SL\06\02

假设明日学院网站的登录用户名和登录密码分别是 mr、mrsoft，请编程验证用户输入的用户名和密码是否正确，代码如下：

实例02-1

```
static void Main(string[] args)
{
    Console.Write("请输入登录用户名：");
    string name = Console.ReadLine();           //记录输入的用户名
    Console.Write("请输入登录密码：");
    string pwd = Console.ReadLine();            //记录输入的密码
    if (name=="mr" && pwd.Equals("mrsoft"))     //判断用户名和密码是否正确
    {
        Console.WriteLine("登录成功，欢迎你访问明日学院网站……");
    }
    else
    {
        Console.WriteLine("输入的用户名和密码错误！！！");
    }
    Console.ReadLine();
}
```

运行程序，用户名和密码正确与不正确的结果分别如图 6.6 和图 6.7 所示。

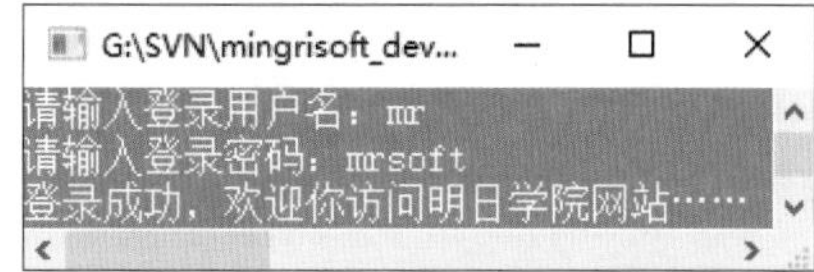

图 6.6　用户名和密码正确

图 6.7　用户名和密码不正确

拓展训练

一、有一种食物，东北人叫“馒头”，山西人叫“馍馍”，它们本是一样的，但如果让程序识别，它们是一样的吗？请编程实现。（资源包 \Code\Try\06\03）

二、模拟用户注册及登录：首先让用户注册一个账户，账户内容包括：账号、密码、邮箱、电话、住址。在注册过程中需要输入两次密码，校验密码是否相同，并验证电话号码是否为 11 位，当用户输入 Y 确认注册成功之后（确认信息时，电话号码的中间 4 位用 * 号代替），让用户登录，并显示登录结果。运行结果如图 6.8 所示。（资源包 \Code\Try\06\04）

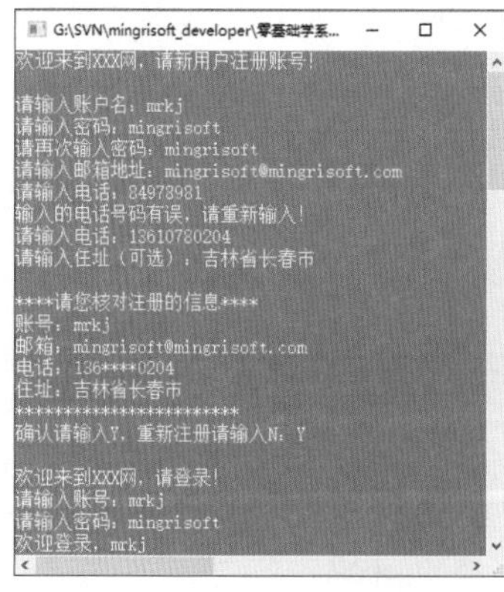

图 6.8　模拟用户注册及登录

6.4.3 字符串的大小写转换

视频讲解

视频讲解：资源包\Video\06\6.4.3 字符串的大小写转换.mp4

对字符串进行大小写转换时，需要使用 string 类提供的 ToUpper 方法和 ToLower 方法，其中，ToUpper 方法用来将字符串转换为大写形式，而 ToLower 方法用来将字符串转换为小写形式，它们的语法格式分别如下：

```
public string ToUpper()
public string ToLower()
```

说明

如果字符串中没有需要被转换的字符（比如数字或者汉字），则返回原字符串。

例如，定义一个字符串，赋值为“Learn and live”，分别用大写、小写两种格式输出该字符串，代码如下：

```
string str = "Learn and live";
Console.WriteLine(str.ToUpper());        //大写输出
Console.WriteLine(str.ToLower());        //小写输出
```

运行结果为：

```
LEARN AND LIVE
learn and live
```

多学两招

在各类网站的登录页面中，验证码的输入通常都是不区分大小写的，这种情况就可以使用 ToUpper 或者 ToLower 方法将网页显示的验证码和用户输入的验证码同时转换为大写或者小写，以便验证。

6.4.4 格式化字符串

视频讲解

视频讲解：资源包\Video\06\6.4.4 格式化字符串.mp4

在 C# 中，string 类提供了一个静态的 Format 方法，用于将字符串数据格式化成指定的格式，其常用的语法格式如下：

```
public static string Format(string format,Object arg0)
public static string Format(string format,params Object[] args)
```

☑ format：用来指定字符串所要格式化的形式，该参数的基本格式如下：

```
{index[,length][:formatString]}
```

☑ index：要设置格式的对象的参数列表中的位置（从零开始）。
☑ length：参数的字符串表示形式中包含的最小字符数。如果该值是正的，则参数右对齐；如果该值是负的，则参数左对齐。
☑ formatString：要设置格式的对象支持的标准或自定义格式字符串。
☑ arg0：要设置格式的对象。
☑ args：一个对象数组，其中包含零个或多个要设置格式的对象。
☑ 返回值：格式化后的字符串。

格式化字符串主要有两种情况，分别是数值类型数据的格式化和日期时间类型数据的格式化，下面分别讲解。

1. 数值类型数据的格式化

在实际开发中，数值类型有多种显示方式，比如货币形式、百分比形式等，C# 支持的标准数值格式规范如表 6.1 所示。

表 6.1　C# 支持的标准数值格式规范

格式说明符	名　称	说　明	示　例
C 或 c	货币	结果：货币值 受以下类型支持：所有数值类型 精度说明符：小数位数	¥123 或 -¥123.456
D 或 d	Decimal	结果：整型数字，负号可选 受以下类型支持：仅整型 精度说明符：最小位数	1234 或 -001234
E 或 e	指数（科学型）	结果：指数记数法 受以下类型支持：所有数值类型 精度说明符：小数位数	1.052033E+003 或 -1.05e+003
F 或 f	定点	结果：整数和小数，负号可选 受以下类型支持：所有数值类型 精度说明符：小数位数	1234.57 或 -1234.5600
N 或 n	Number	结果：整数和小数、组分隔符和小数分隔符，负号可选 受以下类型支持：所有数值类型 精度说明符：所需的小数位数	1,234.57 或 -1,234.560
P 或 p	百分比	结果：乘以 100 并显示百分比符号的数字 受以下类型支持：所有数值类型 精度说明符：所需的小数位数	100.00 % 或 100 %
X 或 x	十六进制	结果：十六进制字符串 受以下类型支持：仅整型 精度说明符：结果字符串中的位数	FF 或 00ff

注意

在使用 string.Format 方法对数值类型数据进行格式化时，传入的参数必须为数值类型。

实例 03　格式化不同的数值类型数据　　实例位置：资源包\Code\SL\06\03

使用表 6.1 中的标准数值格式规范对不同的数值类型数据进行格式化，并输出，代码如下：

实例03-1

```
01 static void Main(string[] args)
02 {
03     //输出金额
04     Console.WriteLine(string.Format("1251+3950的结果是（以货币形式显示）：{0:C}", 1251 + 3950));
05     //输出科学记数法
06     Console.WriteLine(string.Format("120000.1用科学记数法表示：{0:E}", 120000.1));
07     //输出以分隔符显示的数字
08     Console.WriteLine(string.Format("12800以分隔符数字显示的结果是：{0:N0}", 12800));
09     //输出小数点后两位
10     Console.WriteLine(string.Format("π取两位小数点：{0:F2}", Math.PI));
11     //输出十六进制数
12     Console.WriteLine(string.Format("33的16进制结果是：{0:X4}", 33));
13     //输出百分号数字
14     Console.WriteLine(string.Format("天才是由 {0:P0} 的灵感，加上 {1:P0} 的汗水 。", 0.01, 0.99));
15     Console.ReadLine();
16 }
```

代码注解

（1）第 8 行代码中的 {0:N0} 表示显示的数字中不包括小数。
（2）第 10 行代码中的 {0:F2} 表示保留两位小数。
（3）第 12 行代码中的 {0:X4} 表示显示 4 位数形式的十六进制数。
（4）第 14 行代码中的 {0:P0}、{1:P0} 表示显示的百分比中不包括小数。

程序运行结果如图 6.9 所示。

拓展训练

一、在控制台中显示 3 种商品，分别为“1、iPhone6(16G)　5288”“2、荣耀 6 Plus(高配版) 2299”和“3、一加手机(标准版) 1999.99”，然后根据用户输入的编号，提示用户购买的商品及价格，其中价格以货币形式显示。（资源包\Code\Try\06\05）
二、模拟微信抢红包（提示：本实例实现时用到了 Random 类，该类用来生成随机数），运行效果如图 6.10 所示。（资源包\Code\Try\06\06）

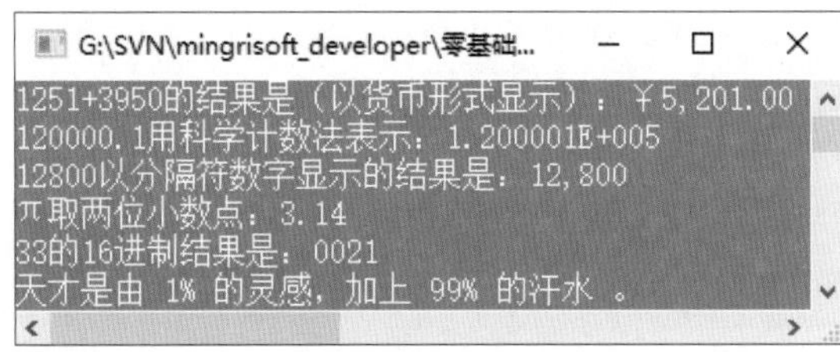

图 6.9　数值类型的格式化

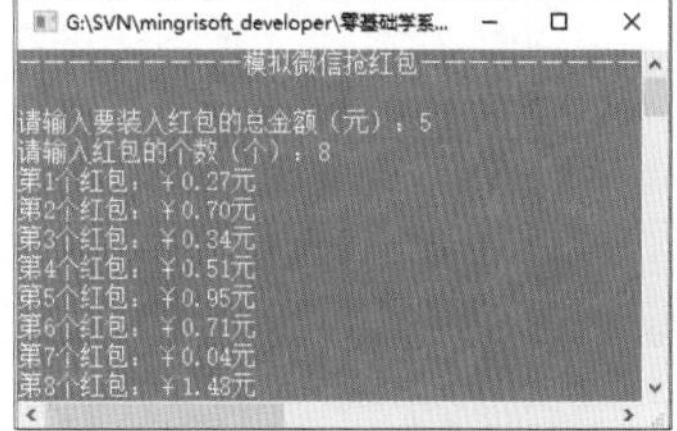

图 6.10　模拟微信抢红包

2. 日期时间类型数据的格式化

如果希望日期时间按照某种标准格式输出，比如短日期格式、完整日期时间格式等，那么可以使用 string 类的 Format 方法将日期时间格式化为指定的格式。C# 支持的日期时间类型格式规范如表 6.2 所示。

表 6.2 C# 支持的日期时间类型格式规范

格式说明符	说　明	举　例
d	短日期格式	YYYY-MM-dd
D	长日期格式	YYYY 年 MM 月 dd 日
f	完整日期 / 时间格式（短时间）	YYYY 年 MM 月 dd 日 hh:mm
F	完整日期 / 时间格式（长时间）	YYYY 年 MM 月 dd 日 hh:mm:ss
g	常规日期 / 时间格式（短时间）	YYYY-MM-dd hh:mm
G	常规日期 / 时间格式（长时间）	YYYY-MM-dd hh:mm:ss
M 或 m	月 / 日格式	MM 月 dd 日
t	短时间格式	hh:mm
T	长时间格式	hh:mm:ss
Y 或 y	年 / 月格式	YYYY 年 MM 月

注意

在使用 string.Format 方法对日期时间类型数据进行格式化时，传入的参数必须为 DataTime 类型。

实例 04 输出不同形式的日期时间　　实例位置：资源包\Code\SL\06\04

使用表 6.2 中的标准日期时间格式规范对不同的日期时间数据进行格式化，并输出，代码如下：

实例04-1

```
static void Main(string[] args)
{
    DateTime strDate = DateTime.Now;            //获取当前日期时间
    //输出短日期格式
    Console.WriteLine(string.Format("当前日期的短日期格式表示：{0:d}", strDate));
    //输出长日期格式
    Console.WriteLine(string.Format("当前日期的长日期格式表示：{0:D}", strDate));
    Console.WriteLine();                        //换行
    //输出完整日期/时间格式（短时间）
    Console.WriteLine(string.Format("当前日期时间的完整日期/时间格式（短时间）表示：{0:f}", strDate));
    //输出完整日期/时间格式（长时间）
    Console.WriteLine(string.Format("当前日期时间的完整日期/时间格式（长时间）表示：{0:F}", strDate));
    Console.WriteLine();                        //换行
    //输出常规日期/时间格式（短时间）
    Console.WriteLine(string.Format("当前日期时间的常规日期/时间格式（短时间）表示：{0:g}", strDate));
    //输出常规日期/时间格式（长时间）
    Console.WriteLine(string.Format("当前日期时间的常规日期/时间格式（长时间）表示：{0:G}", strDate));
    Console.WriteLine();                        //换行
    //输出时间格式
    Console.WriteLine(string.Format("当前时间的短时间格式表示：{0:t}", strDate));
    //输出长时间格式
    Console.WriteLine(string.Format("当前时间的长时间格式表示：{0:T}", strDate));
```

```
23      Console.WriteLine();                                    //换行
24      //输出月/日格式
25      Console.WriteLine(string.Format("当前日期的月/日格式表示：{0:M}", strDate));
26      //输出年/月格式
27      Console.WriteLine(string.Format("当前日期的年/月格式表示：{0:Y}", strDate));
28      Console.ReadLine();
29  }
```

代码注解

在第 3 行代码中获取当前时间时用到了 DateTime 结构，该结构是 .NET Framework 自带的，表示时间上的一刻，通常以日期和当天的时间表示。DateTime.Now 用来获取计算机上的当前日期和时间。

程序运行结果如图 6.11 所示。

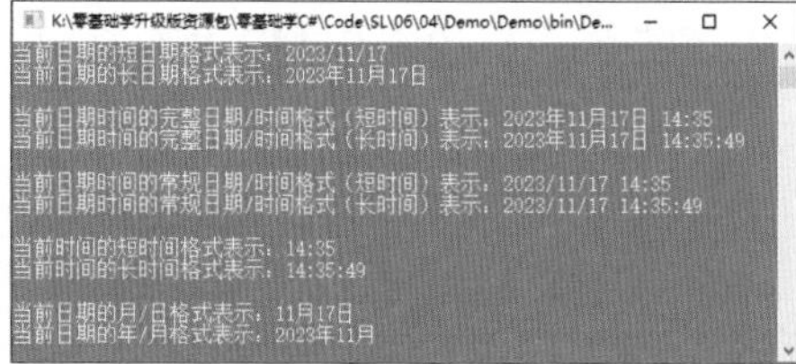

图 6.11　日期时间类型的格式化

拓展训练

一、在控制台中输出一天的天气预报及主要时刻点的天气情况，其输出信息如下。（资源包 \Code\Try\06\07）

```
2023年5月1日   天气预报：晴   7℃~18℃   微风转3~4级
4:00    天气预报：晴   9℃    微风
8:00    天气预报：晴   12℃   微风
12:00   天气预报：晴   18℃   微风
16:00   天气预报：晴   16℃   西风3~4级
20:00   天气预报：晴   12℃   西风3~4级
0:00    天气预报：晴   7℃    微风
```

二、模拟输出员工的打卡时间（例如，员工名为 mr），输出形式如下。（资源包 \Code\Try\06\08）

```
打卡成功！
打卡时间：2023年6月13日 14:25:56
```

多学两招

通过在 ToString 方法中传入指定的“格式说明符”，也可以实现对数值型数据和日期时间型数据的格式化。例如，下面的代码分别使用 ToString 方法将数字 1298 格式化为货币形式，当前日期格式化为年 / 月格式，代码如下：

```
int money = 1298;
Console.WriteLine(money.ToString("C"));  //使用ToString方法格式化数值类型
DateTime dTime = DateTime.Now;
Console.WriteLine(dTime.ToString("Y"));  //使用ToString方法格式化日期时间类型
```

6.4.5 截取字符串

视频讲解：资源包\Video\06\6.4.5 截取字符串.mp4

string 类提供了一个 Substring 方法，该方法可以截取字符串中指定位置和指定长度的子字符串，该方法有两种使用形式，分别如下：

```
public string Substring(int startIndex)
public string Substring (int startIndex,int length)
```

☑ startIndex：子字符串的起始位置的索引。

☑ length：子字符串中的字符数。

☑ 返回值：截取的子字符串。

实例 05　从完整文件名中获取文件名和扩展名　|　实例位置：资源包\Code\SL\06\05

使用 SubString 方法的两种形式从一个完整的文件名称中分别获取文件名和扩展名，代码如下：

实例05-1

```
01 static void Main(string[] args)
02 {
03     string strFile = "Program.cs";                                //定义字符串
04     Console.WriteLine("文件完整名称：" + strFile);                 //输出文件完整名称
05     string strFileName = strFile.Substring(0, strFile.IndexOf('.'));  //获取文件名
06     string strExtension = strFile.Substring(strFile.IndexOf('.'));    //获取扩展名
07     Console.WriteLine("文件名：" + strFileName);                   //输出文件名
08     Console.WriteLine("扩展名：" + strExtension);                  //输出扩展名
09     Console.ReadLine();
10 }
```

代码注解

（1）在第 5 行代码中设置截取长度时使用了 strFile.IndexOf('.')，表示从 0 截取到“.”的索引位置。

（2）在第 6 行代码中获取扩展名时只传入了一个参数，表示从“.”的索引位置开始截取所有的字符。

程序运行结果如图 6.12 所示。

拓展训练

一、根据输入的身份证号获取生日信息。（资源包 \Code\Try\06\09）

二、将 "津 A · 12345" "沪 A · 23456" "京 A · 34567" 这 3 张车牌号放到 string 类型的数组中，然后在遍历数组的过程中完成对每张车牌号归属地的判断，效果如图 6.13 所示。（资源包 \Code\Try\06\10）

图 6.12　获取文件名及扩展名

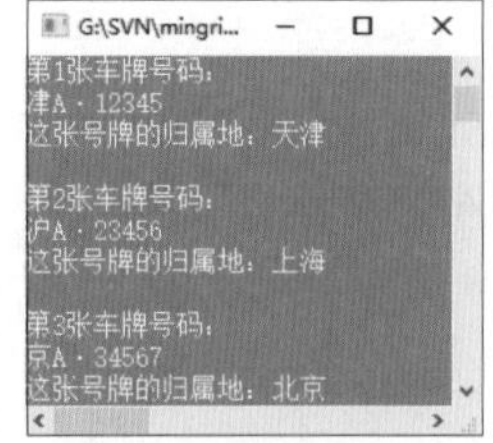

图 6.13　根据车牌号获取归属地

6.4.6 分割字符串

视频讲解：资源包\Video\06\6.4.6 分割字符串.mp4

string 类提供了一个 Split 方法，用于根据指定的字符数组或者字符串数组对字符串进行分割，该方法有 5 种使用形式，分别如下：

```
public string[] Split(params char[] separator)
public string[] Split(char[] separator,int count)
public string[] Split(string[] separator,StringSplitOptions options)
public string[] Split(char[] separator,int count,StringSplitOptions options)
public string[] Split(string[] separator,int count,StringSplitOptions options)
```

☑ separator：分割字符串的字符数组或字符串数组。
☑ count：要返回的子字符串的最大数量。
☑ options：要省略返回的数组中的空数组元素，则为 RemoveEmptyEntries；要包含返回的数组中的空数组元素，则为 None。
☑ 返回值：一个数组，其元素包含分割得到的子字符串，这些子字符串由 separator 中的一个或多个字符或字符串分割。

实例 06　使用 Split 方法分割文字　　实例位置：资源包\Code\SL\06\06

有一段体现学习编程最终目标的文字“让编程学习不再难，让编程创造财富不再难，让编程改变工作和人生不再难”，请使用 Split 方法对其进行分割，并输出，代码如下：

实例06-1

```
01 static void Main(string[] args)
02 {
03     //声明字符串
04     string str = "让编程学习不再难,让编程创造财富不再难,让编程改变工作和人生不再难";
05     char[] separator = { ',' };                    //声明分割字符的数组
06     //分割字符串
07     string[] splitStrings = str.Split(separator, StringSplitOptions.RemoveEmptyEntries);
08     //使用for循环遍历数组，并输出
09     for (int i = 0; i < splitStrings.Length; i++)
10     {
11         Console.WriteLine(splitStrings[i]);
12     }
13     Console.ReadLine();
14 }
```

代码注解

（1）第 5 行代码用来声明一个字符数组，并初始化一个值，实际上，在数组中可以存储相同类型的多个值，这里只存储了一个。
（2）第 9 ~ 12 行代码使用了一个 for 循环遍历字符串数组，并输出数组中的内容，其中的 splitStrings.Length 用来获取数组的长度，splitStrings[i] 表示数组中指定索引处的值。

程序运行结果如图 6.14 所示。

图 6.14　分割字符串

拓展训练

一、根据“。”符号对长段的文本进行分段显示，长段文本可以自己手动输入。（资源包\Code\Try\06\11）

二、平时在使用电子邮箱发送邮件时，可以同时给多人发送邮件，现在要求使用 C# 模拟实现邮件的发送功能，具体要求为：输入多个收件人、邮件主题及内容，然后按键盘上的 <Enter> 键，显示邮件发送成功的信息提示，同时显示收件人列表、邮件的主题、内容及邮件的发送时间。运行结果如图 6.15 所示。（资源包\Code\Try\06\12）

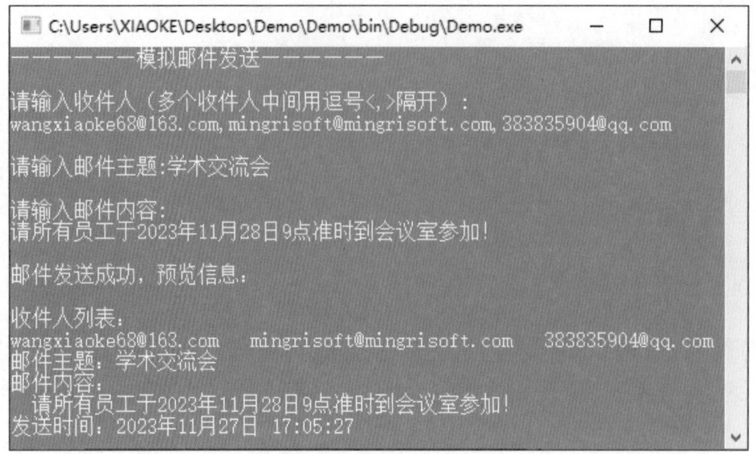

图 6.15　模拟邮件发送

6.4.7 删除空白内容

视频讲解：资源包\Video\06\6.4.7 去除空白内容.mp4

string 类提供了一个 Trim 方法，用来删除字符串中所有开头的空白字符和结尾的空白字符，其语法格式如下：

```
public string Trim()
```

Trim 方法的返回值是从当前字符串的开头和结尾删除所有空白字符后剩余的字符串。

例如，先定义一个字符串 strOld，并初始化为"　　abc　　　　"，然后使用 Trim 方法删除该字符串中开头和结尾处的所有空白字符，代码如下：

```
string str = "        abc              ";               //定义原始字符串
string shortStr = str.Trim();                            //去掉字符串的首尾空格
Console.WriteLine("str的原值是：[" + str + "]");
Console.WriteLine("去掉首尾空白的值：[" + shortStr + "]");
```

上面代码的运行结果如下：

```
str的原值是：[        abc              ]
去掉首尾空白的值：[abc]
```

多学两招

使用 Trim 方法还可以从字符串的开头和结尾删除指定的字符，其使用形式如下：

```
public string Trim(params char[] trimChars)
```

例如，使用 Trim 方法删除字符串开头和结尾处的“*”字符，代码如下：

```
char[] charsToTrim = { '*' };                  //定义要删除的字符数组
string str = "*****abc*****";                  //定义原始字符串
string shortStr = str.Trim(charsToTrim);       //去掉字符串的首尾"*"字符
```

6.4.8 替换字符串

视频讲解：资源包\Video\06\6.4.8 替换字符串.mp4

string 类提供了一个 Replace 方法，用于将字符串中的某个字符或字符串替换成其他的字符或字符串，该方法有两种语法形式，分别如下：

```
public string Replace(char OChar,char NChar)
public string Replace(string OValue,string NValue)
```

☑ OChar：待替换的字符。
☑ NChar：替换后的新字符。
☑ OValue：待替换的字符串。
☑ NValue：替换后的新字符串。
☑ 返回值：替换字符或字符串之后得到的新字符串。

说明

如果要替换的字符或字符串在原字符串中重复出现多次，那么 Replace 方法会将所有的字符或字符串都进行替换。

实例 07　用 Replace 方法实现“one world,one dream”的变体　|　实例位置：资源包\Code\SL\06\07

首先创建一个控制台应用程序，声明一个 string 类型变量 strOld，并初始化为“one world,one dream”。然后使用 Replace 方法的第一种语法格式将字符串中的“,”替换成“*”，最后使用 Replace 方法的第二种语法格式将字符串中的“one”替换成“One”，代码如下：

实例07-1

```
01  static void Main(string[] args)
02  {
03      string strOld = "one world,one dream";       //声明一个字符串变量并初始化
04      Console.WriteLine("原始字符串：" + strOld);   //输出原始字符串
05      string strNew1 = strOld.Replace(',', '*');    //使用Replace将字符串中的“,”替换为“*”
06      Console.WriteLine("\n第一种形式的替换：" + strNew1);
07      //使用Replace方法将字符串中的“one”替换为“One”
08      string strNew2 = strOld.Replace("one", "One");
09      Console.WriteLine("\n第二种形式的替换：" + strNew2);
10      Console.ReadLine();
11  }
```

代码注解

在第 5 行和第 7 行代码中分别使用了 Replace 方法的两种形式替换了原字符串中的指定字符和指定子字符串。

程序运行结果如图 6.16 所示。

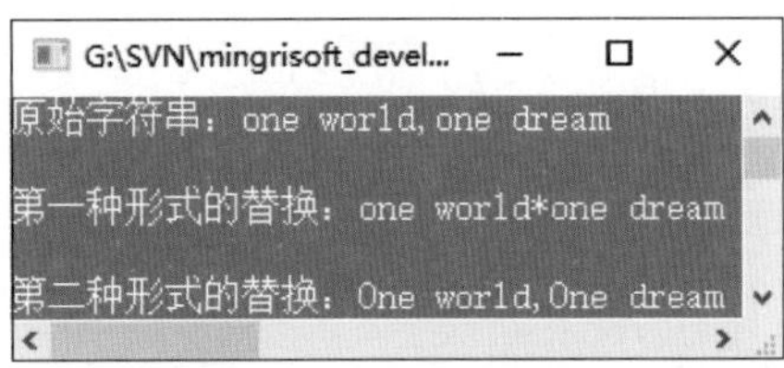

图 6.16　字符串的替换

拓展训练

一、模拟实现 Word 的全部替换功能。（资源包 \Code\Try\06\13）
二、很多成功人士的成功秘诀是：永不抱怨！现在通过程序把这个秘诀复制到我们每个人身上，输出“我们的成功秘诀：永不抱怨”。（资源包 \Code\Try\06\14）

注意

要替换的字符或字符串的大小写需要与原字符串中字符或字符串的大小写保持一致，否则不能成功地替换。例如，如果将上面的代码修改成如下代码，则不能成功替换。

```
string strOld = "one world,one dream";            //声明一个字符串变量并初始化
string strNew2 = strOld.Replace("ONE", "One");  //字符串替换
```

6.5 可变字符串类

对于创建成功的 string 字符串，它的长度是固定的，内容不能被改变和编译。虽然使用“+”可以达到附加新字符或字符串的目的，但“+”会产生一个新的 string 对象，会在内存中创建新的字符串对象。如果重复地对字符串进行修改，将会增加系统开销。而 C# 中提供了一个可变的字符序列 StringBuilder 类，可大大提高频繁增加字符串的效率。本节将对其进行讲解。

6.5.1 StringBuilder 类的定义

视频讲解：资源包\Video\06\6.5.1 StringBuilder类的定义.mp4

StringBuilder 类位于 System.Text 命名空间中，如果要创建 StringBuilder 对象，首先必须引用该命名空间。StringBuilder 类有 6 种不同的构造方法，分别如下：

```
public StringBuilder()
public StringBuilder(int capacity)
public StringBuilder(string value)
public StringBuilder(int capacity,int maxCapacity)
public StringBuilder(string value,int capacity)
public StringBuilder(string value,int startIndex,int length,int capacity)
```

☑ capacity：StringBuilder 对象建议的起始大小。
☑ value：字符串，包含用于初始化 StringBuilder 对象的子字符串。
☑ maxCapacity：当前字符串可包含的最大字符数。
☑ startIndex：value 中子字符串开始的位置。
☑ length：子字符串中的字符数。

例如，创建一个 StringBuilder 对象，其初始引用的字符串为“Hello World!”，代码如下：

```
StringBuilder MyStringBuilder = new StringBuilder("Hello World!");
```

说明

StringBuilder 类表示值为可变字符序列的类似字符串的对象，之所以说值是可变的，是因为在通过追加、删除、替换或插入字符而创建它后可以对它进行修改。

6.5.2 StringBuilder 类的使用

视频讲解：资源包\Video\06\6.5.2 StringBuilder类的使用.mp4

StringBuilder 类中常用的方法及说明如表 6.3 所示。

表 6.3　StringBuilder 类中的常用方法及说明

方　法	说　明
Append	将文本或字符串追加到指定对象的末尾
AppendFormat	自定义变量的格式，并将这些值追加到 StringBuilder 对象的末尾
Insert	将字符串或对象添加到当前 StringBuilder 对象中的指定位置
Remove	从当前 StringBuilder 对象中删除指定数量的字符
Replace	用另一个指定的字符来替换 StringBuilder 对象内的字符

说明

StringBuilder 类提供的方法有多种使用形式，开发者可以根据需要选择合适的使用形式。

实例 08　StringBuilder 类中几种方法的应用　　实例位置：资源包\Code\SL\06\08

视频讲解

首先创建一个控制台应用程序，声明一个 int 类型的变量 Num，并初始化为 368，然后创建一个 StringBuilder 对象 SBuilder，其初始值为“明日科技”，之后分别使用 StringBuilder 类的 Append、AppendFormat、Insert、Remove 和 Replace 方法对 StringBuilder 对象进行操作，并输出相应的结果。代码如下：

实例08-1

```
01 static void Main(string[] args)
02 {
03     int Num = 368;                        //声明一个int类型变量Num并初始化为368
04     //实例化一个StringBuilder类，并初始化为“明日科技”
05     StringBuilder SBuilder = new StringBuilder("明日科技");
06     SBuilder.Append("》C#编程词典");       //使用Append方法将字符串追加到SBuilder的末尾
07     Console.WriteLine(SBuilder);          //输出SBuilder
08     //使用AppendFormat方法将字符串按照指定的格式追加到SBuilder的末尾
09     SBuilder.AppendFormat("{0:C0}", Num);
10     Console.WriteLine(SBuilder);          //输出SBuilder
11     SBuilder.Insert(0, "软件：");          //使用Insert方法将“软件：”追加到SBuilder的开头
12     Console.WriteLine(SBuilder);          //输出SBuilder
13     //使用Remove方法从SBuilder中删除索引14以后的字符串
14     SBuilder.Remove(14, SBuilder.Length - 14);
15     Console.WriteLine(SBuilder);          //输出SBuilder
16     //使用Replace方法将“软件：”替换成“软件工程师必备”
17     SBuilder.Replace("软件", "软件工程师必备");
18     Console.WriteLine(SBuilder);          //输出SBuilder
19     Console.ReadLine();
20 }
```

代码注解

第 9 行代码中的 {0:C0} 表示将数字格式化为货币形式显示时，不显示小数。

程序的运行结果如图 6.17 所示。

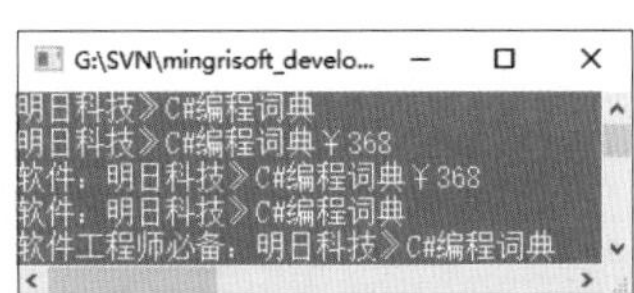

图 6.17　StringBuilder 类中几种方法的应用

拓展训练

一、最近看到一个笑话“今天上幼儿园的小侄子考我一道题：( )，( )，( )，2、4、6、7、8。让我填空，我算了半个多小时都说不对，最后，小侄子略带鄙视地对我说：‘这么简单的题都不会？答案是这样的：(门前大桥下)，(游过一群鸭)，(快来快来数一数)，2、4、6、7、8’”，现在通过使用 StringBuilder 来解答这道题。（资源包 \Code\Try\06\15）

二、首先创建一个控制台应用程序，分别对 string 对象和 StringBuilder 对象执行 10000 次追加操作，然后通过用时比较它们的执行效率（每次输出的消耗时间会有所不同）。程序的运行结果如图 6.18 所示。（资源包 \Code\Try\06\16）

图 6.18　验证字符串操作和可变字符串操作的执行效率

6.6 小结

本章主要对 C# 中字符串和可变字符串进行了详细讲解，在学习本章时，读者需要重点掌握 string 类中处理字符串的一些方法，这些方法在开发程序时会经常用到。另外，StringBuilder 类允许使用同一个字符串对象进行字符串的维护操作，这样，可以在操作字符串数据的过程中提高效率，尤其是处理大量数据时。

本章 e 学码：关键知识点拓展阅读

CultureInfo	String.Split	空引用
DateTime	ToString 方法	实体
string 类	参数列表	引用地址

第 7 章

面向对象程序设计

（视频讲解：3 小时 40 分钟）

本章概览

面向对象程序设计是在面向过程程序设计的基础上发展而来的，它将数据和对数据的操作看作一个不可分割的整体，力求将现实问题简单化，因为这样不仅符合人们的思维习惯，还可以提高软件的开发效率，方便后期维护。本章将对面向对象程序设计进行详细讲解。

知识框架

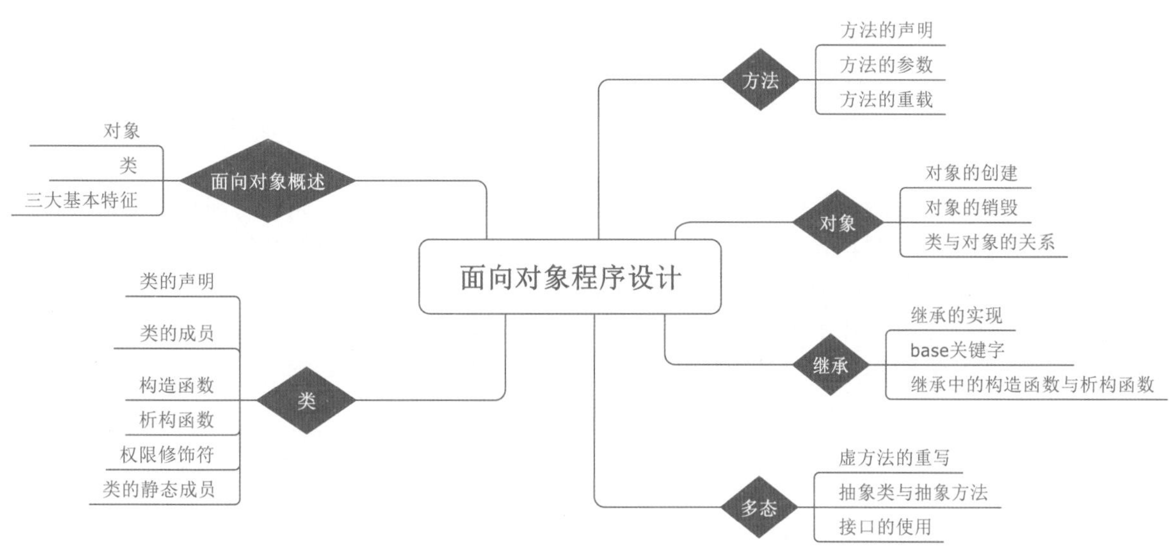

7.1 面向对象概述

面向对象技术源于面向对象的编程语言（Object Oriented Programming Language，OOPL），从 20 世纪 60 年代提出面向对象的概念到现在，它已经发展成为一种比较成熟的编程思想，并且逐步成为目前软件开发领域的主流技术。面向对象（Object Oriented）的英文缩写是 OO，它是一种设计思想。

面向对象中的对象（Object），通常是指客观世界中存在的对象，这个对象具有唯一性，对象之间各不相同，每一个对象都有自己的运动规律和内部状态；对象与对象之间又是相互联系、相互作用的。另外，对象也可以是一个抽象的事物，例如，可以从圆形、正方形、三角形等图形抽象出一个简单图形，简单图形就是一个对象，它有自己的属性和行为，图形中边的条数是它的属性，图形的面积也是它的属性，输出图形的面积就是它的行为。概括地讲，面向对象技术是一种从组织结构上模拟客观世界的方法。

7.1.1 对象

视频讲解：资源包\Video\07\7.1.1 对象.mp4

在现实世界中，随处可见的一种事物就是对象，对象是事物存在的实体，如人类、书桌、计算机、高楼大厦等。人类解决问题的方式总是将复杂的事物简单化，于是就会思考这些对象都是由哪些部分组成的。通常会将对象划分为两个部分，即静态部分与动态部分。静态部分，顾名思义就是不能动的部分，这个部分被称为“属性”，任何对象都会具备其自身属性，比如一个人，它包括高矮、胖瘦、性别、年龄等属性，然而具有这些属性的人会执行哪些动作是值得被探讨的，人可以哭泣、微笑、说话、行走等，这些是人所具备的行为，也就是动态部分。

现实世界中的对象具有以下特征：

（1）每一个对象必须有一个名字以区别其他对象。

（2）用属性来描述对象的某些特征。

（3）有一组操作，每一个操作决定对象的一种行为。

（4）对象的操作可以分为两类：一类是自身所承受的操作，另一类是施加于其他对象的操作。

综上所述，现实世界中的对象可以表示为“属性 + 行为（方法）”，其示意图如图 7.1 所示。

在计算机世界中，面向对象程序设计的思想要以对象来思考问题，首先要将现实世界的实体抽象为对象，然后考虑这个对象具备的属性和行为。例如，现在面临一只大雁要从北方飞往南方的实际问题，尝试以面向对象的思想来解决这一实际问题，步骤如下：

（1）从这一问题中抽象出对象，这里抽象出的对象为大雁。

（2）识别这个对象的属性。对象具备的属性都是静态属性，如大雁有一对翅膀、一双脚等，这些属性如图 7.2 所示。

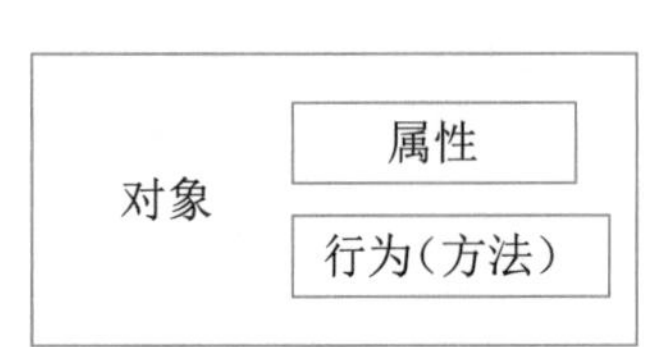

图 7.1　对象表示为“属性 + 行为”

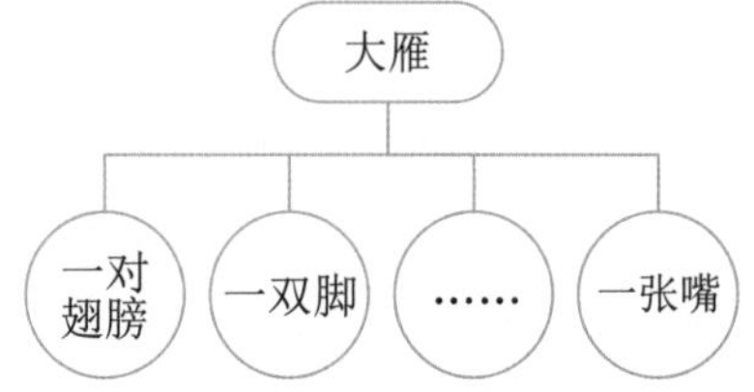

图 7.2　识别对象的属性

（3）识别这个对象的动态行为，即这只大雁可以进行的动作，如飞行、觅食等，这些行为都是因为这个对象基于其属性而具有的动作，如图 7.3 所示。

（4）识别出这个对象的属性和行为后，这个对象就被定义完成，接下来就可以根据这只大雁具有的特性，制定它要从北方飞向南方的具体方案。

实质上究其本质，所有的大雁都具有以上属性和行为，因此可以将这些属性和行为封装起来以描述大雁这类动物。由此可见，类实质上就是封装对象属性和行为的载体，而对象则是类抽象出来的一个实例，两者之间的关系如图 7.4 所示。

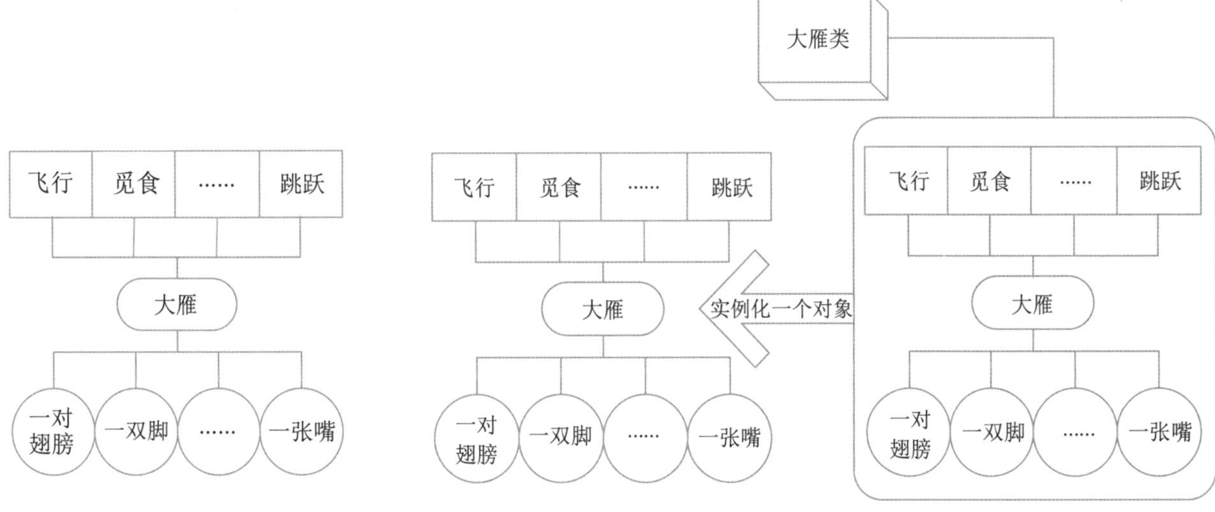

图 7.3　识别对象具有的行为　　　　图 7.4　描述对象与类之间的关系

7.1.2 类

视频讲解：资源包\Video\07\7.1.2 类.mp4

不能将所谓的一个事物描述成一类事物，一只鸟不能称为鸟类，如果需要对同一类事物进行统称，就不得不介绍类这个概念。

类就是同一类事物的统称，如果将现实世界中的一个事物抽象成对象，类就是这类对象的统称，比如鸟类、家禽类、人类等。类是创建对象时所依赖的规范，如一只鸟具有一对翅膀，它可以通过这对翅膀飞行，所有的鸟都具有翅膀这个特性，绝大多数都会飞行，这样具有相同特性和行为的一类事物就被称为类，类的思想就是这样产生的。在图 7.4 中已经描述过类与对象之间的关系，对象就是符合某个类定义所产生出来的实例。更为恰当的描述是：类是世间事物的抽象称呼，而对象则是这个事物相对应的实体。在面对实际问题时，通常需要实例化类对象来解决它。例如，解决大雁南飞的问题，这里只能用这只大雁来处理这个问题，不能用大雁类来解决。

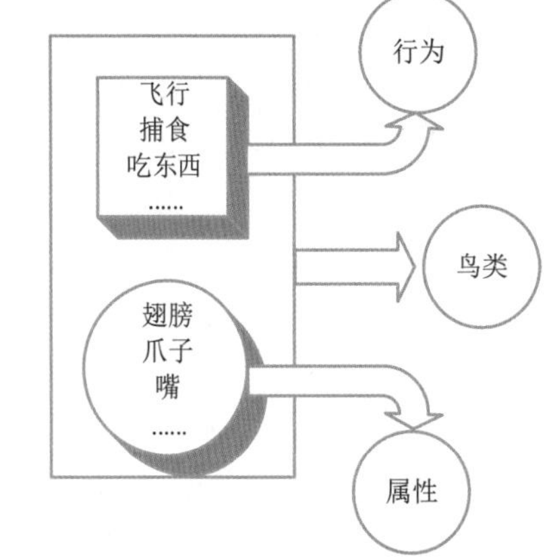

图 7.5　鸟类结构

类是封装对象的属性和行为的载体，反过来说，具有相同属性和行为的一类实体被称为类。例如，一个鸟类，鸟类封装了所有鸟的共同属性和应具有的行为，其结构如图 7.5 所示。

在类中，对象的行为是以方法的形式定义的，对象的属性是以成员变量的形式定义的，而类包括对象的属性和方法。

说明

一个对象是类的一个实例。

7.1.3 三大基本特征

视频讲解：资源包\Video\07\7.1.3 三大基本特征.mp4

面向对象程序设计具有三大基本特征：封装、继承和多态，下面分别描述。

1. 封装

封装是面向对象编程的核心思想，即将对象的属性和行为封装起来，而将对象的属性和行为封装起来的载体就是类，类通常对用户隐藏其实现细节，这就是封装的思想。例如，用户使用计算机，只需要使用手指敲击键盘就可以实现一些功能，而无须知道计算机内部是如何工作的。

采用封装思想保证了类内部数据结构的完整性，使用该类的用户不能直接看到类中的数据结构，只能执行类允许公开的数据，这样就避免了外部对内部数据的影响，提高了程序的可维护性。

使用类实现封装特性如图 7.6 所示。

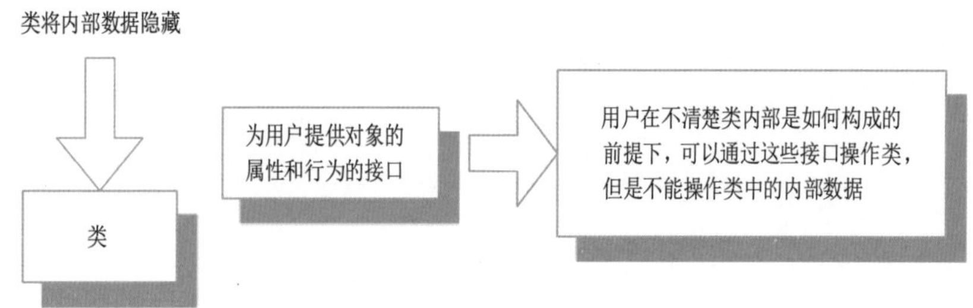

图 7.6　使用类实现封装特性示意图

2. 继承

矩形、菱形、平行四边形和梯形都是四边形，因为它们具有共同的特征：都有 4 条边。只要将四边形适当地延伸，就会得到上述图形。以平行四边形为例，如果把平行四边形看作四边形的延伸，那么平行四边形就复用了四边形的属性和行为，同时添加了平行四边形特有的属性和行为，如平行四边形的对边平行且相等。在 C# 中，可以把平行四边形类看作继承四边形类后产生的类，其中，将类似于平行四边形的类称为子类，将类似于四边形的类称为父类或基类。值得注意的是，在阐述平行四边形和四边形的关系时，可以说平行四边形是特殊的四边形，但不能说四边形是平行四边形。同理，在 C# 中可以说子类的实例都是父类的实例，但不能说父类的实例是子类的实例，四边形类的层次结构示意图如图 7.7 所示。

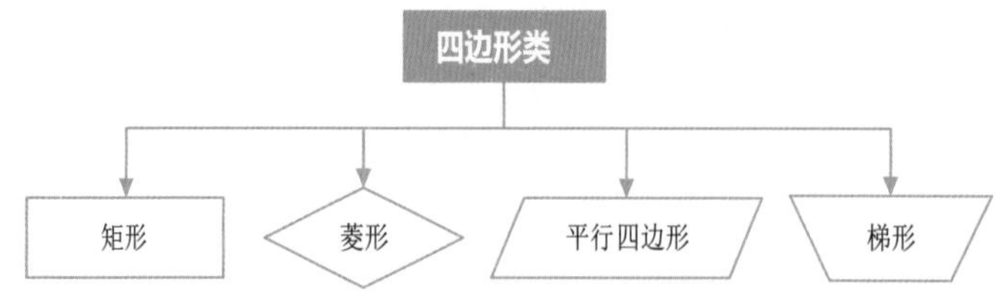

图 7.7　四边形类的层次结构示意图

综上所述，继承是实现重复利用的重要手段，子类通过继承复用了父类的属性和行为的同时，又添加了子类特有的属性和行为。

3. 多态

将父类对象应用于子类的特征就是多态。比如创建一个螺丝类，螺丝类有两个属性：粗细和螺纹密度；再创建了两个类，一个是长螺丝类，一个短螺丝类，并且它们都继承了螺丝类。这样长螺丝类和短螺丝类不仅具有相同的特征（粗细相同，且螺纹密度也相同），还具有不同的特征（一个长，一个短，长的可以用来固定大型支架，短的可以用来固定生活中的家具）。综上所述，一个螺丝类衍生出不同的子类，子类继承父类特征的同时，也具备了自己的特征，并且能够实现不同的效果，这就是多态化的结构。螺丝类的层次结构示意图如图 7.8 所示。

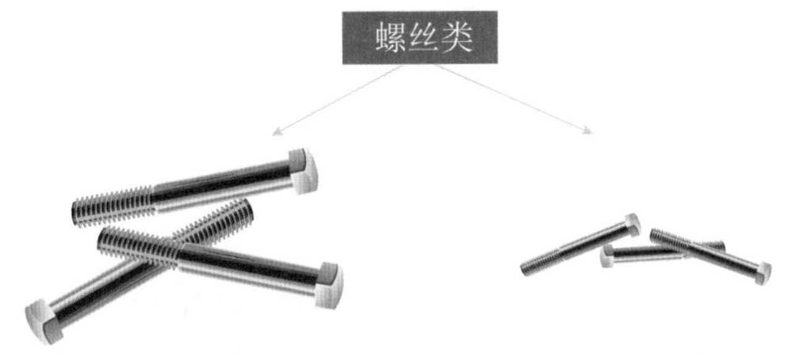

图 7.8　螺丝类的层次结构示意图

7.2 类

类是一种数据结构，它可以包含数据成员（常量和变量）、函数成员（方法、属性、构造函数和析构函数等）和嵌套类型。

7.2.1 类的声明

视频讲解：资源包\Video\07\7.2.1 类的声明.mp4

在 C# 中，类是使用 class 关键字来声明的，语法如下：

```
class 类名
{
}
```

例如，下面以汽车为例声明一个类，代码如下：

```
class Car
{
}
```

7.2.2 类的成员

视频讲解：资源包\Video\07\7.2.2 类的成员.mp4

类的定义包括类头和类体两部分，其中，类头就是使用 class 关键字定义的类名，而类体是用一对大括号 {} 括起来的，在类体中主要定义类的成员，类的成员包括：字段、属性、方法、构造函数等，本节将对常用的类成员进行讲解。

1. 字段

字段就是程序开发中常见的常量或者变量，它是类的一个构成部分，使得类可以封装数据。

实例 01　计算圆的面积　　　　**实例位置：资源包\Code\SL\07\01**

创建一个控制台应用程序，在默认的 Program 类中定义一个变量，用来存储圆半径；定义一个常量，用来存储 π 的值；然后在 Main 方法中计算圆的面积并输出。代码如下：

视频讲解

实例01-1

```
01  class Program
02  {
03      static double r;                                          //定义一个变量，用来存储圆半径
04      const double PI = 3.14;                                   //定义常量，存储π的值
05      static void Main(string[] args)
06      {
07          Console.Write("请输入半径：");
08          Program.r = Convert.ToDouble(Console.ReadLine());     //输入圆半径
09          Console.WriteLine("圆面积为：" + PI * Math.Pow(r, 2)); //计算圆面积
10          Console.ReadLine();
11      }
12  }
```

代码注解

（1）第 3 行代码为变量加 static 关键字，说明是一个静态变量。
（2）第 9 行代码中的 Math.Pow 方法用来计算某个数的指定次幂。
（3）上面代码中的变量 r 和常量 PI 是 Program 类中的字段。

程序运行结果如图 7.9 所示。

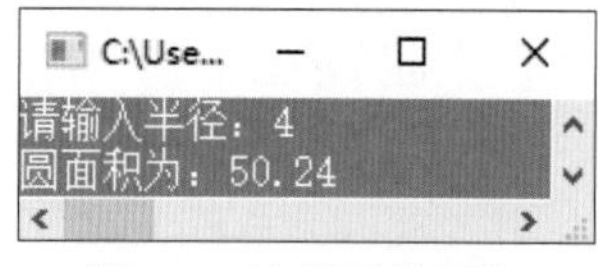

图 7.9　计算圆的面积

拓展训练

一、定义一个员工类，在该类中定义员工的姓名及年龄字段，并输出。（资源包\Code\Try\07\01）
二、定义一个商品信息类，在该类中定义商品的编号及名称字段，并输出。（资源包\Code\Try\07\02）

说明

字段属于类级别的变量，未初始化时，C# 将其初始化为默认值，但不会将局部变量初始化为默认值。例如，下列代码是正确的，输出为 0：

```
class Program
{
    static int i;
    static void Main(string[] args)
    {
        Console.WriteLine(i);
    }
}
```

但是，如果将变量 i 的定义存储在 Main 方法中，则运行时会出现如图 7.10 所示的错误提示。

图 7.10　局部变量未初始化时的错误

2. 属性

属性是对现实实体特征的抽象，提供对类或对象的访问。类的属性描述的是状态信息，在类的实例中，属性的值表示对象的状态值。C# 中的属性具有访问器，这些访问器指定在它们的值被读取或写入时需要执行的语句，因此属性提供了一种机制，把读取和写入对象的某些特性与一些操作关联起来，开发人员可以像使用公共数据成员一样使用属性，属性的声明语法如下：

```
【权限修饰符】【类型】【属性名】
{
    get  {get访问器体}
    set  {set访问器体}
}
```

- ☑【权限修饰符】：指定属性的访问级别。
- ☑【类型】：指定属性的类型，可以是任何预定义或自定义的类型。
- ☑【属性名】：一种标识符，命名规则与变量相同，但是，属性名的第一个字母通常用大写。
- ☑ get 访问器：相当于一个具有属性类型返回值的无参数方法，它除了作为赋值的目标，当在表达式中引用属性时，将调用该属性的 get 访问器获取属性的值。get 访问器中的语句需要用 return 语句来返回，并且所有的 return 语句都必须返回一个可隐式转换为属性类型的表达式。
- ☑ set 访问器：相当于一个具有单个属性类型值参数和 void 返回类型的方法。set 访问器的隐式参数始终命名为 value。当一个属性作为赋值的目标被引用时，就会调用 set 访问器，所传递的参数将提供新值。由于 set 访问器存在隐式的参数 value，因此，在 set 访问器中不能自定义名称为 value 的局部变量或常量。

根据是否存在 get 访问器和 set 访问器，可以将属性分为以下 3 种。

- ☑ 可读可写属性：包含 get 访问器和 set 访问器。
- ☑ 只读属性：只包含 get 访问器。
- ☑ 只写属性：只包含 set 访问器。

属性的主要用途是限制外部类对类中成员的访问权限，定义在类级别上。

例如，自定义一个 TradeCode 属性，表示商品编号，要求该属性为可读可写属性，并设置其访问级别为 public，代码如下：

```
private string tradecode = "";
public string TradeCode
{
    get { return tradecode; }
    set { tradecode = value; }
}
```

由于属性的 set 访问器中可以包含大量的语句，因此可以对赋予的值进行检查，如果值不安全或者不符合要求，就可以进行处理操作，这样可以避免因为给属性设置了错误的值而导致的异常。

实例 02　通过属性控制年龄的输入范围　|　实例位置：资源包\Code\SL\07\02

首先创建一个控制台应用程序，在默认的 Program 类中定义一个 Age 属性，设置访问级别为 public，因为该属性提供了 get 访问器和 set 访问器，因此它具有可读可写属性；然后在该属性的 set 访问器中对属性的值进行控制，控制只能输入 1~70 之间的数据，如果输入其他数据，就会提示相应的信息。代码如下：

实例02-1

```
01  class Program
02  {
03      private int age;                                        //定义字段
04      public int Age                                          //定义属性
05      {
06          get                                                 //设置get访问器
07          {
08              return age;
09          }
10          set                                                 //设置set访问器
11          {
12              if (value > 0 && value < 70)                    //如果数据合理，则将值赋给字段
13              {
14                  age = value;
15              }
16              else
17              {
18                  Console.WriteLine("输入数据不合理！");
19              }
20          }
21      }
22      static void Main(string[] args)
23      {
24          Program p = new Program();                          //创建Program类的对象
25          while (true)
26          {
27              Console.Write("请输入年龄：");
28              p.Age = Convert.ToInt16(Console.ReadLine());    //为年龄属性赋值
29          }
30      }
31  }
```

代码注解

第 24 行代码用来创建类的对象，创建类的对象时，使用 new 操作符。

程序运行结果如图 7.11 所示。

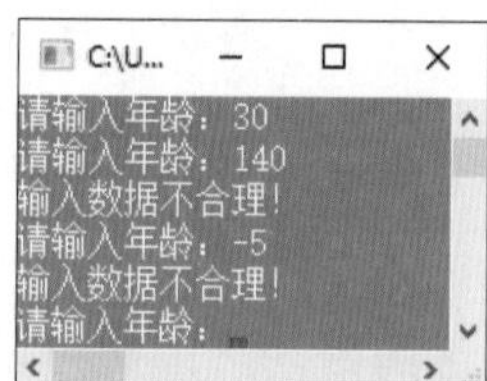

图 7.11　通过属性控制年龄的输入范围

拓展训练

一、定义一个商品信息类，在该类中定义商品的库存数量属性，并控制范围为 0~100。（资源包 \Code\Try\07\03）

二、模拟淘宝商家某种商品的库存量，比如控制库存不能低于 10、高于 100。（资源包 \Code\Try\07\04）

说明

C# 中支持自动实现的属性，即：在属性的 get 访问器和 set 访问器中没有任何逻辑，代码如下：

```
public int Age
{
    get;
    set;
}
```

使用自动实现的属性时，就不能在属性设置中进行属性的有效验证，例如，在实例 02 中，不能检查输入的年龄在 0~70 之间。另外，如果要使用自动实现的属性，则必须同时拥有 get 访问器和 set 访问器，如果只有 get 或者只有 set 的代码，就会出现错误，例如，下面的代码是不合法的：

```
public int Age
{
    get;
}
```

7.2.3 构造函数

视频讲解：资源包\Video\07\7.2.3 构造函数.mp4

构造函数是一个特殊的函数，它是在创建对象时执行的方法，构造函数具有与类相同的名称，它通常用来初始化对象的数据成员。构造函数的特点如下：

☑ 构造函数没有返回值。

☑ 构造函数的名称要与本类的名称相同。

1. 构造函数的语法

构造函数的语法如下：

```
public class Book
{
    public Book()                    //无参数构造方法
    {
    }
    public Book(int args)            //有参数构造方法
    {
        args = 2 + 3;
    }
}
```

☑ public：构造函数修饰符。

☑ Book：构造函数的名称。

☑ args：构造函数的参数。

2. 默认构造函数和有参构造函数

在定义类时，如果没有定义构造函数，编译器就会自动创建一个不带参数的默认构造函数，例如，定义一个 Book 类，代码如下：

```
class Book
{
}
```

在创建 Book 类的对象时，可以直接使用如下代码：

```
Book book = new Book();
```

但是，如果在定义类时，定义了含有参数的构造函数，这时如果还想要使用默认构造函数，就需要进行显式定义，例如，下面的代码：

```
class Book
{
    public string Name { get; set; }
    public Book(string name)
    {
        Name = name;
    }
    void ShowInfo()
    {
        Book book = new Book();
    }
}
```

在运行时，就会出现如图 7.12 所示的错误提示。

图 7.12　使用无参构造函数创建对象时的错误提示

上面的错误主要是由于程序中已经定义了一个有参的构造函数，这时创建对象，如果想要使用无参构造函数，就必须进行显式定义。

3. 静态构造函数

在 C# 中，可以为类定义静态构造函数，这种构造函数只执行一次。编写静态构造函数的主要原因是，类有一些静态字段或者属性，需要在第一次使用类之前，从外部源中初始化这些静态字段和属性。

定义静态构造函数时，不能设置访问修饰符，因为其他 C# 代码从来不会调用它，它只在引用类之前执行一次。另外，静态构造函数不能带任何参数，而且一个类中只能有一个静态构造函数，它只能访问类的静态成员，不能访问实例成员。例如，定义一个静态构造函数，代码如下：

```
static Program()
{
    Console.WriteLine("static");
}
```

在类中，静态构造函数和无参数的实例构造函数是可以共存的，因为静态构造函数是在加载类时执行，而实例构造函数是在创建类的对象时执行的。

实例 03　静态构造函数和实例构造函数的使用　|　**实例位置：资源包\Code\SL\07\03**

首先创建一个控制台应用程序，并在 Program 类中定义一个静态构造函数和一个实例构造函数，然后在 Main 方法中创建 3 个 Program 类的对象。代码如下：

实例03-1

```
public class Program
{
    static Program()                              //静态构造函数
    {
        Console.WriteLine(“static”);
    }
    private Program()                             //实例构造函数
    {
        Console.WriteLine(“实例构造函数");
    }
    static void Main(string[] args)
    {
        Program p1 = new Program();               //创建类的对象p1
        Program p2 = new Program();               //创建类的对象p2
        Program p3 = new Program();               //创建类的对象p3
        Console.ReadLine();
    }
}
```

程序运行结果如图 7.13 所示。

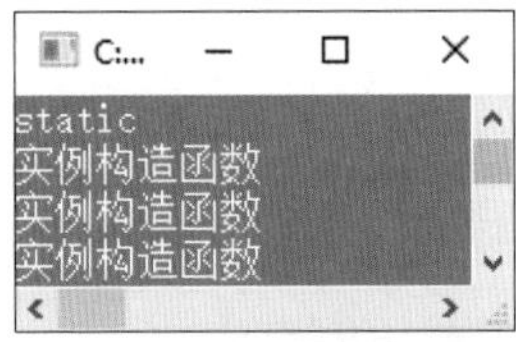

图 7.13　静态构造函数和实例构造函数的使用

从图 7.13 可以看出，静态构造函数只在引用类之前执行了一次，而实例构造函数则每创建一个对象都会执行一次。

拓展训练

一、设计一个用户界面类，要求控制台背景色在周末是绿色，在工作日是红色。尝试使用静态构造函数进行设置。运行结果如图 7.14 和图 7.15 所示。（资源包 \Code\Try\07\05）

图 7.14　不是周六周日时显示红色

图 7.15　是周六周日时显示绿色

二、智能手机的默认语言为英文，但制造手机时可以将默认语言设置为中文。编写手机类，无参构造函数使用默认语言设计，利用有参构造函数修改手机的默认语言。（资源包 \Code\Try\07\06）

7.2.4 析构函数

视频讲解：资源包\Video\07\7.2.4 析构函数.mp4

析构函数主要用来释放对象资源，.NET Framework 类库有垃圾回收功能，当某个类的实例被认为不再有效，并符合析构条件时，.NET Framework 类库的垃圾回收功能就会调用该类的析构函数实现垃圾回收。析构函数是以类名加前缀“~”来命名的，例如，为 Program 类定义一个析构函数，代码如下：

```
~Program()                                //析构函数
{
    Console.WriteLine("析构函数自动调用");
}
```

说明

严格地说，析构函数是自动调用的，不需要开发人员显式定义。如果需要定义析构函数，一个类中只能定义一个析构函数。

构造函数和析构函数是类中比较特殊的两种成员函数，主要用来对对象进行初始化和释放对象资源。一般来说，对象的生命周期从构造函数开始，以析构函数结束。

7.2.5 权限修饰符

视频讲解：资源包\Video\07\7.2.5 权限修饰符.mp4

C# 中的权限修饰符主要包括 private、protected、internal、protected internal 和 public，这些修饰符控制着对类和类的成员变量、成员方法的访问，表 7.1 中描述了这些权限修饰符。

表 7.1　C# 中的权限修饰符

权限修饰符	应　用　于	访 问 范 围
private	所有类或者成员	只能在本类中访问
protected	类和内嵌类的所有成员	在本类和其子类中访问
internal	类和内嵌类的所有成员	在同一程序集中访问
protected internal	类和内嵌类的所有成员	在同一程序集和子类中访问
public	所有类或者成员	任何代码都可以访问

这里需要注意的是，定义类时，只能使用 public 或者 internal 权限修饰符，这取决于是否希望在包含类的程序集外部访问它，例如，下面的类定义是合法的：

```
namespace Demo
{
    public class Program
    {
    }
}
```

但是，不能把类定义为 private、protected 或者 protected internal 类型，因为这些修饰符对于包含在命名空间中的类是没有意义的，因此，这些修饰符只能应用于成员。但是，可以使用这些修饰符定义内嵌类（即包含在其他类中的类），因为在这种情况下，类也具有成员的状态，例如，下面的代码是合法的：

```
namespace Demo
{
    public class Program
    {
        private class Test
        {
        }
    }
}
```

说明

如果有内嵌类型，那么内嵌类型总是可以访问外部类型的所有成员。因此，上面代码中的 Test 类中可以访问 Program 类的所有成员，包括其 private 成员。

7.3 方法

方法是用来定义类可执行的操作，它是包含一系列语句的代码块。从本质上讲，方法就是和类相关联的动作。

7.3.1 方法的声明

视频讲解：资源包\Video\07\7.3.1 方法的声明.mp4

方法在类或结构中声明，声明时需要指定访问级别、返回值、方法名称及方法参数，方法参数放在括号中，并用逗号隔开。括号中没有内容表示声明的方法没有参数。

声明方法的基本格式如下：

```
修饰符 返回值类型 方法名称(参数列表)
{
    //方法的具体实现;
}
```

其中，“修饰符”可以是 private、public、protected、internal 这 4 个中的任意一个；“返回值类型”指定方法返回数据的类型，可以是任何类型，如果方法不需要返回一个值，则使用 void 关键字；“参数列表”是用逗号分隔的类型、标识符，如果方法中没有参数，则“参数列表”为空。

一个方法的名称和参数列表定义了该方法的签名，具体地讲，一个方法的签名由它的名称及参数的个数、修饰符和类型组成。返回值类型不是方法签名的组成部分，参数的名称也不是方法签名的组成部分。

例如，定义一个 ShowGoods 方法，用来输出库存商品的信息，代码如下：

```
public void ShowGoods()
{
    Console.WriteLine("库存商品名称：");
    Console.WriteLine(FullName);
}
```

说明

方法的定义必须在某个类中，定义方法时如果没有声明访问修饰符，方法的默认访问权限为 private。

如果定义的方法有返回值，则必须使用 return 关键字返回一个指定类型的数据。例如，定义一个返回值类型为 int 的方法，就必须使用 return 返回一个 int 类型的值，代码如下：

```
public int ShowGoods()
{
    Console.WriteLine("商品信息");
    return 1;
}
```

在上面的代码中，如果将“return 1;”删除，就会出现如图 7.16 所示的错误提示。

图 7.16　方法无返回值的错误提示

7.3.2 方法的参数

视频讲解：资源包\Video\07\7.3.2 方法的参数.mp4

调用方法时可以给该方法传递一个或多个值，传给方法的值叫作实参，在方法内部，接收实参的变量叫作形参，形参在紧跟着方法名称的括号中声明，形参的声明语法与变量的声明语法一样。形参只在方法内部有效。C# 中方法的参数主要有 4 种，分别为值参数、ref 参数、out 参数和 params 参数，下面分别进行讲解。

☑ 值参数

值参数就是在声明时不加修饰的参数，它表明实参与形参之间按值传递。当使用值参数的方法被调用时，编译器为形参分配存储单元，然后将对应的实参的值复制到形参中，由于是值类型的传递方式。所以，在方法中对值类型的形参的修改并不会影响实参。

☑ ref 参数

ref 参数使形参按引用传递（即使形参是值类型），其效果是：在方法中对形参所做的任何更改都将反映在实参中。如果要使用 ref 参数，则方法声明和方法调用都必须显式使用 ref 关键字。

☑ out 参数

out 关键字用来定义输出参数，它会导致参数通过引用来传递，这与 ref 关键字类似，不同之处在于：ref 要求变量必须在传递之前进行赋值，而使用 out 关键字定义的参数，不用进行赋值即可使用。如果要使用 out 参数，则方法声明和方法调用都必须显式使用 out 关键字。

☑ params 参数

在声明方法时，如果有多个相同类型的参数，可以定义为 params 参数。params 参数是一个一维数组，主要用来指定在参数数目可变时所采用的方法参数。

实例 04　不同类型参数方法的使用　|　实例位置：资源包\Code\SL\07\04

创建一个控制台应用程序，定义 4 个 Add 方法，用来计算整型数据的和，这 4 个方法中分别使用值参数、ref 参数、out 参数和 params 参数，然后在 Main 方法中调用这 4 个方法，比较它们的运算结果。代码如下：

实例04-1

```
class Program
{
    private int Add(int x, int y)                       //值参数
    {
        x = x + y;                                      //对x进行加y操作
        return x;                                       //返回x
    }
    private int Add(ref int x, int y)                   //ref参数
    {
        x = x + y;                                      //对x进行加y操作
        return x;                                       //返回x
    }
    private int Add(int x, int y, out int z)            //out参数
    {
        z = x + y;                                      //记录x+y的结果
        return z;                                       //返回out参数z
    }
    private int Add(params int[] x)                     //params参数
    {
        int result = 0;                                 //记录运算结果
        for (int i = 0; i < x.Length; i++)              //遍历参数数组
        {
            result += x[i];                             //执行相加操作
        }
        return result;                                  //返回运算结果
    }
    static void Main(string[] args)
    {
        Program pro = new Program();                    //创建Program对象
        int x = 30;                                     //定义实参变量x
        int y = 40;                                     //定义实参变量y
        int z;
        Console.WriteLine("值参数的使用：" + pro.Add(x, y));
        Console.WriteLine("值参数中实参x的值：" + x);     //输出值参数方法中实参x的值
        Console.WriteLine("ref参数的使用：" + pro.Add(ref x, y));
        Console.WriteLine("ref参数中实参x的值：" + x);   //输出ref参数方法中实参x的值
        Console.WriteLine("out参数的使用：" + pro.Add(x,y,out z));
        Console.WriteLine("params参数的使用：" + pro.Add(20, 30, 40, 50, 60));
        Console.ReadLine();
    }
}
```

程序运行结果如图 7.17 所示。

仔细观察图 7.17，发现第 2 行和第 4 行中实参 x 的值不一样，第 2 行中实参 x 的值并没有因为值参数方法的计算结果而改变，但是由于接下来调用了 ref 参数的方法，所以在输出第 4 行内容时，实参 x 的值随之发生了更改。

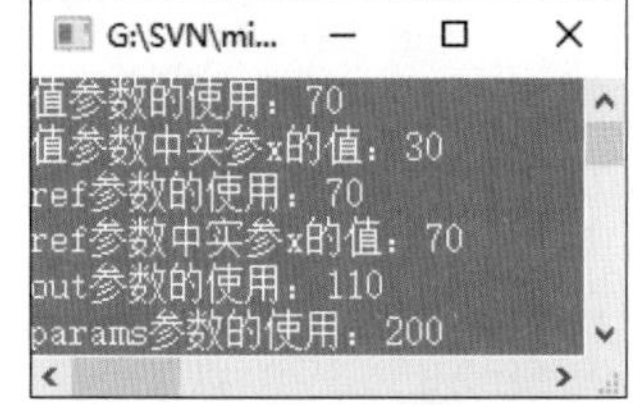

图 7.17　不同类型参数方法的使用

一、一家商场的促销如下：

```
满500可享受9折优惠
满1000可享受8折优惠
满2000可享受7折优惠
满3000可享受6折优惠
```

使用程序实现计算顾客优惠后的金额。（**资源包** \Code\Try\07\07）

二、银行账户资金交易管理：使用面向对象思想实现一个银行账号的资金交易管理，包括存款、取款和打印交易详情。交易详情中会包含每一次交易的时间、存款或取款对应的金额，以及每一次交易后的余额。运行结果如图 7.18 所示。（**资源包** \Code\Try\07\08）

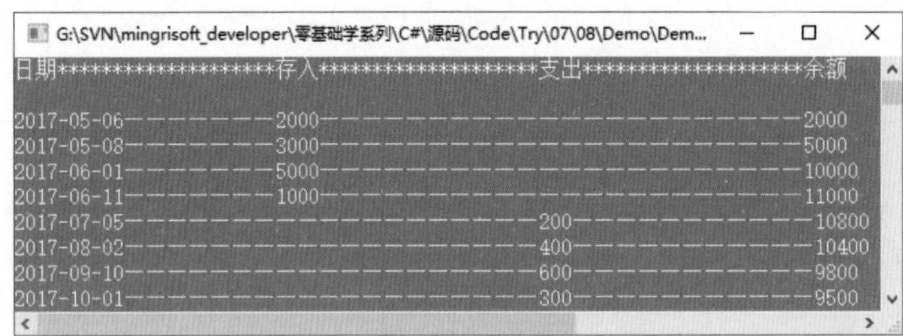

图 7.18　银行账户资金交易管理

7.3.3 方法的重载

视频讲解：资源包\Video\07\7.3.3 方法的重载.mp4

方法重载是指方法名称相同，但参数的数据类型、个数或顺序不同的方法。只要类中有两个以上的同名方法，但是使用的参数类型、个数或顺序不同，在调用时，编译器即可判断在哪种情况下调用哪种方法。

实例 05　加法的不同运算形式　　　　**实例位置：资源包\Code\SL\07\05**

首先创建一个控制台应用程序，并定义一个 Add 方法，该方法有 3 种重载形式，分别用来计算两个 int 类型数据的和、一个 int 类型和一个 double 类型数据的和、3 个 int 类型数据的和；然后在 Main 方法中分别调用 Add 方法的 3 种重载形式，并输出计算结果。代码如下：

```
class Program
{
    //定义方法Add，返回值为int类型，有两个int类型参数
    public static int Add(int x, int y)
    {
        return x + y;
    }
    public double Add(int x, double y)          //重载方法Add，它与第一个参数的类型不同
    {
        return x + y;
    }
    public int Add(int x, int y, int z)         //重载方法Add，它与第一个的参数个数不同
    {
```

实例05-1

```
            return x + y + z;
        }
        static void Main(string[] args)
        {
            Program program = new Program();        //创建类对象
            int x = 3;
            int y = 5;
            int z = 7;
            double y2 = 5.5;
            //根据传入的参数类型及参数个数的不同调用不同的Add重载方法
            Console.WriteLine("第1种重载形式: " + x + "+" + y + "=" + Program.Add(x, y));
            Console.WriteLine("第2种重载形式: " + x + "+" + y2 + "=" + program.Add(x, y2));
            Console.WriteLine("第3种重载形式: " + x + "+" + y + "+" + z + "=" + program.Add(x, y, z));
            Console.ReadLine();
        }
    }
```

程序运行结果如图 7.19 所示。

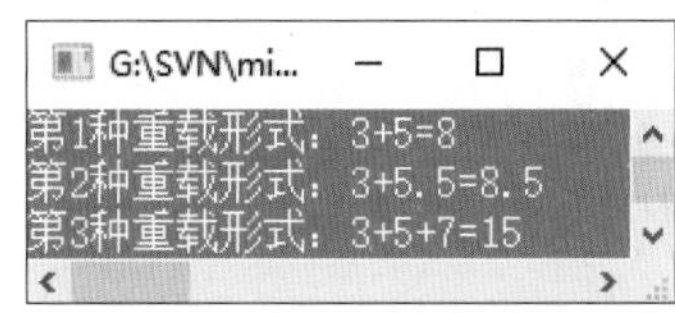

图 7.19　重载方法的应用

拓展训练

一、定义一个可重载方法，模拟不同类型数据的乘法运算。（资源包\Code\Try\07\09）

二、使用方法的重载模拟输出 NBA 各个年代的第一人。（资源包\Code\Try\07\10）

1950	1960	1970	1980	1990	2000	2010
麦肯	拉塞尔	贾巴尔	魔鸟	乔丹	邓肯	詹姆斯

定义重载方法时，需要注意以下两点：

☑ 重载方法不能仅在返回值类型上不同，因为返回值类型不是方法签名的一部分。

☑ 重载方法不能仅根据参数是否声明为 ref、out 或者 params 来区分。

7.4 类的静态成员

视频讲解：资源包\Video\07\7.4 类的静态成员.mp4

很多时候，不同的类之间需要对同一个变量进行操作，比如一个水池，同时打开进水口和出水口，进水和出水这两个动作会同时影响到池中的水量，此时池中的水量就可以认为是一个共享的变量。在 C# 程序中，把共享的变量或者方法用 static 修饰，它们被称为静态变量或静态方法，也被称为类的静态成员，静态成员是属于类所有的，在调用时，不用创建类的对象，直接使用类名调用即可。

实例 06　使用静态方法计算两个数的和　|　实例位置：资源包\Code\SL\07\06

首先创建一个控制台应用程序，并在 Program 类中定义一个静态方法 Add，实现两个整型数相加，然后在 Main 方法直接使用类名调用静态方法，代码如下：

实例06-1

```
class Program
{
    public static int Add(int x, int y)        //定义静态方法实现整型数相加
    {
        return x + y;
    }
    static void Main(string[] args)
    {
        //类名调用静态方法
        Console.WriteLine("{0}+{1}={2}", 23, 34, Program.Add(23, 34));
        Console.ReadLine();
    }
}
```

运行结果为：

```
23+34=57
```

拓展训练

一、创建一个控制台应用程序，在其中定义一个静态变量，用来表示水池中的水量；创建注水方法和放水方法，同时控制水池中的水量。（资源包 \Code\Try\07\11）

二、设计银行账户类，该类有一个静态变量为当前银行的定期利率，变量值为 2.65%，根据控制台输入的存款本金和存款年限，计算年利息。当银行调整利率时，根据控制台输入的本金和存款年限，计算调整利率后的年利息。（资源包 \Code\Try\07\12）

如果在声明类时使用了 static 关键字，则该类就是一个静态类，静态类中定义的成员必须是静态的，不能定义实例变量、实例方法或者实例构造函数。例如，下面的代码是错误的：

```
static class Test
{
    public Test()        //错误，因为静态类中不能定义非静态成员
    {
    }
}
```

7.5 对象的创建及使用

C# 是面向对象的程序设计语言，所有的问题都通过对象来处理，对象可以通过操作类的属性和方法解决相应的问题，所以了解对象的产生、操作和销毁对学习 C# 是十分必要的。本节将讲解对象在 C# 语言中的应用。

7.5.1 对象的创建

视频讲解：资源包\Video\07\7.5.1 对象的创建.mp4

对象可以认为是在一类事物中抽象出某一个特例，通过这个特例来处理这类事物出现的问题。在 C# 语言中通过 new 关键字来创建对象。前文在讲解构造函数时介绍过每实例化一个对象，就会自动调用一次构造函数，这个过程实质上就是创建对象的过程。准确地说，可以在 C# 语言中使用 new 关键

字调用构造函数来创建对象。

语法如下：

```
Test test=new Test();
Test test=new Test("a");
```

参数及其说明如表 7.2 所示。

表 7.2　创建对象语法中的参数及其说明

参　　数	说　　明
Test	类名
test	创建 Test 类对象
new	创建对象操作符
"a"	构造函数的参数

当用户使用 new 关键字创建一个对象后，可以使用“对象 . 类成员”来获取对象的属性和行为。前文已经提到过，对象的属性和行为在类中是通过类成员变量和成员方法的形式来表示的，所以当对象获取类成员时，也就相应地获取了对象的属性和行为。

实例 07　输出库存的商品名称　　实例位置：资源包\Code\SL\07\07

创建一个控制台应用程序，在程序中创建一个 cStockInfo 类，表示库存商品类，在该类中定义一个 FullName 属性和 ShowGoods 方法；接着在 Program 类中创建 cStockInfo 类的对象，并使用该对象调用其中的属性和方法。代码如下：

视 频 讲 解

实例07-1

```
public class cStockInfo                                        //自定义库存商品类
{
    public string FullName                                     //自动实现属性
    {
        get;
        set;
    }
    public void ShowGoods()                                    //定义一个无返回值类型的方法
    {
        Console.WriteLine("库存商品名称：");
        Console.WriteLine(FullName);                           //输出属性值
    }
}
class Program
{
    static void Main(string[] args)
    {
        cStockInfo stockInfo = new cStockInfo();               //创建cStockInfo对象
        stockInfo.FullName = "笔记本电脑";                      //使用对象调用类成员属性
        stockInfo.ShowGoods();                                 //使用对象调用类成员方法
        Console.ReadLine();
    }
}
```

程序运行结果如图 7.20 所示。

图 7.20　使用对象调用类成员

拓展训练

一、“曹瞒兵败走华容，正与关公狭路逢。只为当初恩义重，放开金锁走蛟龙。”这是《三国演义》中一个家喻户晓的故事。曹操赤壁失利，败走华容道。来到华容道看没有兵埋伏，哈哈大笑，笑出个赵云，徐晃、张郃拦住赵云，曹操逃跑；曹操见无人追赶，再次大笑，笑出张翼德，张辽、徐晃拦住张飞，曹操再次逃跑；曹操见第三次无人追赶，大笑，笑出关云长，但关云长念旧日恩情，义释曹操。使用 C# 创建一个 Person 类来模拟这个场景，运行效果如图 7.21 所示。（资源包 \Code\Try\07\13）

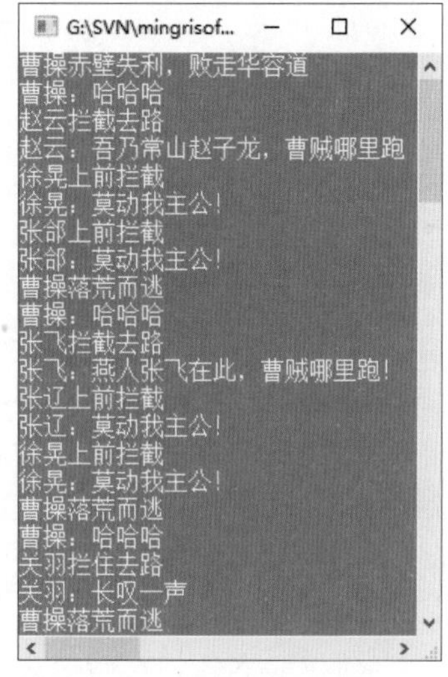

图 7.21　模拟华容道场景

二、在进销存管理系统中，商品的库存信息有很多种类，如商品型号、商品名称、商品库存量等。在面向对象编程中，这些商品的信息可以存储到属性中，然后当需要使用这些信息时，再从对应的属性中读取出来。这里使用面向对象思想输出库存商品的信息，具体实现时，首先定义一个库存商品类，该类中定义商品的名称、型号和数量属性，其中数量控制在 0~1000 之间；定义一个方法，显示库存商品信息；然后使用库存商品类的对象调用相应的属性为库存商品的信息进行赋值，并使用该对象调用定义的方法显示库存商品信息。（资源包 \Code\Try\07\14）

说明

C# 中提供了一个 this 关键字，表示本类的一个对象，在局部变量或方法参数覆盖了成员变量时，可以使用 this 关键字明确引用的是类成员还是方法的形参。另外，this 除了可以调用成员变量或成员方法，还可以作为方法的返回值，用来返回本类的对象。

7.5.2 对象的销毁

视频讲解：资源包\Video\07\7.5.2 对象的销毁.mp4

每个对象都有生命周期，当对象的生命周期结束时，分配给该对象的内存地址将会被回收。在其他语言中需要手动回收废弃的对象，但是 C# 拥有一套完整的垃圾回收机制，用户不必担心废弃的对象占用内存，垃圾回收器将回收无用的且占用内存的资源。

在谈到垃圾回收机制之前，首先需要了解何种对象会被 .NET 垃圾回收器视为垃圾。主要包括以下两种情况：

☑ 对象引用超过其作用范围，则这个对象将被视为垃圾，如图 7.22 所示。

☑ 将对象赋值为 null，如图 7.23 所示。

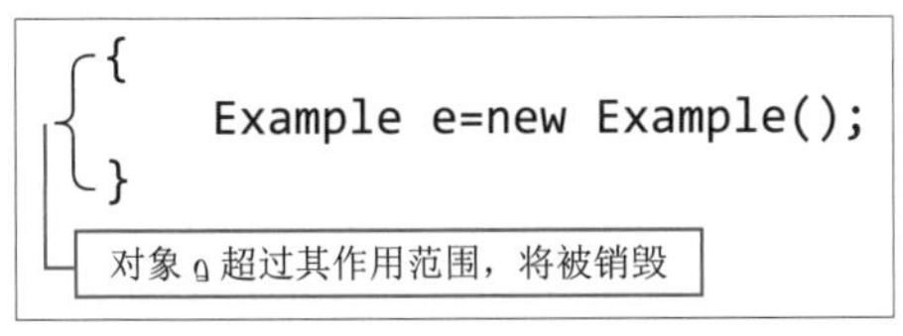

图 7.22　对象超过作用范围将被销毁

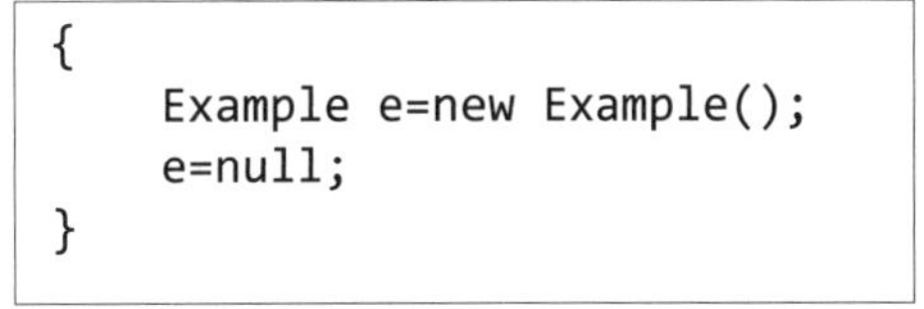

图 7.23　对象被赋置为 null 时将被销毁

7.5.3 类与对象的关系

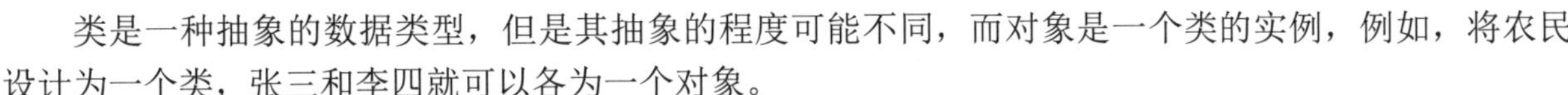

视频讲解：资源包\Video\07\7.5.3 类与对象的关系.mp4

视频讲解

类是一种抽象的数据类型，但是其抽象的程度可能不同，而对象是一个类的实例，例如，将农民设计为一个类，张三和李四就可以各为一个对象。

从这里可以看出，张三和李四有很多共同点，他们都在某个农村生活，早上都要出门务农，晚上都会回家。对于这样相似的对象，就可以将其抽象出一个数据类型，此处抽象为农民。这样，只要将农民这个类型编写好，程序中就可以方便地创建张三和李四这样的对象。若需要更改代码，则只对农民类型进行修改即可。

综上所述，可以看出类与对象的区别：类是具有相同或相似结构、操作和约束规则的对象组成的集合，而对象是某一类的具体化实例，每一个类都是具有某些共同特征的对象的抽象。

7.6 继承

继承是面向对象编程最重要的特性之一，它源于人们认识客观世界的过程，是自然界普遍存在的一种现象。比如，我们每一个人都从祖辈和父母那里继承了一些体貌特征，但是每个人却又不同于父母，因为每个人都存在自己的一些特性，这些特性是独有的，在父母身上并没有体现。在程序设计中实现继承，表示这个类拥有它继承的类的所有公有成员或者受保护成员。在面向对象编程中，被继承的类称为父类或基类，实现继承的类称为子类或派生类。

7.6.1 继承的实现

视频讲解：资源包\Video\07\7.6.1 继承的实现.mp4

视频讲解

继承的基本思想是基于某个基类的扩展，制定出一个新的派生类，派生类可以继承基类原有的属性和方法，也可以增加原来基类所不具备的属性和方法，或者直接重写基类中的某些方法。例如，平行四边形是特殊的四边形，可以说平行四边形类继承了四边形类，这时平行四边形类将所有四边形具有的属性和方法都保留下来，并基于四边形类扩展一些新的平行四边形类特有的属性和方法。

下面演示一下继承性。创建一个新类 Test，同时创建另一个新类 Test2 继承 Test 类，其中包括重写的基类成员方法和新增成员方法等。在图 7.24 中描述了类 Test 与 Test2 的结构以及两者的关系。

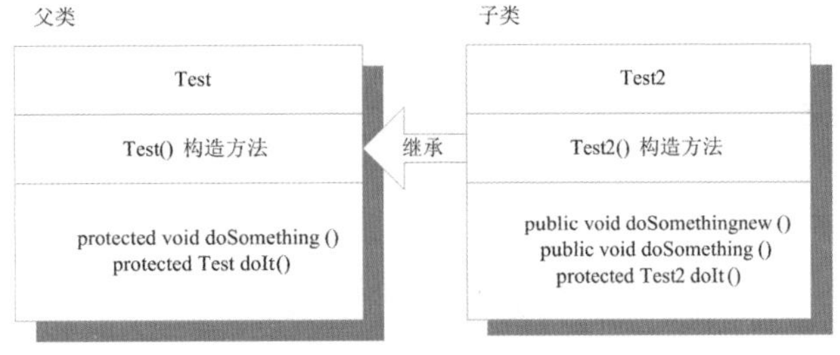

图 7.24　Test 与 Test2 的结构及两者的关系

C# 中使用“:”来标识两个类的继承关系。继承一个类时，类成员的可访问性是一个重要的问题。派生类（子类）不能访问基类的私有成员，但是可以访问其公共成员。这就是说，只要使用 public 声明类成员，就可以让一个类成员被基类和派生类（子类）同时访问，也可以被外部的代码访问。

另外，为了解决基类成员的访问问题，C# 还提供了另外一种可访问性：protected，它表示受保护的成员，只有父类和派生类（子类）才能访问 protected 成员，外部代码不能访问 protected 成员。

说明

派生类（子类）不能继承基类中所定义的 private 成员。

实例 08 模拟进销存管理系统显示进货信息

实例位置：资源包\Code\SL\07\08

创建一个控制台应用程序，模拟实现进销存管理系统的进货信息并输出。首先自定义一个 Goods 类，该类中定义两个公有属性，表示商品编号和名称；然后自定义 JHInfo 类，继承自 Goods 类，在该类中定义进货编号属性，以及输出进货信息的方法；最后在 Pragram 类的 Main 方法中创建派生类 JHInfo 的对象，并使用该对象调用基类 Goods 中定义的公有属性。代码如下：

实例08-1

```
class Goods
{
    public string TradeCode { get; set; }        //定义商品编号
    public string FullName { get; set; }         //定义商品名称
}
class JHInfo : Goods                             //继承Goods类
{
    public string JHID { get; set; }             //定义进货编号
    public void showInfo()                       //输出进货信息
    {
      Console.WriteLine("进货编号：{0}\n商品编号：{1}\n商品名称：{2}", JHID, TradeCode, FullName);
    }
}
class Program
{
    static void Main(string[] args)
    {
        JHInfo jh = new JHInfo();                //创建JHInfo对象
        jh.TradeCode = "T100001";                //设置基类中的TradeCode属性
        jh.FullName = "笔记本电脑";               //设置基类中的FullName属性
        jh.JHID = "JH00001";                     //设置JHID属性
        jh.showInfo();                           //输出信息
        Console.ReadLine();
    }
}
```

程序运行结果如图 7.25 所示。

图 7.25　输出进货信息

拓展训练

一、修改实例 08，定义一个销售类，继承自 Goods 类，并输出销售信息。（资源包\Code\Try\07\15）

二、使用继承表现 pad 和 computer 的关系。创建一个电脑类 Computer，Computer 类中有屏幕属性 screen 和开机方法 startup()；现 Computer 类有一个子类 Pad（平板电脑）类，除了和 Computer 类具有相同的屏幕属性和开机方法，Pad 类还有电池属性 battery，使用继承表现 pad 和 computer 的关系。运行结果如图 7.26 所示。（资源包\Code\Try\07\16）

图 7.26　使用继承表现 pad 和 computer 的关系

常见错误

C# 中只支持单继承，而不支持多重继承，即在 C# 中一次只允许继承一个类，不能同时继承多个类，例如，下面的代码是错误的：

```
class Goods
{
}
class JHInfo : Goods                        //正确：继承单个类
{
}
class Program : Goods, JHInfo               //错误：继承多个类
{
}
```

上面的代码在 Visual Studio 2022 开发环境中将会出现如图 7.27 所示的错误提示。

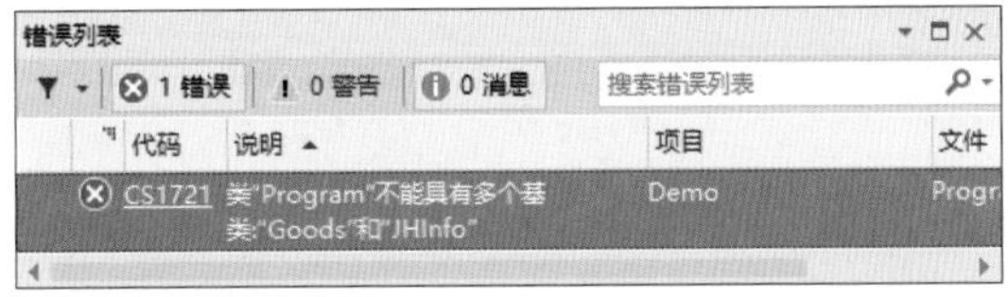

图 7.27　继承多个类时出现的错误提示

说明

在实现类的继承时，子类的可访问性一定要低于或者等于父类的可访问性。例如，下面的代码是错误的：

```
class Goods
{
}
public class JHInfo : Goods
{
}
```

因为父类 Goods 声明时没有指定访问修饰符，则其默认访问级别为 private，而子类 JHInfo 的可访问性 public 要高于父类 Goods 的可访问性，因此会出现如图 7.28 所示的错误提示。

图 7.28　子类可访问性高于父类时出现的错误提示

7.6.2 base 关键字

视频讲解：资源包\Video\07\7.6.2 base关键字.mp4

如果子类重写了父类的方法，就无法调用到父类的方法了吗？如果想在子类的方法中实现父类原有的方法怎么办？为了解决这个需求，C# 中提供了 base 关键字。

base 关键字的使用方法与 this 关键字类似。this 关键字代表本类对象，base 关键字代表父类对象，使用方法如下：

```
base.property;                                  //调用父类的属性
base.method();                                  //调用父类的方法
```

说明

如果要在子类中使用 base 关键字调用父类的属性或者方法，父类的属性和方法必须定义为 public 或者 protected 类型。

实例 09　编程模拟平板电脑和电脑的关系　｜　实例位置：资源包\Code\SL\07\09

视频讲解

创建一个 Computer 类，用来作为父类，再创建一个 Pad 类，继承自 Computer 类，重写父类方法，并使用 base 关键字调用父类方法原有的逻辑，代码如下：

实例09-1

```
01  class Computer                                          //父类：电脑
02  {
03      public string sayHello()
04      {
05          return “欢迎使用";
06      }
07  }
08  class Pad : Computer                                    //子类：平板电脑
09  {
10      public new string sayHello()                        //子类重写父类方法
11      {
12          return base.sayHello() + “平板电脑";             //调用父类方法，在结果后添加字符串
13      }
14  }
15  class Program
16  {
17      static void Main(string[] args)
18      {
19          Computer pc = new Computer();                   //电脑类
20          Console.WriteLine(pc.sayHello());
21          Pad ipad = new Pad();                           //平板电脑类
22          Console.WriteLine(ipad.sayHello());
23          Console.ReadLine();
24      }
25  }
```

代码注解

在第 10 行代码中，在子类中定义 sayHello 方法时，用了一个 new 关键字，这是因为子类中的 sayHello 方法与父类中的 sayHello 方法同名，而且返回值、参数完全相同，这时，在该类中调用 sayHello 时就会产生歧义，因此加了 new 关键字来隐藏父类的 sayHello 方法。

程序运行结果如图 7.29 所示。

图 7.29　使用 base 关键字访问父类成员

拓展训练

一、修改实例 09，在 Computer 类中定义一个 Name 属性，在 Pad 类中使用 base 关键字访问父类中的 Name 属性，并为其赋值，在重写的 sayHello 方法中使用 base.Name 输出电脑的类型。（资源包 \Code\Try\07\17）

二、设计人类，有一个自我介绍的方法，输出“我是 XXX”；设计博士类，继承人类，博士类自我介绍时输出“我是 XXX 博士”。（资源包 \Code\Try\07\18）

另外，使用 base 关键字还可以指定创建派生类实例时应调用的基类构造函数。例如，修改实例 08，在基类 Goods 中定义一个构造函数，用来为定义的属性赋初始值，代码如下：

```
public Goods(string tradecode, string fullname)
{
    TradeCode = tradecode;
    FullName = fullname;
}
```

在派生类 JHInfo 中定义构造函数时，即可使用 base 关键字调用基类的构造函数，代码如下：

```
public JHInfo(string jhid, string tradecode, string fullname) : base(tradecode, fullname)
{
    JHID = jhid;
}
```

注意

访问父类成员只能在构造函数、实例方法或实例属性中进行。因此，在静态方法中使用 base 关键字是错误的。

7.6.3 继承中的构造函数与析构函数

视频讲解：资源包\Video\07\7.6.3 继承中的构造函数与析构函数.mp4

在进行类的继承时，派生类的构造函数会隐式地调用基类的无参构造函数，但是，如果基类也是从其他类派生的，C# 会根据层次结构找到顶层的基类，并调用基类的构造函数，然后依次调用各级派生类的构造函数。析构函数的执行顺序正好与构造函数相反。继承中的构造函数和析构函数执行顺序示意图如图 7.30 所示。

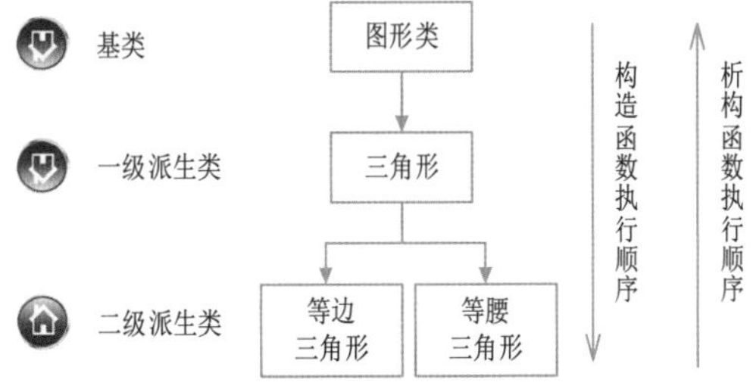

图 7.30　继承中的构造函数和析构函数执行顺序示意图

7.7 多态

多态是面向对象编程的基本特征之一，它使得派生类的实例可以直接赋予基类的对象，然后就可以通过这个对象调用派生类的方法。在 C# 中，类的多态性是通过在派生类中重写基类的虚方法来实现的。

7.7.1 虚方法的重写

视频讲解：资源包\Video\07\7.7.1 虚方法的重写.mp4

在 C# 中，方法在默认情况下不是虚拟的，但（除构造函数外）可以显式地声明为 virtual，在方法前面加上关键字 virtual，则称该方法为虚方法，例如，以下代码声明了一个虚方法：

```
public virtual void Move()
{
    Console.WriteLine("交通工具都可以移动");
}
```

定义为虚方法后，可以在派生类中重写虚方法，重写虚方法使用 override 关键字，这样在调用方法时，可以调用对象类型的合适方法。例如，使用 override 关键字重写上面的虚方法：

```
public override void Move()
{
    Console.WriteLine("火车都可以移动");
}
```

注意　类中的成员字段和静态方法不能声明为 virtual，因为 virtual 只对类中的实例方法和属性有意义。

实例 10　从交通工具衍生出火车和汽车的不同形态　　实例位置：资源包\Code\SL\07\10

创建一个控制台应用程序，首先自定义一个 Vehicle 类，用来作为基类，该类中自定义一个虚方法 Move；然后自定义 Train 类和 Car 类，都继承自 Vehicle 类，在这两个派生类中重写基类中的虚方法 Move，输出不同交通工具的形态；最后，在 Pragram 类的 Main 方法中，分别使用基类和派生类的对象生成一个 Vehicle 类型的数组，使用数组中的每个对象调用 Move 方法，比较它们的输出信息。代码如下：

```
class Vehicle
{
    string name;                                //定义字段
    public string Name                          //定义属性为字段赋值
    {
        get { return name; }
        set { name = value; }
    }
    public virtual void Move()                  //定义方法输出交通工具的形态
    {
```

实例10-1

```
11            Console.WriteLine("{0}都可以移动", Name);
12        }
13    }
14    class Train : Vehicle
15    {
16        public override void Move()                //重写方法输出交通工具的形态
17        {
18            Console.WriteLine("{0}在铁轨上行驶", Name);
19        }
20    }
21    class Car : Vehicle
22    {
23        public override void Move()                //重写方法输出交通工具的形态
24        {
25            Console.WriteLine("{0}在公路上行驶", Name);
26        }
27    }
28    class Program
29    {
30        static void Main(string[] args)
31        {
32            Vehicle vehicle = new Vehicle();       //创建Vehicle类的实例
33            Train train = new Train();             //创建Train类的实例
34            Car car = new Car();                   //创建Car类的实例
35            //使用基类和派生类对象创建Vehicle类型数组
36            Vehicle[] vehicles = { vehicle, train, car };
37            vehicle.Name = "交通工具";              //设置交通工具的名字
38            train.Name = "火车";                    //设置交通工具的名字
39            car.Name = "汽车";                      //设置交通工具的名字
40            vehicles[0].Move();                    //输出交通工具的形态
41            vehicles[1].Move();                    //输出交通工具的形态
42            vehicles[2].Move();                    //输出交通工具的形态
43            Console.ReadLine();
44        }
45    }
```

代码注解　第 36 行代码自定义一个 Vehicle 类型的数组，该数组中的元素类型不同，但是都可以向上转换为父类对象。向上转换时，即可将子类对象向上转换为父类对象，例如，可以说火车是交通工具，但不能说交通工具是火车。

程序运行结果如图 7.31 所示。

图 7.31　交通工具的形态

拓展训练

一、通过使用类的多态性来确定人类的说话行为，具体实现方式为：首先定义一个

People 类，该类中定义一个虚方法 Say，用来输出人的说话方式；然后定义两个派生类 Chinese 和 American，这两个派生类都继承自 People 类，在这两个派生类中重写基类中的虚方法 Say，输出相应的说话方式。（资源包 \Code\Try\07\19）

二、平板电脑类是普通电脑类的子类，当用户想欣赏放大后的美图时，它们都会以各自的方式（普通电脑通过鼠标点击，平板电脑通过手指点击触摸屏）展示图片，因此重写普通电脑类中展示图片的方法，以便使平板电脑中的图片可以用手指点击放大。（资源包 \Code\Try\07\20）

7.7.2 抽象类与抽象方法

视频讲解：资源包\Video\07\7.7.2 抽象类与抽象方法.mp4

如果一个类不与具体的事物相联系，只是表达一种抽象的概念或行为，仅仅是作为其派生类的一个基类，这样的类就可以声明为抽象类，比如：去商场买衣服，这句话描述的就是一个抽象的行为。到底去哪家商场买衣服，买什么样的衣服，是短衫、裙子，还是其他样式的衣服？在“去商场买衣服”这句话中，并没有对“买衣服”这个抽象行为指明一个确定的信息。如果要将“去商场买衣服”这个动作封装为一个行为类，那么这个类就应该是一个抽象类。

C# 中声明抽象类时需要使用 abstract 关键字，具体的语法格式如下：

```
访问修饰符 abstract class 类名 : 基类或接口
{
    //类成员
}
```

说明

声明抽象类时，除 abstract 关键字、class 关键字和类名外，其他的都是可选项。

抽象类主要用来提供多个派生类可共享的基类的公共定义，它与非抽象类的主要区别如下：

☑ 抽象类不能直接实例化。

☑ 抽象类中可以包含抽象成员，但非抽象类中不可以。

☑ 抽象类不能被密封。

多学两招

由于抽象类本身不能直接实例化，因此很多人认为在抽象类中声明构造函数是没有意义的，其实不然，即使我们不为抽象类声明构造函数，编译器也会自动为其生成一个默认的构造函数。抽象类中的构造函数主要有两个作用：初始化抽象类的成员和为继承自它的子类使用，因为子类在实例化时，如果是无参实例化，则首先调用父类（包括抽象类）的无参构造函数，然后调用子类自身的无参构造函数；如果是有参实例化，则首先调用父类（包括抽象类）的有参构造函数，然后调用子类自身的有参构造函数。

在抽象类中定义的方法，如果加上 abstract 关键字，就是一个抽象方法，抽象方法不提供具体的实现。引入抽象方法的原因在于抽象类本身是一个抽象的概念，有的方法并不需要具体的实现，而是留下让派生类来重写实现。声明抽象方法时需要注意以下两点：

☑ 抽象方法必须声明在抽象类中。

☑ 声明抽象方法时，不能使用 virtual、static 和 private 修饰符。

例如，声明一个抽象类，并在该抽象类中声明一个抽象方法。代码如下：

```
public abstract class TestClass
{
```

```
    public abstract void AbsMethod();          //抽象方法
}
```

说明

在 C# 中规定，类中只要有一个方法声明为抽象方法，这个类也必须被声明为抽象类。

当从抽象类派生一个非抽象类时，需要在非抽象类中重写抽象方法，以提供具体的实现，在重写抽象方法时需要使用 override 关键字。

实例 11　编程模拟商场买衣服的场景　　实例位置：资源包\Code\SL\07\11

首先使用抽象类模拟“去商场买衣服”的案例，然后通过派生类确定到底去哪个商场买衣服，买什么样的衣服。代码如下：

实例11-1

```
public abstract class Market
{
    public string Name { get; set; }          //商场名称
    public string Goods { get; set; }         //商品名称
    public abstract void Shop();              //抽象方法，用来输出信息
}
public class WallMarket : Market              //继承抽象类
{
    public override void Shop()               //重写抽象方法
    {
        Console.WriteLine(Name + “购买" + Goods);
    }
}
public class TaobaoMarket : Market            //继承抽象类
{
    public override void Shop()               //重写抽象方法
    {
        Console.WriteLine(Name + “购买" + Goods);
    }
}
class Program
{
    static void Main(string[] args)
    {
        Market market = new WallMarket();     //使用派生类对象创建抽象类对象
        market.Name = “沃尔玛";
        market.Goods = “七匹狼西服";
        market.Shop();
        market = new TaobaoMarket();          //使用派生类对象创建抽象类对象
        market.Name = “淘宝";
        market.Goods = “韩都衣舍花裙";
        market.Shop();
        Console.ReadLine();
    }
}
```

代码注解

第 25 行和第 29 行代码分别使用派生类对象创建了抽象类的一个对象，这样在使用该对象时，即可调用抽象类中定义的成员，但是，如果派生类中有单独定义的成员，使用该对象是无法访问的。

程序运行结果如图 7.32 所示。

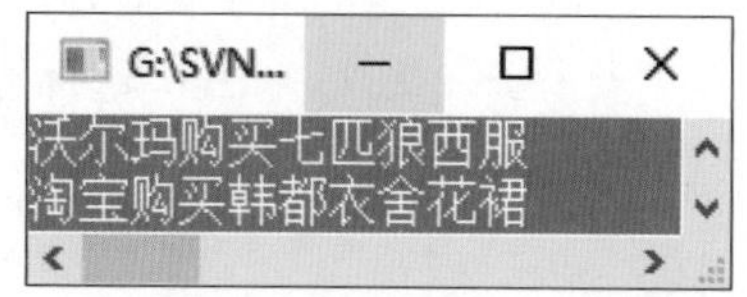

图 7.32　使用抽象类模拟“去商场买衣服”

拓展训练

一、通过重写抽象方法输出进货信息和销售信息。（资源包 \Code\Try\07\21）

二、创建工厂类，工厂类中有一个抽象的生产方法，创建汽车厂和鞋厂，汽车厂生产的是汽车，鞋厂生产的是鞋。（资源包 \Code\Try\07\22）

7.7.3 接口的使用

视频讲解：资源包\Video\07\7.7.3 接口的使用.mp4

由于 C# 中的类不支持多重继承，但是客观世界出现多重继承的情况又比较多。为了避免传统的多重继承给程序带来的复杂性等问题，同时保证多重继承带给程序员的诸多好处，C# 中提出了接口的概念，通过接口可以实现多重继承的功能。

接口提出了一种契约（或者叫规范），让使用接口的程序开发人员必须严格遵守接口提出的这种契约。例如，在组装电脑时，主板与机箱之间就存在一种事先约定，不管什么型号或品牌的机箱，什么种类或品牌的主板，都必须遵照一定的标准来设计制造。因此在组装电脑时，电脑的零配件都可以安装在现今的大多数机箱上，接口就可以看作这种标准，它强制性地要求派生类必须实现接口约定的规范，以保证派生类必须拥有某些特性。

C# 中声明接口时，使用 interface 关键字，其语法格式如下：

```
修饰符 interface 接口名称 ：继承的接口列表
{
    接口内容;
}
```

说明

接口可以继承其他接口，类可以通过其继承的基类（或接口）多次继承同一个接口。

接口具有以下特征：

- ☑ 接口类似于抽象基类：继承接口的任何类型都必须实现接口的所有成员。
- ☑ 接口中不能包括构造函数，因此不能直接实例化接口。
- ☑ 接口可以包含属性、方法、索引器和事件。
- ☑ 接口中只能定义成员，不能实现成员。
- ☑ 接口中定义的成员不允许加访问修饰符，因为接口成员永远是公共的。
- ☑ 接口中的成员不能声明为虚拟或者静态。

例如，使用 interface 关键字定义一个 Information 接口，该接口中声明 Code 和 Name 两个属性，分别表示编号和名称；声明一个方法 ShowInfo，用来输出信息，代码如下：

```
interface Information                          //定义接口
{
    string Code { get; set; }                  //编号属性及实现
    string Name { get; set; }                  //名称属性及实现
    void ShowInfo();                           //用来输出信息
}
```

注意

接口中的成员默认是公共的。因此，不允许加访问修饰符。

接口是通过类继承来实现的，一个类虽然只能继承一个基类，但可以继承任意多个接口。声明实现接口的类时，需要在继承列表中包含所实现的接口名称，多个接口之间用逗号（,）分隔。

实例 12　使用接口模拟老师上课的场景

实例位置：资源包\Code\SL\07\12

创建一个 IPerson 接口，定义姓名、年龄两个属性，定义说话、工作两个行为，再创建 Student 类和 Teacher 类，两者继承 IPerson 接口并重写各自的属性和行为。创建两个人 peter 和 mike，让这两个人模拟上课的场景。代码如下：

实例12-1

```
interface IPerson                              //定义IPerson接口
{
    string Name { get; set; }                  //姓名属性
    int Age { get; set; }                      //年龄属性
    void Speek();                              //说话行为
    void Work();                               //工作行为
}
class Student : IPerson                        //定义学生类，继承自IPerson接口
{
    public string Name { get; set; }           //实现Name属性
    private int age;                           //定义age字段，用来表示年龄
    public int Age                             //实现Age属性
    {
        get
        {
            return age;
        }
        set
        {
            if (age > 0 && age < 120)          //控制输入范围
            {
                age = value;
            }
        }
    }
    public void Speek()                        //实现Speek方法
    {
        Console.WriteLine(Name + "：老师好");
    }
    public void Work()                         //实现Work方法
```

```
    {
        Console.WriteLine(Name + "同学开始记笔记");
    }
}
class Teacher : IPerson                          //定义老师类，继承自IPerson接口
{
    public string Name { get; set; }             //实现Name属性
    private int age;                             //定义age字段，用来表示年龄
    public int Age                               //实现Age属性
    {
        get
        {
            return age;
        }
        set
        {
            if (age > 0 && age < 120)            //控制输入范围
            {
                age = value;
            }
        }
    }
    public void Speek()                          //实现Speek方法
    {
        Console.WriteLine(Name + "：同学们好");
    }
    public void Work()                           //实现Work方法
    {
        Console.WriteLine(Name + "老师开始上课");
    }
}
class Program
{
    static void Main(string[] args)
    {
        //使用派生类对象创建接口数组
        IPerson[] person = new IPerson[] { new Student(), new Teacher() };
        person[0].Name = "peter";                //为学生姓名赋值
        person[0].Age = 20;                      //为学生年龄赋值
        person[1].Name = "mike";                 //为老师姓名赋值
        person[1].Age = 40;                      //为老师年龄赋值
        person[0].Speek();                       //学生的说话行为
        person[1].Speek();                       //老师的说话行为
        Console.WriteLine();                     //换行
        person[1].Work();                        //老师的工作行为
        person[0].Work();                        //学生的工作行为
        Console.ReadLine();
    }
}
```

代码注解

（1）第 3 行和第 4 行代码是定义接口中的属性，这里并不会自动实现属性，只是提供了 get 访问器和 set 访问器。因此在派生类中，需要实现这两个属性，在派生类中可以使用自动实现属性的方式实现这两个属性，例如，JHInfo 类中实现 Code 和 Name 属性的代码可以修改如下：

```
public string Name { get; set; }                //姓名属性
public int Age { get; set; }                    //年龄属性
```

（2）第 10、12、26、30、37、39、53 和 57 行代码实现接口成员时都使用了 public 修饰符。这里需要注意的是，在 C# 中实现接口成员（显式接口成员实现除外）时，必须添加 public 修饰符，不能省略或者添加其他修饰符。

程序运行结果如图 7.33 所示。

图 7.33　模拟上课场景

拓展训练

一、利用接口实现选择不同的语言，具体实现时，在程序中建立一个接口，该接口定义一个方法用于对话，然后分别创建一个中国人的类和一个美国人的类，这两个类都继承自接口，在中国人的类中说汉语，在美国人的类中说英语，当和不同国家的人交流时，实例化接口，并调用相应派生类中的方法即可。（资源包 \Code\Try\07\23）

二、模拟实现输出进销存管理系统中的每月销售明细，运行程序，当输入要查询的月份时，如果输入的月份正确，则显示本月商品销售明细；如果输入的月份不存在，则提示“该月没有销售数据或者输入的月份有误！”信息；如果输入的月份不是数字，则显示异常信息。运行结果如图 7.34 所示。（资源包 \Code\Try\07\24）

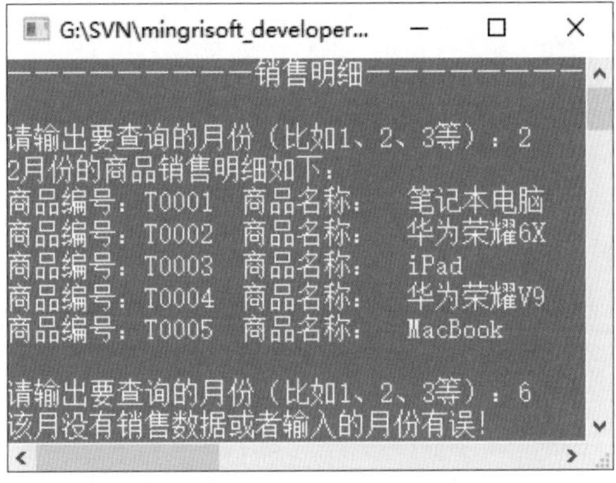

图 7.34　打印每月销售明细

说明

在上面的实例中只继承了一个接口，接口还可以多重继承，使用多重继承时，要继承的接口之间用逗号（,）分隔，例如，继承 3 个接口，代码如下：

```
interface ITest1
{
}
interface ITest2
{
}
interface ITest3
{
}
class Test : ITest1, ITest2, ITest3     //继承3个接口，接口之间用逗号分隔
{
}
```

7.8 小结

本章主要对 C# 中的面向对象编程进行了详细讲解，包括面向对象的基本概念及特征、类的声明、类的成员、方法的定义及使用、类的静态成员、对象的创建及使用，以及如何实现继承和多态等。在面向对象的程序设计中，其设计思路和人们日常生活中处理问题的方法相同，一切事物皆对象，任何东西都可以用对象来表示，我们把抽象的轮廓用类来表示，然后使用类衍生出各种各样的实体，这就叫类的实例化。大家在学习本章内容时，应该重点掌握面向对象的编程思想，以及面向对象的三大基本特征：封装、继承和多态。

本章 e 学码：关键知识点拓展阅读

const
Math
return 语句
按引用传递
按值传递
成员字段
初始化

多重继承
方法签名
访问级别
公有成员
静态成员
垃圾回收机制
内存地址

实例成员
受保护成员
数据结构
索引器
显式接口成员
约束规则
重写

第8章

Windows交互式图形界面

（视频讲解：43分钟）

本章概览

Windows环境中主流的应用程序都是窗体应用程序，Windows窗体应用程序比命令行应用程序要复杂得多，理解它的结构的基础是理解窗体。所以熟悉Windows窗体尤为重要。本章将对Windows窗体应用程序的基本开发步骤、Form窗体的使用和MDI窗体的使用进行详细讲解。

知识框架

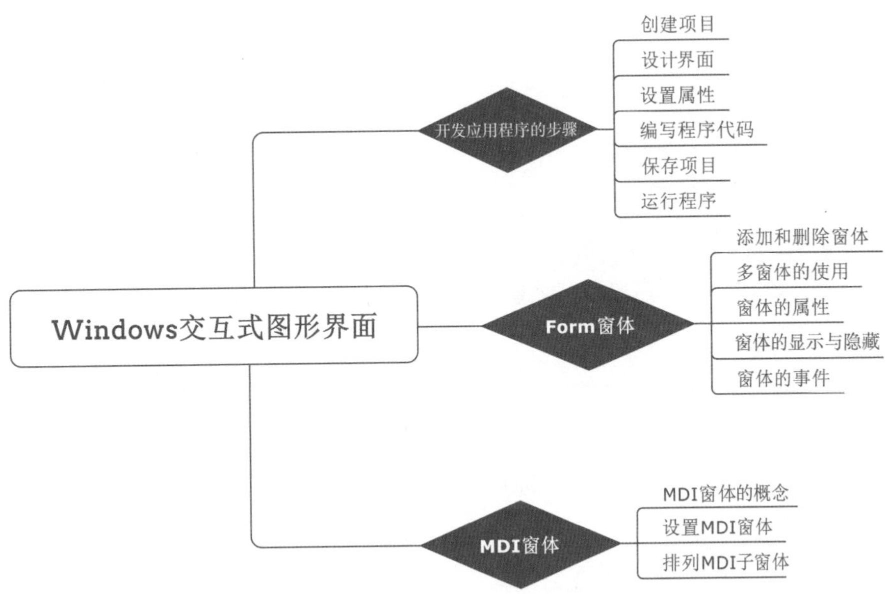

8.1 开发应用程序的步骤

视频讲解：资源包\Video\08\8.1 开发应用程序的步骤.mp4

使用 C# 开发应用程序时，一般包括创建项目、设计界面、设置属性、编写程序代码、保存项目、运行程序 6 个步骤。

下面以进销存管理系统的登录窗体为例，说明开发应用程序的具体步骤。

1. 创建项目

选择“开始”→“所有程序”→“Visual Studio 2022”菜单项，进入 Visual Studio 2022 开发环境的开始使用界面，单击“创建新项目”选项，进入“创建新项目”对话框，在右侧选择“Windows 窗体应用 (.NET Framework)”选项，并单击“下一步”按钮，如图 8.1 所示。

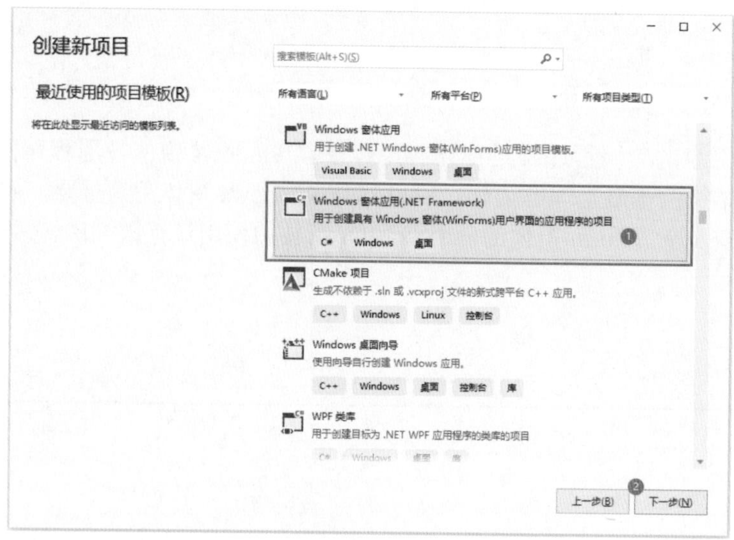

图 8.1 “创建新项目”对话框

进入“配置新项目”对话框，在该对话框中，输入项目的名称、选择保存位置，并选择 .NET Framework 框架版本，如图 8.2 所示。

图 8.2 “配置新项目”对话框

单击“确定”按钮，即可创建一个 Windows 窗体应用程序。创建完成的 Windows 窗体应用程序如图 8.3 所示。

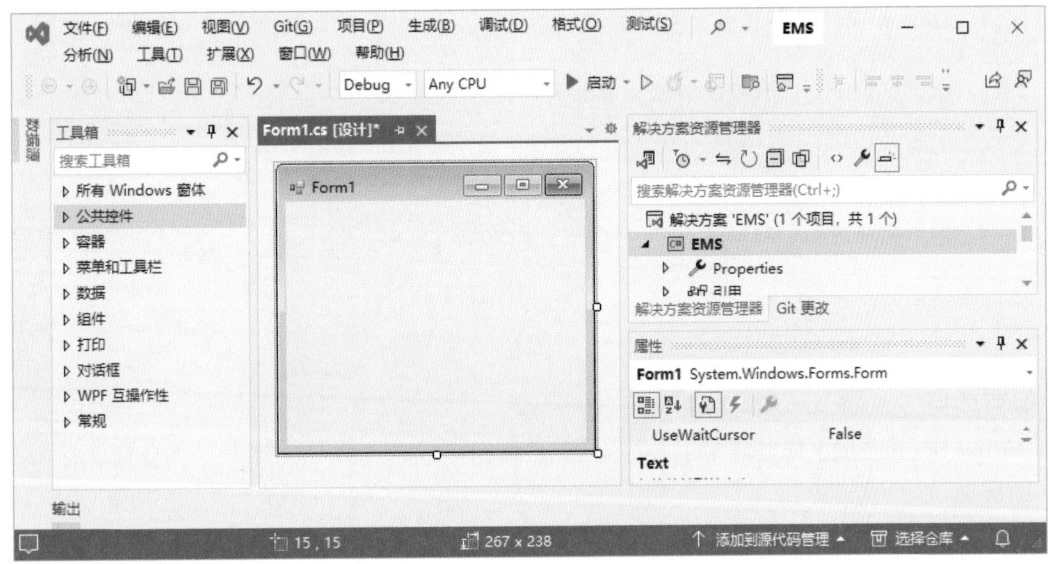

图 8.3　Windows 窗体应用程序

2. 设计界面

创建完项目后，在 Visual Studio 2022 开发环境中会有一个默认的窗体，可以通过工具箱向其中添加各种控件来设计窗体界面。具体步骤是：首先用鼠标单击工具箱中要添加的控件，然后将其拖放到窗体中的指定位置即可。本实例分别向窗体中添加两个 Label 控件、两个 TextBox 控件和两个 Button 控件，设计效果如图 8.4 所示。

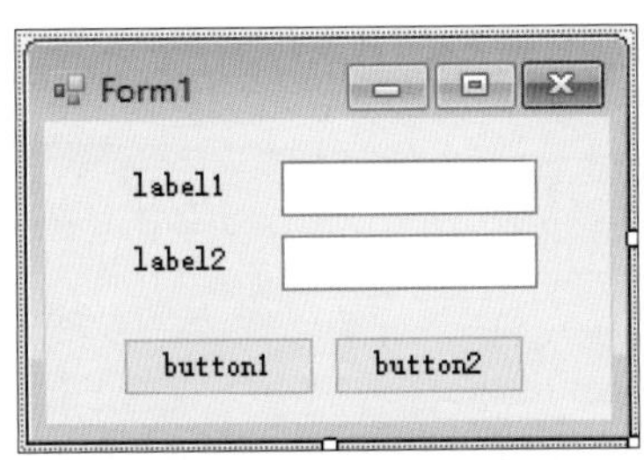

图 8.4　界面设计效果

3. 设置属性

在窗体中选择指定的控件，在“属性”窗口中对控件的相应属性进行设置，如表 8.1 所示。

表 8.1　设置属性

名　称	属　性	设 置 值
label1	Text	用户名:
label2	Text	密码:
button1	Text	登录
button2	Text	退出

4. 编写程序代码

双击两个 Button 控件，即可进入代码编辑器界面，并自动触发 Button 控件的 Click 事件，在该事件中编写代码。Button 控件的默认代码如下：

```
private void button1_Click(object sender, EventArgs e)
{

}
private void button2_Click(object sender, EventArgs e)
{

}
```

5. 保存项目

单击 Visual Studio 2022 开发环境工具栏中的按钮，或者选择“文件”→“全部保存”菜单项，即可保存当前项目。

6. 运行程序

单击 Visual Studio 2022 开发环境工具栏中的 ▶ 启动 按钮，或者选择“调试”→“开始调试”菜单项，即可运行当前程序，效果如图 8.5 所示。

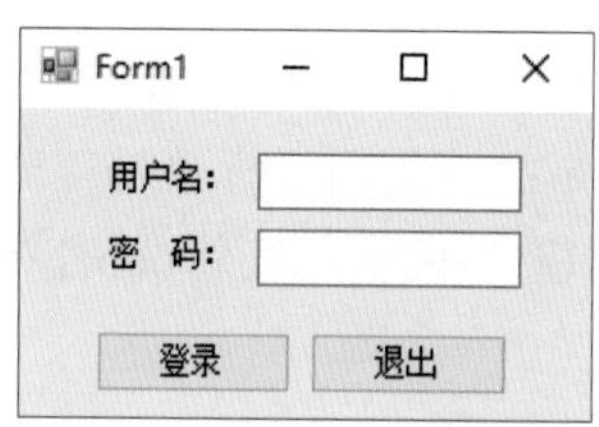

图 8.5　程序运行结果

8.2 Form 窗体

Form 窗体也被称为窗口，它是向用户显示信息的可视化界面，是 Windows 应用程序的基本单元。窗体都具有自己的特征，可以通过编程来设置。窗体也是对象，窗体类定义了生成窗体的模板，每实例化一个窗体类，就产生一个窗体。.NET 框架类库的 System.Windows.Forms 命名空间中定义的 Form 类是所有窗体类的基类。

如果要编写窗体应用程序，推荐使用 Visual Studio 2022。Visual Studio 2022 提供了一个图形化的可视化窗体设计器，可以实现所见即所得的设计效果，从而快速开发窗体应用程序。本节将对窗体的基本操作进行详细讲解。

8.2.1 添加和删除窗体

视频讲解：资源包\Video\08\8.2.1 添加和删除窗体.mp4

若要添加或删除窗体，首先要创建一个 Windows 应用程序，创建步骤可以参考 8.1 节的步骤。

如果要向项目中添加一个新窗体，可以在项目名称上单击鼠标右键，在弹出的快捷菜单中选择

“添加”→“Windows 窗体”菜单项，或者选择“添加”→“新建项”菜单项，如图 8.6 所示。

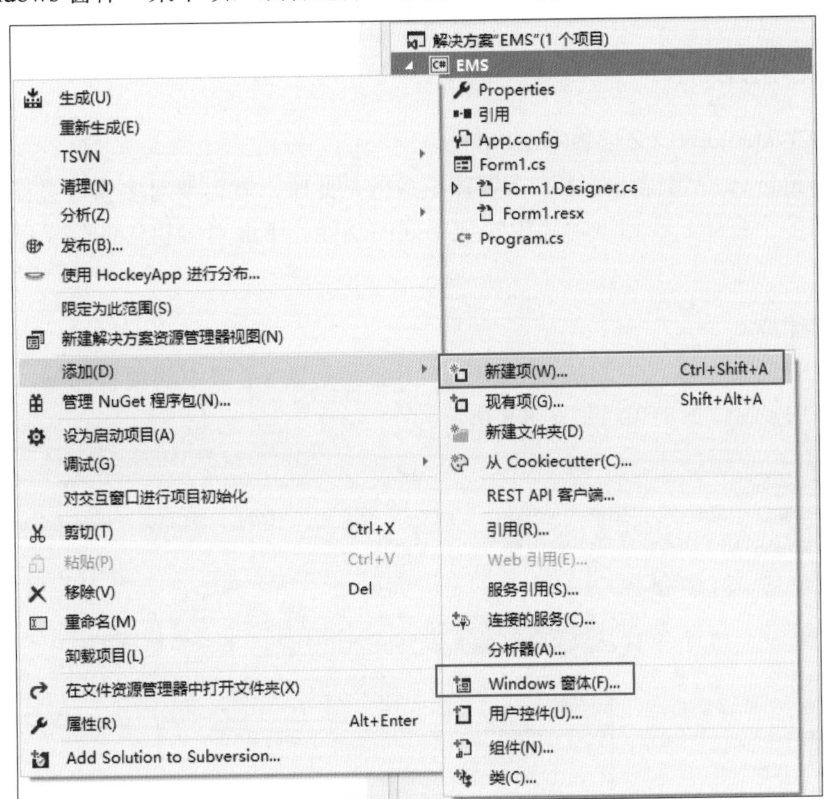

图 8.6　添加新窗体的快捷菜单

在选择“新建项”或者“Windows 窗体”菜单项后，会打开“添加新项”对话框，如图 8.7 所示。选择“Windows 窗体”选项，并输入窗体名称后，单击“添加”按钮，即可向项目中添加一个新的窗体。

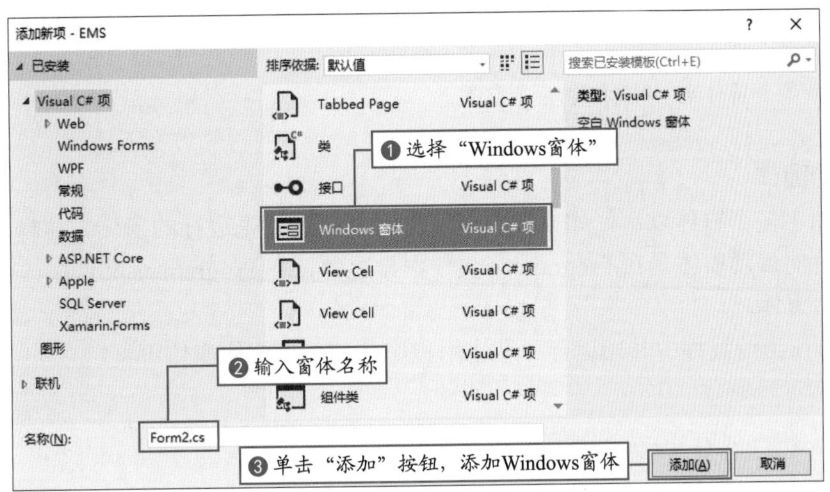

图 8.7　“添加新项”对话框

说明

在设置窗体的名称时，不要用关键字进行设置。

删除窗体的方法非常简单，只需在要删除的窗体名称上单击鼠标右键，在弹出的快捷菜单中选择

“删除”菜单项，即可将窗体删除。

8.2.2 多窗体的使用

视频讲解：资源包\Video\08\8.2.2 多窗体的使用.mp4

一个完整的 Windows 应用程序是由多个窗体组成的，此时，就需要对多窗体设计有所了解。多窗体即向项目中添加多个窗体，在这些窗体中实现不同的功能。下面对多窗体的建立以及如何设置启动窗体进行讲解。

1. 多窗体的建立

多窗体的建立是向某个项目中添加多个窗体。下面还是以 8.1 节中的项目为例，演示如何建立多窗体应用程序，添加多窗体后的项目如图 8.8 所示。

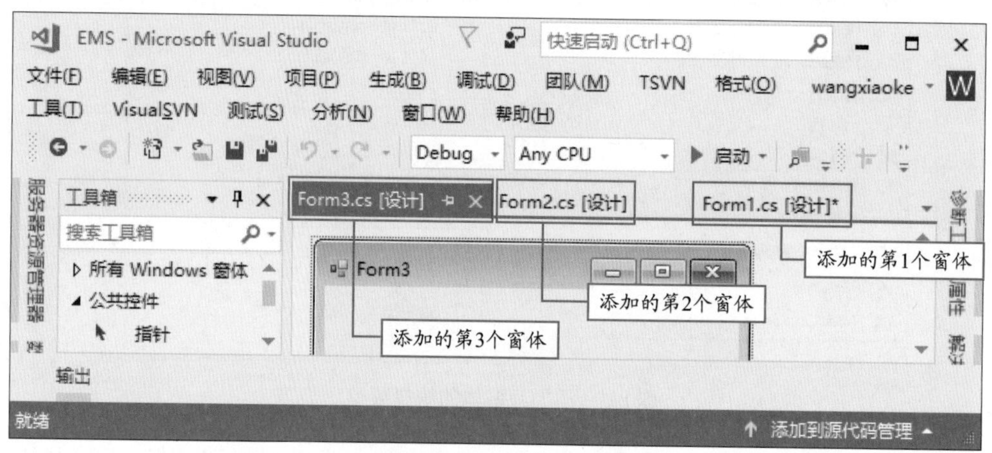

图 8.8 向项目中添加多个窗体

添加窗体的具体方法在 8.2.1 节中已经详细介绍过，此处不再赘述。下面以在项目中添加 3 个窗体为例演示多窗体的建立，实际项目中可以添加任意多个窗体。

在添加多个窗体时，其名称不能重复。

2. 设置启动窗体

在项目中添加了多个窗体以后，如果要调试程序，必须设置先运行的窗体。这样就需要设置项目的启动窗体。项目的启动窗体是在 Program.cs 文件中设置的，在 Program.cs 文件中改变 Run 方法的参数，即可设置启动窗体。

Run 方法用于在当前线程中开始运行标准应用程序，并使指定的窗体可见。

语法如下：

```
public static void Run (Form mainForm)
```

参数 mainForm 代表要设为启动窗体的对象。

例如，要将 Form1 窗体设置为项目的启动窗体，就可以通过下面的代码实现：

```
Application.Run(new Form1());
```

8.2.3 窗体的属性

视频讲解：资源包\Video\08\8.2.3 窗体的属性.mp4

窗体包含一些基本的组成要素，包括图标、标题、位置和背景等，这些要素可以通过窗体的“属性”窗口进行设置，也可以通过代码实现。为了快速开发窗体应用程序，通常通过“属性”窗口进行设置。下面详细介绍窗体的常见属性设置。

1. 更换窗体的图标

添加一个新的窗体后，窗体的图标是系统默认的图标。如果想更换窗体的图标，可以在“属性”窗口中设置窗体的 Icon 属性，窗体的默认图标和更换后的图标如图 8.9 所示。更换窗体图标的过程非常简单，具体操作步骤如下：

（1）首先选中窗体，然后在窗体的“属性”窗口中选中 Icon 属性，会出现 ... 按钮，如图 8.10 所示。

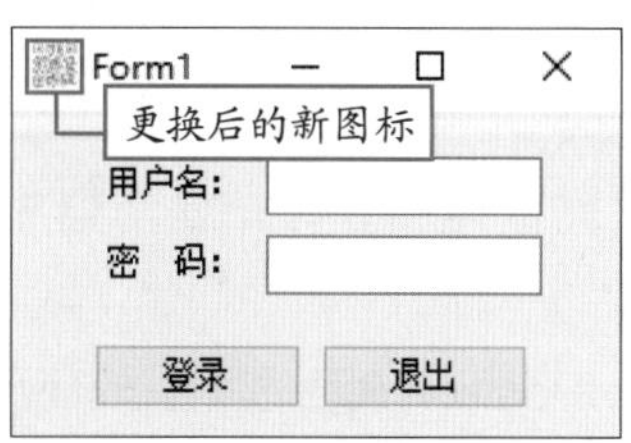

图 8.9 窗体的默认图标与更换后的图标

图 8.10 窗体的 Icon 属性

注意 在设置窗体图标时，其图片格式只能是 ico。

（2）单击 ... 按钮，打开选择图标文件的对话框，如图 8.11 所示。

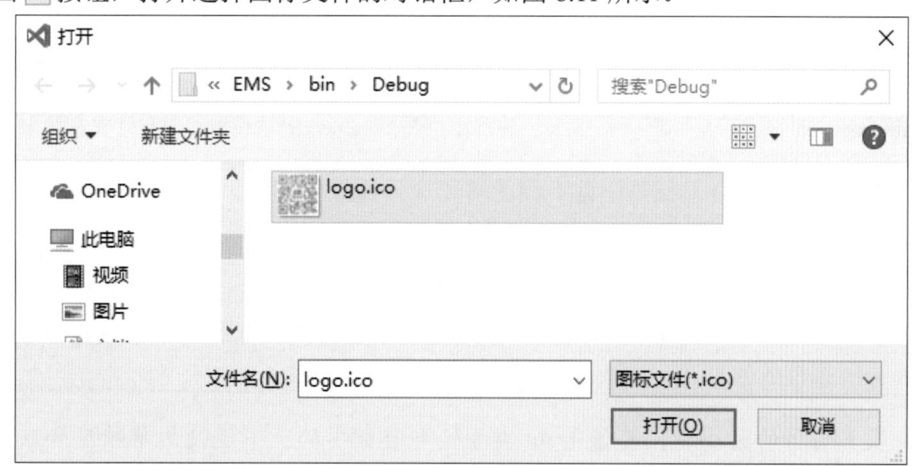

图 8.11 选择图标文件

（3）选择新的窗体图标文件之后，单击“打开”按钮，完成窗体图标的更换。

2. 隐藏窗体的标题栏

在某些情况下需要隐藏窗体的标题栏，例如，软件的加载窗体，大多数都采用无标题栏的窗体。通过设置窗体 FormBorderStyle 属性的属性值，即可隐藏窗体的标题栏。FormBorderStyle 属性有 7 个属性值，其属性值及说明如表 8.2 所示。

表 8.2　FormBorderStyle 属性的属性值及说明

属 性 值	说　明
Fixed3D	固定的三维边框
FixedDialog	固定的对话框样式的粗边框
FixedSingle	固定的单行边框
FixedToolWindow	不可调整大小的工具窗口边框
None	无边框
Sizable	可调整大小的边框
SizableToolWindow	可调整大小的工具窗口边框

隐藏窗体的标题栏，只需将 FormBorderStyle 属性设置为 None 即可。

3. 控制窗体的显示位置

通过窗体的 StartPosition 属性，可以设置窗体加载时在显示器中的位置。StartPosition 属性有 5 个属性值，其属性值及说明如表 8.3 所示。

表 8.3　StartPosition 属性的属性值及说明

属 性 值	说　明
CenterParent	窗体在其父窗体中居中
CenterScreen	窗体在当前显示窗口中居中，其尺寸在窗体大小中指定
Manual	窗体的位置由 Location 属性确定
WindowsDefaultBounds	窗体定位在 Windows 默认位置，其边界也由 Windows 决定
WindowsDefaultLocation	窗体定位在 Windows 默认位置，其尺寸在窗体大小中指定

在设置窗体的显示位置时，只需根据不同的需要选择属性值即可。

4. 修改窗体的大小

在窗体的属性中，通过 Size 属性设置窗体的大小。双击窗体“属性”窗口中的 Size 属性，可以看到其下拉菜单中有 Width 和 Height 两个属性，分别用于设置窗体的宽和高。修改窗体的大小，只需更改 Width 和 Height 属性的值即可。

说明

在设置窗体的大小时，其值是 int 类型（即整数）的，不能使用单精度和双精度值（即小数）进行设置。

5. 设置窗体的背景图片

为使窗体设计更加美观，通常会设置窗体的背景，这主要通过设置窗体的 BackgroundImage 属性实现，具体操作如下：

（1）选中窗体“属性”窗口中的 BackgroundImage 属性，会出现 ... 按钮，如图 8.12 所示。

（2）单击 ... 按钮，打开“选择资源”对话框，如图 8.13 所示。

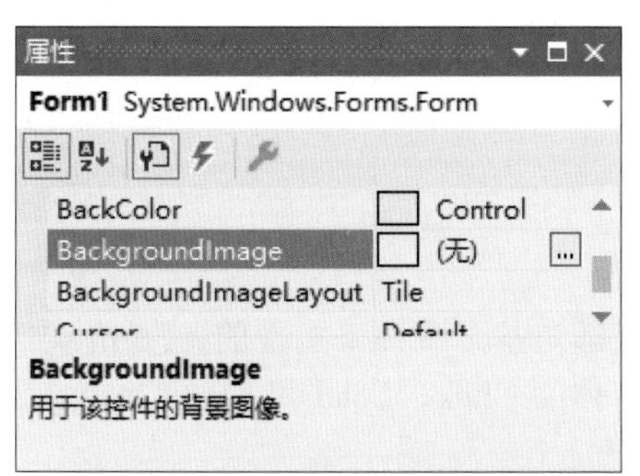

图 8.12　BackgroundImage 属性

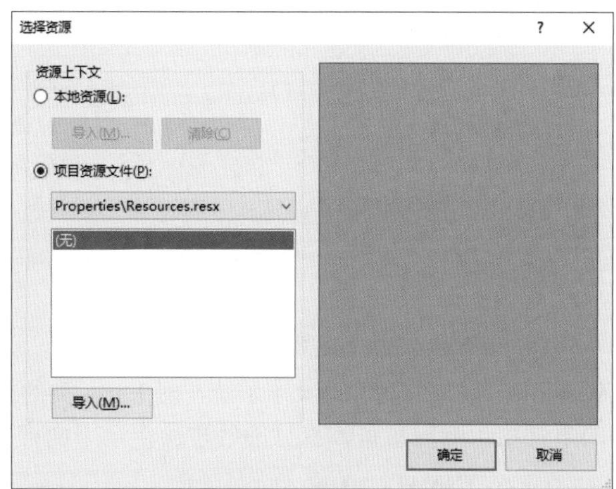

图 8.13　“选择资源”对话框

在“选择资源”对话框中，有两个单选按钮。一个是“本地资源”，另一个是“项目资源文件”，其区别是选中“本地资源”单选按钮后，直接选择图片，保存的是图片的路径，而选中“项目资源文件”单选按钮后，会将选择的图片保存到项目资源文件 Resources.resx 中。无论选择哪种方式，都需要单击“导入”按钮选择背景图片，单击“确定”按钮完成窗体背景图片的设置。Form1 窗体背景图片设置前后对比如图 8.14 所示。

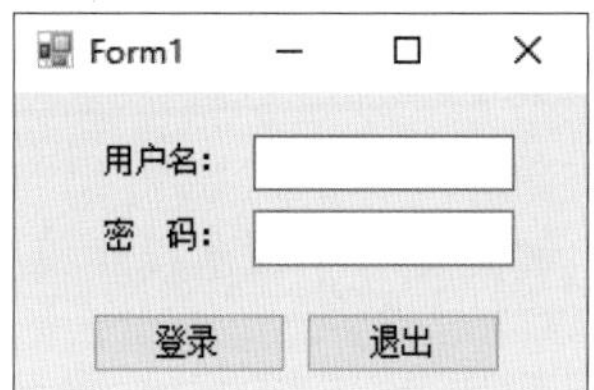

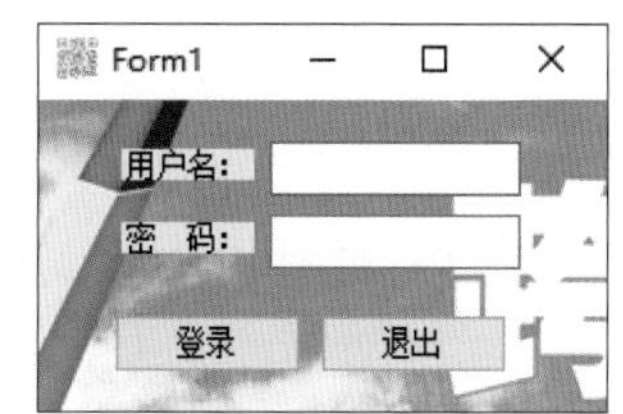

图 8.14　设置窗体背景图片前后对比

8.2.4 窗体的显示与隐藏

视频讲解：资源包\Video\08\8.2.4 窗体的显示与隐藏.mp4

1. 窗体的显示

如果要在一个窗体中通过按钮打开另一个窗体，就必须调用 Show 方法显示窗体，语法如下：

```
public void Show ()
```

例如，在 Form1 窗体中添加一个 Button 按钮，在按钮的 Click 事件中调用 Show 方法，打开 Form2 窗体，关键代码如下：

```
Form2 frm2 = new Form2();                //创建Form2窗体的对象
frm2.Show();                             //调用Show方法显示Form2窗体
```

2. 窗体的隐藏

通过调用 Hide 方法可以隐藏窗体，语法如下：

```
public void Hide ()
```

例如，在 Form1 窗体中打开 Form2 窗体后，隐藏当前窗体，关键代码如下：

```
Form2 frm2 = new Form2();                //创建Form2窗体的对象
frm2.Show();                             //调用Show方法显示Form2窗体
this.Hide();                             //调用Hide方法隐藏当前窗体
```

8.2.5 窗体的事件

视频讲解：资源包\Video\08\8.2.5 窗体的事件.mp4

Windows 是事件驱动的操作系统，对 Form 类的任何交互都是基于事件来实现的。Form 类提供了大量的事件用于响应对窗体执行的各种操作。下面详细介绍窗体的 Click、Load 和 FormClosing 事件。

1. Click（单击）事件

当单击窗体时，将会触发窗体的 Click 事件，语法如下：

```
public event EventHandler Click
```

例如，在窗体的 Click 事件中编写代码，实现当单击窗体时，弹出提示框，代码如下：

```
01  private void Form1_Click(object sender, EventArgs e)
02  {
03      MessageBox.Show("已经单击了窗体！");  //弹出提示框
04  }
```

代码注解　上面代码中的第 3 行用到了 MessageBox 类，该类是一个消息提示框类，其 Show 方法用来显示对话框。

运行上面的代码，在窗体中单击鼠标后将弹出提示框，效果如图 8.15 所示。

多学两招　触发窗体或者控件的相关事件时，只需要选中指定的窗体或者控件，单击鼠标右键，在弹出的快捷菜单中选择“属性”，然后在弹出的“属性”对话框中单击⚡按钮，在列表中找到相应的事件名称，双击即可生成该事件的代码，步骤如图 8.16 所示。

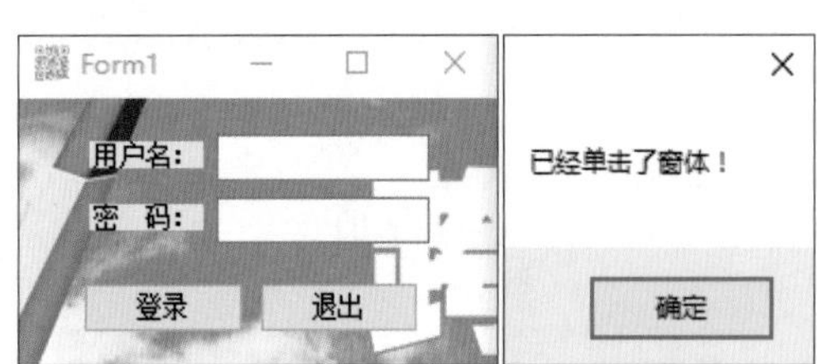

图 8.15　单击窗体触发 Click 事件

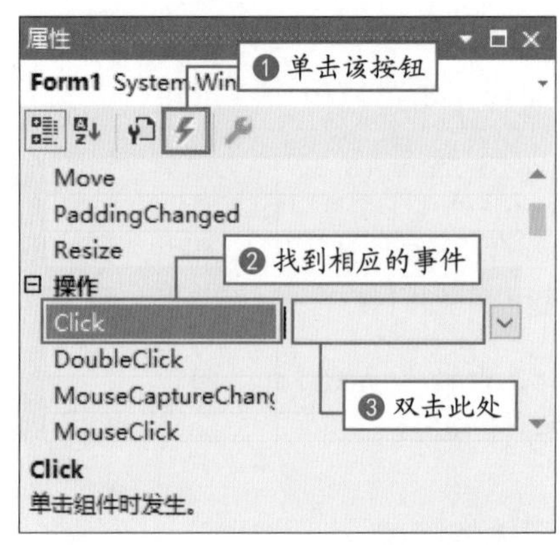

图 8.16　触发窗体或者控件的事件

2. Load（加载）事件

当加载窗体时，将会触发窗体的 Load 事件，其语法如下：

```
public event EventHandler Load
```

例如，当加载窗体时，弹出提示框，询问是否查看窗体，单击“是”按钮，查看窗体，代码如下：

```
private void Form1_Load(object sender, EventArgs e)    //窗体的Load事件，加载时执行
{
    //使用if语句判断是否单击了“是”按钮
    if (MessageBox.Show("是否查看窗体！", "", MessageBoxButtons.YesNo, MessageBoxIcon.Information) == DialogResult.Yes)
    {
    }
}
```

运行上面的代码，在窗体显示之前，会先弹出如图 8.17 所示的对话框。

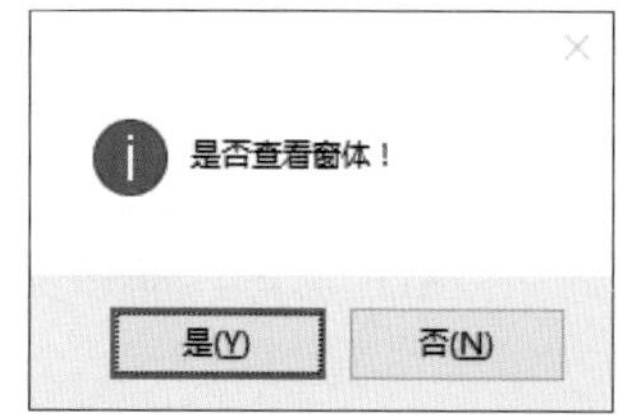

图 8.17　触发窗体的 Load 事件

3. FormClosing（关闭）事件

当关闭窗体时，将会触发窗体的 FormClosing 事件，其语法如下：

```
public event FormClosingEventHandler FormClosing
```

例如，实现在关闭窗体之前，弹出提示框，询问是否关闭当前窗体，单击“是”按钮，关闭窗体，单击“否”按钮，不关闭窗体，代码如下：

```
private void Form1_FormClosing(object sender, FormClosingEventArgs e)
{
    DialogResult dr = MessageBox.Show("是否关闭窗体", "提示", MessageBoxButtons.YesNo, MessageBoxIcon.Warning);                    //创建对话框对象
    if (dr == DialogResult.Yes)        //使用if语句判断是否单击“是”按钮
    {
        e.Cancel = false;              //如果单击“是”按钮，则关闭窗体
    }
    else                               //否则
    {
        e.Cancel = true;               //不执行操作
    }
}
```

运行上面的代码，单击窗体右上角的“关闭”按钮，如图8.18所示，弹出如图8.19所示的提示框，若单击“是”按钮，则关闭窗体，若单击“否”按钮，则不执行任何操作。

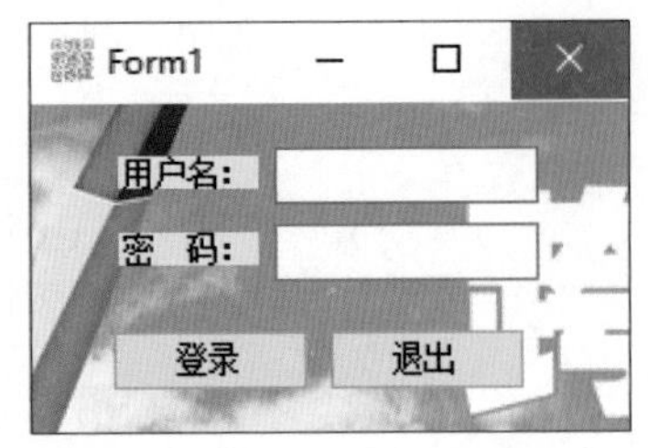

图 8.18　单击窗体上的“关闭”按钮

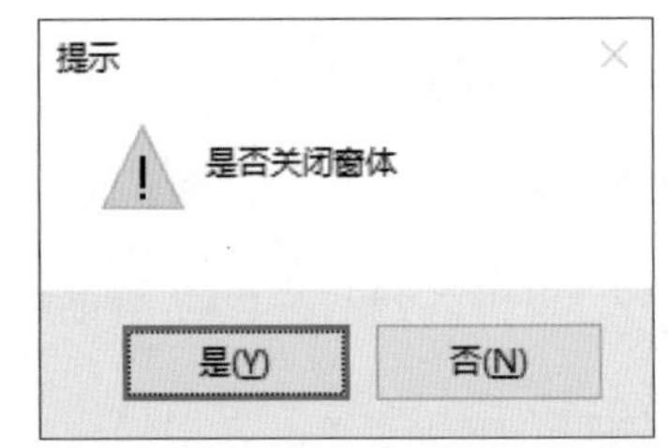

图 8.19　单击“是”或者“否”按钮

可以使用 FormClosing 事件执行一些任务，如释放窗体使用的资源，还可使用此事件保存窗体中的信息或更新其父窗体。

8.3 MDI 窗体

窗体是所有界面的基础，这就意味着为了打开多个文档，需要具有能够同时处理多个窗体的能力的应用程序。为了满足这个需求，可以使用 MDI 窗体，即多文档界面。本节将对 MDI 窗体进行详细讲解。

8.3.1 MDI 窗体的概念

视频讲解：资源包\Video\08\8.3.1 MDI窗体的概念.mp4

多文档界面即 Multiple-Document Interface，简称 MDI。MDI 窗体用于同时显示多个文档，每个文档显示在各自的窗口中。MDI 窗体中通常有包含子菜单的窗口菜单，用于在窗口或文档之间进行切换。MDI 窗体十分常见，如图 8.20 所示。

图 8.20　MDI 窗体界面

MDI 窗体的应用非常广泛。例如，如果某公司的库存系统需要实现自动化，则需要使用窗体来输入客户和货物的数据、发出订单及跟踪订单。这些窗体必须链接或者从属于一个界面，并且能够同时处理多个文件。这样，就需要建立 MDI 窗体以解决这些需求。

8.3.2 设置 MDI 窗体

视频讲解：资源包\Video\08\8.3.2 设置MDI窗体.mp4

在 MDI 窗体中，起到容器作用的窗体被称为“父窗体”，可以放在父窗体中的其他窗体被称为“子窗体”，或者“MDI 子窗体”。当 MDI 应用程序启动时，首先会显示父窗体。所有的子窗体都在父窗体中打开，在父窗体中可以随时打开多个子窗体。每个应用程序只能有一个父窗体，其他子窗体不能移出父窗体的框架区域。下面介绍如何将窗体设置成父窗体或子窗体。

1. 设置父窗体

如果要将某个窗体设置为父窗体，则只需在窗体的“属性”窗口中，将 IsMdiContainer 属性设置为 True 即可，如图 8.21 所示。

图 8.21　设置父窗体

2. 设置子窗体

设置完父窗体后，通过设置某个窗体的 MdiParent 属性来确定子窗体，其语法如下：

```
public Form MdiParent { get; set; }
```

其中属性值为 MDI 父窗体。

例如，将 Form2、Form3 这两个窗体设置成子窗体，并且在父窗体中打开这两个子窗体，代码如下：

```
Form2 frm2 = new Form2();          //创建Form2窗体的对象
frm2.MdiParent = this;             //设置MdiParent属性，将当前窗体作为父窗体
frm2.Show();                       //使用Show方法打开窗体
Form3 frm3 = new Form3();          //创建Form3窗体的对象
frm3.MdiParent = this;             //设置MdiParent属性，将当前窗体作为父窗体
frm3.Show();                       //使用Show方法打开窗体
```

8.3.3 排列 MDI 子窗体

视频讲解：资源包\Video\08\8.3.3 排列MDI子窗体.mp4

如果一个 MDI 窗体中有多个子窗体同时被打开，假如不对其排列顺序进行调整，那么界面会非常混乱，而且不方便浏览。如何解决这个问题呢？可以通过使用带有 MdiLayout 枚举的 LayoutMdi 方法来排列多文档界面父窗体中的子窗体，其语法如下：

```
public void LayoutMdi (MdiLayout value)
```

参数 value 用来定义 MDI 子窗体的布局，它的值是 MdiLayout 枚举值之一。MdiLayout 枚举用于指定 MDI 父窗体中子窗体的布局，其枚举成员及说明如表 8.4 所示。

表 8.4　MdiLayout 的枚举成员及说明

枚举成员	说　明
Cascade	所有 MDI 子窗体均层叠在 MDI 父窗体的工作区内
TileHorizontal	所有 MDI 子窗体均水平平铺在 MDI 父窗体的工作区内
TileVertical	所有 MDI 子窗体均垂直平铺在 MDI 父窗体的工作区内

实例 01　排列 MDI 父窗体中的多个子窗体　　实例位置：资源包\Code\SL\08\01

视频讲解

程序开发步骤如下：

（1）新建一个 Windows 窗体应用程序，命名为 Demo，默认窗体为 Form1.cs。

（2）将窗体 Form1 的 IsMdiContainer 属性设置为 true，并作为 MDI 父窗体，接着添加3个 Windows 窗体，作为 MDI 子窗体。

（3）在 Form1 窗体中添加一个 MenuStrip 控件，作为该父窗体的菜单项。

（4）通过 MenuStrip 控件建立 4 个菜单项，分别为“加载子窗体”、“水平平铺”、“垂直平铺”和“层叠排列”。运行程序时，单击“加载子窗体”菜单项后，可以加载所有的子窗体，代码如下：

实例01-1

```
private void 加载子窗体ToolStripMenuItem_Click(object sender, EventArgs e)
{
    Form2 frm2 = new Form2();                      //创建Form2窗体的对象
    frm2.MdiParent = this;                         //设置MdiParent属性，将当前窗体作为父窗体
    frm2.Show();                                   //使用Show方法打开窗体
    Form3 frm3 = new Form3();                      //创建Form3窗体的对象
    frm3.MdiParent = this;                         //设置MdiParent属性，将当前窗体作为父窗体
    frm3.Show();                                   //使用Show方法打开窗体
    Form4 frm4 = new Form4();                      //创建Form4窗体的对象
    frm4.MdiParent = this;                         //设置MdiParent属性，将当前窗体作为父窗体
    frm4.Show();                                   //使用Show方法打开窗体
}
```

（5）加载所有的子窗体之后，单击“水平平铺”菜单项，使窗体中所有的子窗体水平排列，代码如下：

实例01-2

```
private void 水平平铺ToolStripMenuItem_Click(object sender, EventArgs e)
{
    LayoutMdi(MdiLayout.TileHorizontal);           //使用MdiLayout枚举实现窗体的水平平铺
}
```

（6）单击“垂直平铺”菜单项，使窗体中所有的子窗体垂直排列，代码如下：

实例01-3

```
private void 垂直平铺ToolStripMenuItem_Click(object sender, EventArgs e)
{
    LayoutMdi(MdiLayout.TileVertical);             //使用MdiLayout枚举实现窗体的垂直平铺
}
```

（7）单击“层叠排列”菜单项，使窗体中所有的子窗体层叠排列，代码如下：

实例01-4

```
private void 层叠排列ToolStripMenuItem_Click(object sender, EventArgs e)
{
    LayoutMdi(MdiLayout.Cascade);                  //使用MdiLayout枚举实现窗体的层叠排列
}
```

运行程序，单击“加载子窗体”菜单项，效果如图 8.22 所示；单击“水平平铺”菜单项，效果如图 8.23 所示；单击“垂直平铺”菜单项，效果如图 8.24 所示；单击“层叠排列”菜单项，效果如图 8.25 所示。

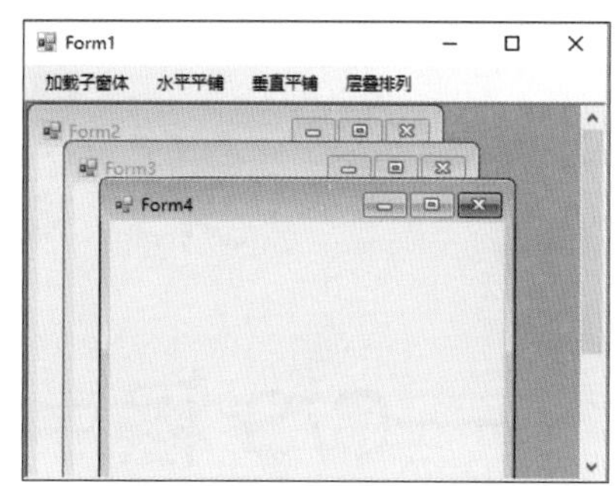

图 8.22　加载所有的子窗体

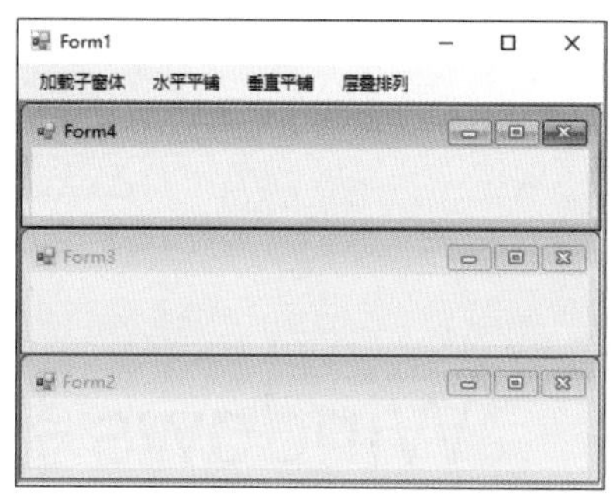

图 8.23　水平平铺子窗体

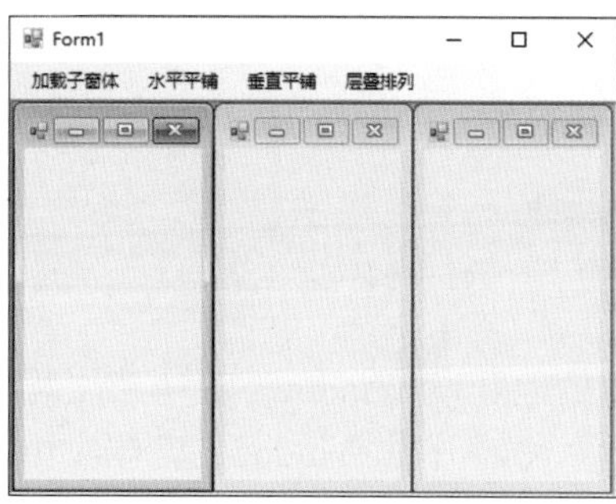

图 8.24　垂直平铺子窗体

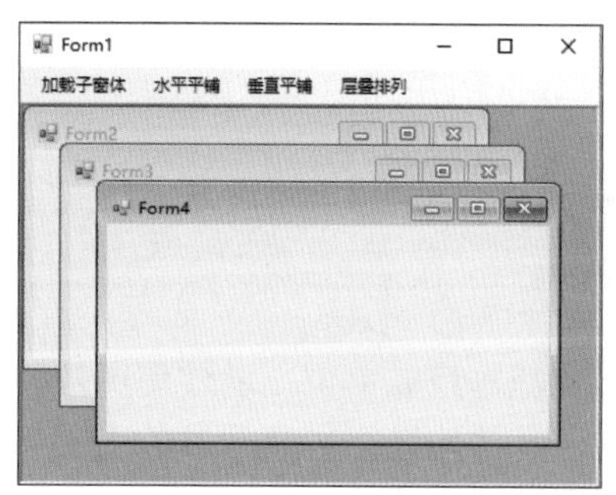

图 8.25　层叠排列子窗体

拓展训练

一、创建一个 Windows 窗体应用程序，并在其中添加多个窗体，设置为 MDI 窗体程序，然后设置打开子窗体时，以最大化方式打开。（资源包\Code\Try\08\01）

二、创建一个圆形窗体（提示：实现时需要重写窗体的 OnPaint 方法，并且使用 GDI+ 中 Graphics 对象的 DrawImage 方法），效果如图 8.26 所示。（资源包 \Code\Try\08\02）

图 8.26　圆形窗体

8.4 小结

本章主要介绍了 Windows 窗体应用程序的开发基础及 MDI 窗体，Form 窗体是开发 Windows 窗体应用程序的基本单位，熟练掌握 Form 窗体的应用，可以为快速开发 C# 窗体应用程序打下坚实的基础。读者应该了解窗体的属性、事件的使用，掌握如何对窗体进行基本的设置。另外，大多数窗体应用程序都使用 MDI 窗体开发，所以要重点掌握 MDI 窗体的设置和如何排列子窗体。

本章 e 学码：关键知识点拓展阅读

Button	MenuStrip 控件	工具箱
Cancel	MessageBox 类	加载窗体
Click 事件	object	交互
DialogResult	OnPaint 方法	容器
DrawImage 方法	TextBox	事件驱动
EventArgs	this	线程
Label	Windows 应用程序	

e 学码

第 9 章

Windows 控件——C/S 程序的基础

（视频讲解：2 小时 21 分钟）

本章概览

控件是窗体的基本组成单位，通过使用控件可以高效地开发 Windows 窗体应用程序。所以，熟练掌握控件是合理、有效地进行程序开发的重要前提。本章将对开发 Windows 窗体应用程序中经常用到的控件进行详细讲解。

知识框架

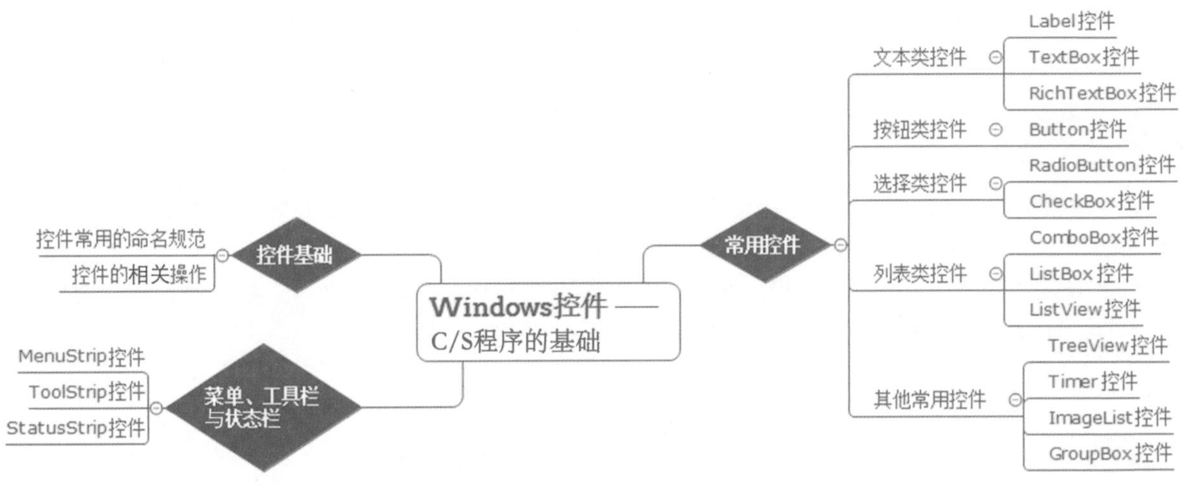

9.1 控件概述

视频讲解：资源包\Video\09\9.1 控件概述.mp4

控件是可以用来输入或操作数据的对象，它相当于汽车中的方向盘、油门、刹车、离合器等，它们都是对汽车进行操作的控件。在 C# 中，控件的基类是位于 System.Windows.Forms 命名空间下的 Control 类。Control 类定义了控件类的共同属性、方法和事件，其他的控件类都直接或间接地派生自这个基类。

在使用控件的过程中，可以通过控件默认的名称调用。如果自定义控件名称，应该遵循控件的命名规范。控件常用的命名规范如表 9.1 所示。

表 9.1　控件常用的命名规范

控 件 名 称	命　名
TextBox	txt
Button	btn
ComboBox	cbox
Label	lab
DataGridView	dgv
ListBox	lbox
Timer	tmr
CheckBox	chbox
RichTextBox	rtbox
RadioButton	rbtn
Panel	pl
GroupBox	gbox
ImageList	ilist
ListView	lv
TreeView	tv
MenuStrip	menu
ToolStrip	tool
StatusStrip	status
……	……

9.2 控件的相关操作

对控件的相关操作包括添加控件、对齐控件和删除控件等，下面将会对这几种操作进行讲解。

9.2.1 添加控件

视频讲解：资源包\Video\09\9.2.1 添加控件.mp4

可以通过“在窗体中绘制控件”、“将控件拖曳到窗体中”和“以编程方式向窗体添加控件”这 3 种方法添加控件。

1. 在窗体中绘制控件

在工具箱中单击要添加到窗体的控件，然后用鼠标左键单击该窗体，确定控件左上角所处的位置，并拖动鼠标，确定该控件右下角所处的位置，在释放鼠标左键后，控件即可按指定的位置和大小出现在窗体中。

2. 将控件拖曳到窗体中

在工具箱中单击所需的控件并将其拖到窗体中，控件以其默认大小出现在窗体中的指定位置。

3. 以编程方式向窗体添加控件

通过 new 关键字实例化要添加控件所在的类，然后将实例化的控件添加到窗体中。

例如，通过 Button 按钮的 Click 事件添加一个 TextBox 控件，代码如下：

```
private void button1_Click(object sender, System.EventArgs e)  //Button按钮的Click事件
{
    TextBox myText = new TextBox();                            //实例化TextBox类
    myText.Location = new Point(25, 25);                       //设置TextBox的位置
    this.Controls.Add(myText);                                 //将控件添加到当前窗体中
}
```

9.2.2 对齐控件

视频讲解：资源包\Video\09\9.2.2 对齐控件.mp4

在对一组控件执行对齐操作之前，首先选定主导控件（第一个被选定的控件就是主导控件），控件组的最终位置取决于主导控件的位置，再选择菜单栏中的“格式”→“对齐”菜单项，最后选择对齐方式。主要包括以下 6 种对齐方式。

- ☑ 左对齐：将选定控件沿它们的左边对齐。
- ☑ 居中对齐：将选定控件沿它们的中心点水平对齐。
- ☑ 右对齐：将选定控件沿它们的右边对齐。
- ☑ 顶端对齐：将选定控件沿它们的顶边对齐。
- ☑ 中间对齐：将选定控件沿它们的中心点垂直对齐。
- ☑ 底部对齐：将选定控件沿它们的底边对齐。

9.2.3 删除控件

视频讲解：资源包\Video\09\9.2.3 删除控件.mp4

删除控件的方法非常简单，可以在控件上单击鼠标右键，在弹出的快捷菜单中选择“删除”菜单项进行删除；也可以选中控件，然后按下 <Delete> 键，对控件进行删除。

9.3 Windows 控件的使用

在 Windows 应用程序开发中，控件的使用非常重要，本节将对 Windows 常用控件的使用进行详细讲解。

9.3.1 Label 控件

视频讲解：资源包\Video\09\9.3.1 Label控件.mp4

Label 控件又被称为标签控件，它主要用于显示用户不能编辑的文本，标识窗体上的对象（例如，给文本框、列表框添加描述信息等）。另外，也可以通过编写代码来设置要显示的文本信息。

1. 设置标签文本

可以通过两种方法设置标签控件（Label 控件）显示的文本：第一种是直接在标签控件（Label 控件）的属性面板中设置 Text 属性，第二种是通过代码设置 Text 属性。

例如，向窗体中拖曳一个 Label 控件，并将其显示文本设置为“用户名：”，代码如下：

```
label1.Text = "用户名：";                //设置Label控件的Text属性
```

2. 显示 / 隐藏控件

通过设置 Visible 属性来设置显示 / 隐藏标签控件（Label 控件），如果 Visible 属性的值为 true，则显示控件；如果 Visible 属性的值为 false，则隐藏控件。

例如，通过代码将 Label 控件设置为可见，将其 Visible 属性设置为 true 即可，代码如下：

```
label1.Visible = true;                  //设置Label控件的Visible属性
```

9.3.2 Button 控件

视频讲解：资源包\Video\09\9.3.2 Button控件.mp4

Button 控件又被称为按钮控件，它允许用户通过单击来执行操作。Button 控件既可以显示文本，也可以显示图像。当该控件被单击时，它看起来像是被按下，然后被释放。Button 控件最常用的是 Text 属性和 Click 事件，其中，Text 属性用来设置 Button 控件显示的文本，Click 事件用来指定单击 Button 控件时执行的操作。

实例 01 制作“登录”和“退出”按钮 | 实例位置：资源包\Code\SL\09\01

创建一个 Windows 应用程序，在默认窗体中添加两个 Label 控件，分别设置它们的 Text 属性为“用户名：”和“密码：”；再添加两个 Button 控件，分别设置它们的 Text 属性为“登录”和“退出”，然后触发它们的 Click 事件，执行相应的操作。代码如下：

实例01-1

```
private void button1_Click(object sender, EventArgs e)
{
    MessageBox.Show("系统登录");          //输出信息提示
}
private void button2_Click(object sender, EventArgs e)
{
    Application.Exit();                //退出当前程序
}
```

程序运行结果如图 9.1 所示，若单击“登录”按钮，将弹出如图 9.2 所示的信息提示；若单击“退出”按钮，将退出当前的程序。

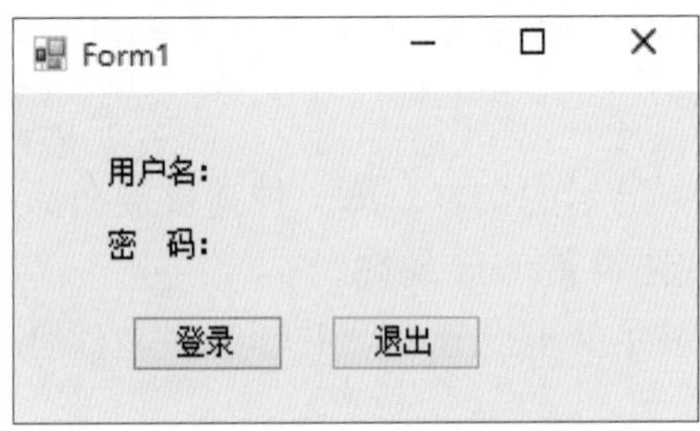

图 9.1　显示 Button 控件

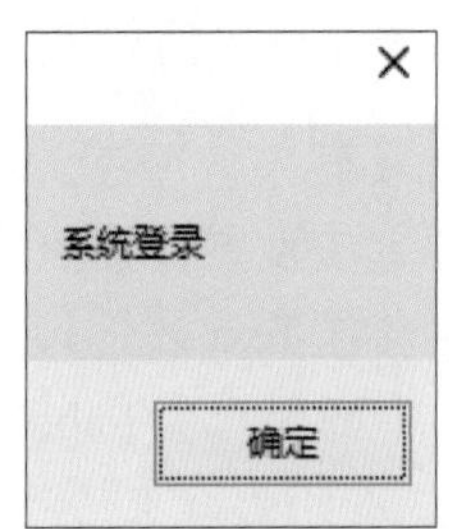

图 9.2　弹出信息提示

拓展训练

一、创建一个 Windows 窗体应用程序，尝试为“确定”按钮和“退出”按钮创建快捷键，可以通过按快捷键来代替鼠标单击操作，使用户操作起来更加方便。（资源包 \Code\Try\09\01）

二、根据用户的选择，在窗体中动态地添加多个 Button 控件，效果如图 9.3 所示。（资源包 \Code\Try\09\02）

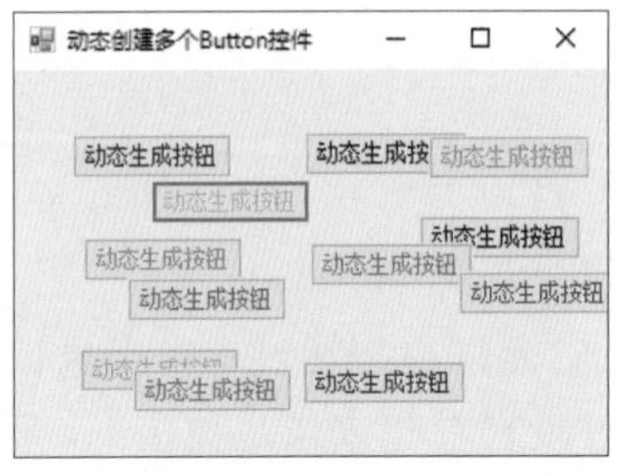

图 9.3　动态地添加多个 Button 控件

9.3.3 TextBox 控件

视频讲解：资源包\Video\09\9.3.3 TextBox控件.mp4

TextBox 控件又被称为文本框控件，它主要用于获取用户输入的数据或者显示文本，它通常用于可编辑文本，也可以使其成为只读控件。文本框可以显示多行文本，开发人员可以使文本换行，以便适合控件的大小。

下面对 TextBox 控件的一些常见使用方法进行介绍。

1. 创建只读文本框

通过设置文本框控件（TextBox 控件）的 ReadOnly 属性，可以设置文本框是否为只读。如果 ReadOnly

属性为 true，则不能编辑文本框内容，只能通过文本框显示数据。

例如，将文本框设置为只读，代码如下：

```
textBox1.ReadOnly = true;                                    //将文本框设置为只读
```

2. 创建密码文本框

通过设置文本框的 PasswordChar 属性或者 UseSystemPasswordChar 属性，可以将文本框设置成密码文本框，使用 PasswordChar 属性，可以设置输入密码时文本框中显示的字符（例如，将密码显示成“*”或“#”等）。如果将 UseSystemPasswordChar 属性设置为 true，则输入密码时，文本框中将密码显示为“*”。

实例 02　制作登录窗体　　实例位置：资源包\Code\SL\09\02

修改实例 01，在窗体中添加两个 TextBox 控件，分别用来输入用户名和密码，其中，将第二个 TextBox 控件的 PasswordChar 属性设置为 *，以便使密码文本框中的字符显示为“*”，代码如下：

实例02-1

```
private void Form1_Load(object sender, EventArgs e) //窗体的Load事件
{
    textBox2.PasswordChar = '*';                    //设置文本框的PasswordChar属性为*
}
```

程序的运行结果如图 9.4 所示。

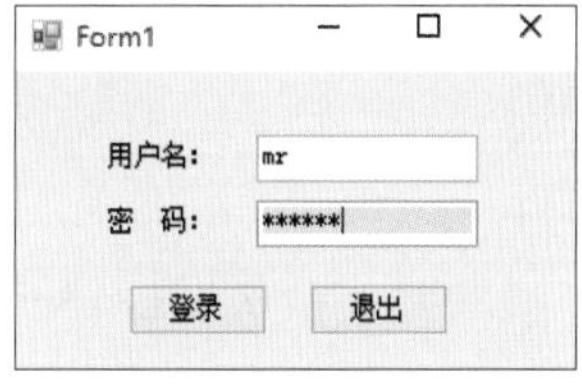

图 9.4　制作登录窗体

一、创建一个 Windows 窗体应用程序，通过 Char 结构的 IsDigit 方法实现在 TextBox 控件中只能输入数字的功能。（资源包 \Code\Try\09\03）

二、创建一个 Windows 窗体应用程序，实现为 TextBox 控件中的所有文本内容添加下画线的功能。（资源包 \Code\Try\09\04）

3. 创建多行文本框

默认情况下，文本框控件（TextBox 控件）只允许输入单行数据，如果将其 Multiline 属性设置为 true，文本框控件（TextBox 控件）即可支持输入多行数据。

例如，将文本框的 Multiline 属性设置为 true，使其支持输入多行数据，代码如下：

```
textBox1.Multiline = true;                    //设置文本框的Multiline属性
```

多行文本框效果如图 9.5 所示。

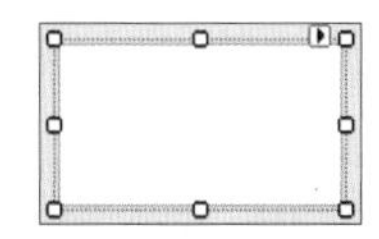

图 9.5　多行文本框

4. 响应文本框的文本更改事件

当文本框中的文本被更改时，将会引发文本框的 TextChanged 事件。

例如，在文本框的 TextChanged 事件中编写代码，实现当文本框中的文本被更改时，Label 控件中显示更改后的文本，代码如下：

```
private void textBox1_TextChanged(object sender, EventArgs e)
{
    label1.Text = textBox1.Text;        //label控件显示的文字随文本框中的数据改变而改变
}
```

9.3.4 RadioButton 控件

视频讲解：资源包\Video\09\9.3.4 RadioButton控件.mp4

单选按钮控件（RadioButton 控件）为用户提供由两个或多个互斥选项组成的选项集。当用户选中某单选按钮时，同一组中的其他单选按钮不能同时被选定。

说明　单选按钮必须在同一组中才能实现单选效果。

下面详细介绍单选按钮控件（RadioButton 控件）的一些常见用法。

1. 判断单选按钮是否被选中

通过 Checked 属性可以判断 RadioButton 控件的选中状态，如果属性值是 true，则控件被选中；如果属性值为 false，则控件选中状态被取消。

2. 响应单选按钮选中状态更改事件

当 RadioButton 控件的选中状态发生更改时，会引发控件的 CheckedChanged 事件。

实例 03　登录时选择用户角色　|　实例位置：资源包\Code\SL\09\03

修改实例 02，在窗体中添加两个 RadioButton 控件，用来选择是管理员登录还是普通用户登录。首先将它们的 Text 属性分别设置为“管理员”和“普通用户”，然后分别触发这两个 RadioButton 控件的 CheckedChanged 事件，在该事件中，通过判断其 Checked 属性确定是否被选中，代码如下：

实例03-1

```
private void radioButton1_CheckedChanged(object sender, EventArgs e)
{
    if (radioButton1.Checked)          //判断“管理员”单选按钮是否被选中
    {
        MessageBox.Show("您选择的是管理员登录");
    }
}
private void radioButton2_CheckedChanged(object sender, EventArgs e)
{
    if (radioButton2.Checked)          //判断“普通用户”单选按钮是否被选中
    {
        MessageBox.Show("您选择的是普通用户登录");
    }
}
```

运行程序，若选中“管理员”单选按钮，则弹出“您选择的是管理员登录”提示框，如图 9.6 所示；若选中“普通用户”单选按钮，则弹出“您选择的是普通用户登录”提示框，如图 9.7 所示。

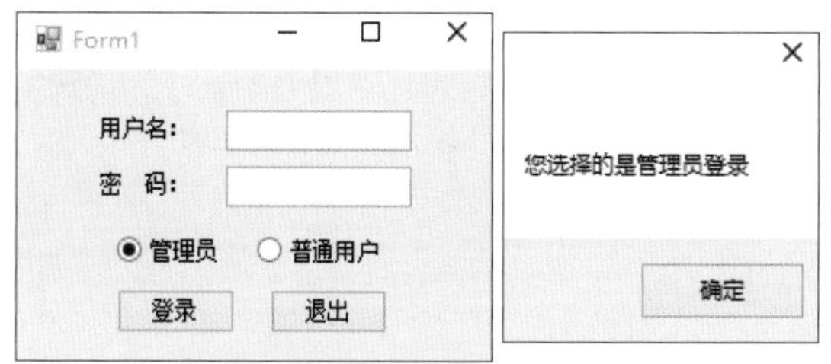

图 9.6　选中“管理员”单选按钮

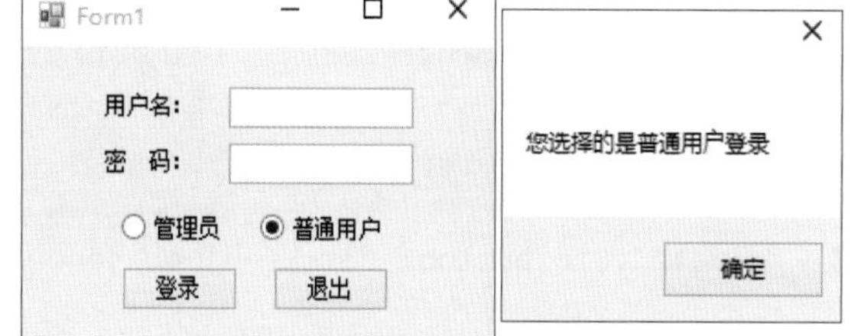

图 9.7　选中“普通用户”单选按钮

拓展训练

一、使用单选按钮模拟交通信号灯，其中绿灯对应的单选按钮被默认选中（提示：本实例需要借助 PictureBox 控件显示红灯、黄灯、绿灯图片），效果如图 9.8~ 图 9.10 所示。（资源包 \Code\Try\09\05）

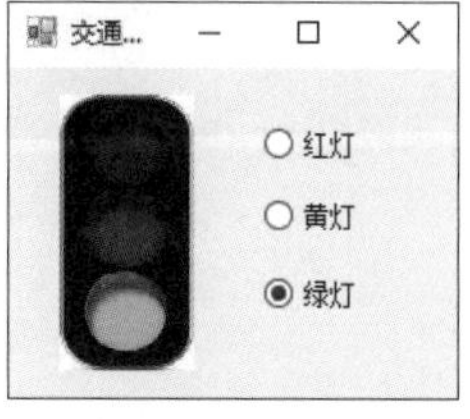

图 9.8　绿灯亮

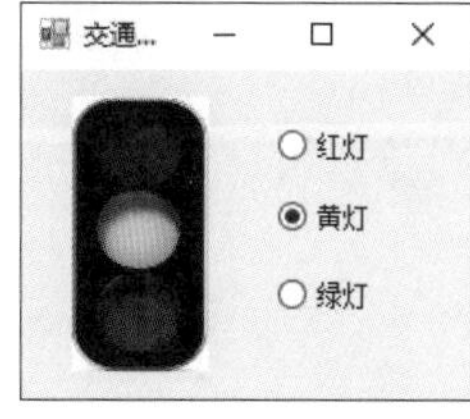

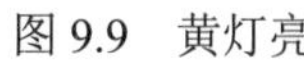

图 9.9　黄灯亮

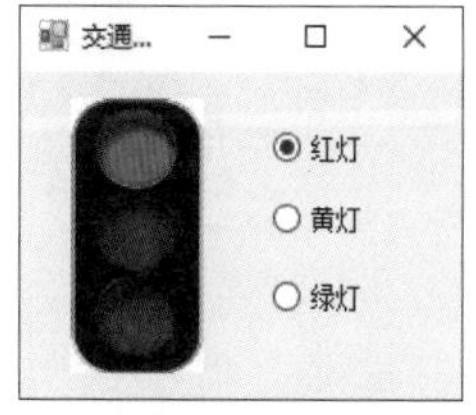

图 9.10　红灯亮

二、使用单选按钮替代如下问题中 A、B、C、D 四个选项字母，并将如下题目显示在窗体中。（资源包 \Code\Try\09\06）

下面四句诗，哪一句是描写夏天的？
A.秋风萧瑟天气凉，草木摇荡露为霜
B.白雪纷纷何所似，撒盐空中差可拟
C.接天莲叶无穷碧，映日荷花别样红
D.竹外桃花三两枝，春江水暖鸭先知

9.3.5 CheckBox 控件

视频讲解：资源包\Video\09\9.3.5 CheckBox控件.mp4

复选框控件（CheckBox 控件）用来表示是否选取了某个选项条件，常用于为用户提供是或否（真值或假值）选项。

下面介绍复选框控件（CheckBox 控件）的一些常见用法。

1. 判断复选框是否被选中

通过 CheckState 属性可以判断复选框是否被选中。CheckState 属性的返回值是 Checked 或 Unchecked，返回值 Checked 表示控件处在选中状态，而返回值 Unchecked 表示控件处在取消选中状态。

说明

CheckBox 控件指示某个特定条件是处于打开状态还是处于关闭状态，它常用于为用户提供是或否（真或假）选项。可以成组使用复选框（CheckBox）控件以显示多重选项，用户可以从中选择一项或多项。

2. 响应复选框的选中状态更改事件

当 CheckBox 控件的选中状态发生改变时，将会引发控件的 CheckStateChanged 事件。

实例 04 利用复选框设置并显示用户权限

实例位置：资源包\Code\SL\09\04

创建一个 Windows 窗体应用程序，通过复选框的选中状态设置用户的操作权限。在默认窗体中添加 5 个 CheckBox 控件，Text 属性分别设置为“基本信息管理”、“进货管理”、“销售管理”、“库存管理”和“系统管理”，主要用来表示要设置的权限；再添加一个 Button 控件，用来显示选择的权限。代码如下：

实例04-1

```
private void button1_Click(object sender, EventArgs e)
{
    string strPop = "您选择的权限如下：";
    foreach (Control ctrl in this.Controls)              //遍历窗体中的所有控件
    {
        if (ctrl.GetType().Name == "CheckBox")           //判断是否为CheckBox
        {
            CheckBox cBox = (CheckBox)ctrl;              //创建CheckBox对象
            if (cBox.Checked)                            //判断CheckBox控件是否被选中
            {
                strPop += "\n" + cBox.Text;              //获取CheckBox控件的文本
            }
        }
    }
    MessageBox.Show(strPop);
}
```

程序的运行结果如图 9.11 所示。

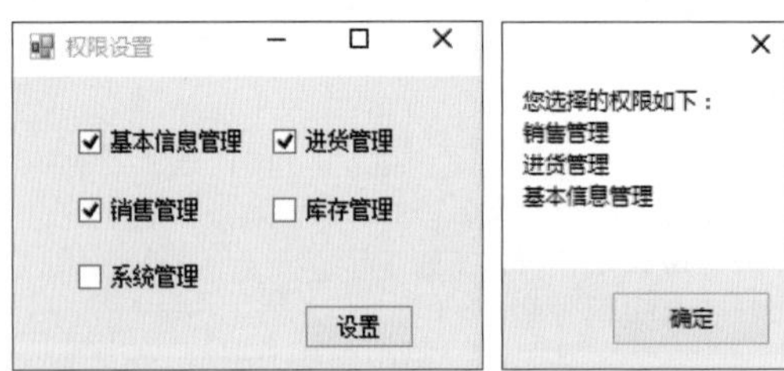

图 9.11 通过复选框设置并显示用户权限

拓展训练

一、修改实例 04，为该实例增加全选和全不选的功能。（资源包 \Code\Try\09\07）

二、利用复选框实现控制用户权限的功能，在运行时，可以根据用户的职责，选中相应模块前的复选框，如果取消选中相应模块前的复选框，则取消该用户操作模块的权限，效果如图 9.12 所示。（提示：实现该程序时，需要借助 CheckedListBox 控件。）（资源包 \Code\Try\09\08）

图 9.12 利用复选框控制用户权限

9.3.6 RichTextBox 控件

视频讲解：资源包\Video\09\9.3.6 RichTextBox控件.mp4

RichTextBox 控件又被称为有格式文本框控件，它主要用于显示、输入和操作带有格式的文本，比如，它可以实现显示字体、颜色、超链接、从文件加载文本及嵌入的图像、撤销和重复编辑操作，以及查找指定的字符等功能。

下面介绍 RichTextBox 控件的常见用法。

1. 在 RichTextBox 控件中显示滚动条

通过设置 RichTextBox 控件的 Multiline 属性，可以控制控件中是否显示滚动条。将 Multiline 属性设置为 true，则显示滚动条；否则，不显示滚动条。默认情况下，此属性被设置为 true。滚动条分为水平滚动条和垂直滚动条，通过 ScrollBars 属性可以设置滚动条的显示方式。ScrollBars 属性的属性值及说明如表 9.2 所示。

表 9.2　ScrollBars 属性的属性值及说明

属　性　值	说　　明
Both	只有当文本超过控件的宽度或长度时，才显示水平滚动条或垂直滚动条，或两个滚动条都显示
None	从不显示任何类型的滚动条
Horizontal	只有当文本超过控件的宽度时，才显示水平滚动条。必须将 WordWrap 属性设置为 false，才会出现这种情况
Vertical	只有当文本超过控件的高度时，才显示垂直滚动条
ForcedHorizontal	当 WordWrap 属性设置为 false 时，显示水平滚动条。在文本未超过控件的宽度时，该滚动条显示为浅灰色
ForcedVertical	始终显示垂直滚动条。在文本未超过控件的长度时，该滚动条显示为浅灰色
ForcedBoth	始终显示垂直滚动条。当 WordWrap 属性设置为 false 时，显示水平滚动条。在文本未超过控件的宽度或长度时，两个滚动条均显示为灰色

例如，使 RichTextBox 控件只显示垂直滚动条。首先将 Multiline 属性设置为 true，然后设置 ScrollBars 属性的值为 Vertical。代码如下：

```
//将Multiline属性设置为true，实现多行显示
richTextBox1.Multiline = true;
//设置ScrollBars属性，实现只显示垂直滚动条
richTextBox1.ScrollBars = RichTextBoxScrollBars.Vertical;
```

效果如图 9.13 所示。

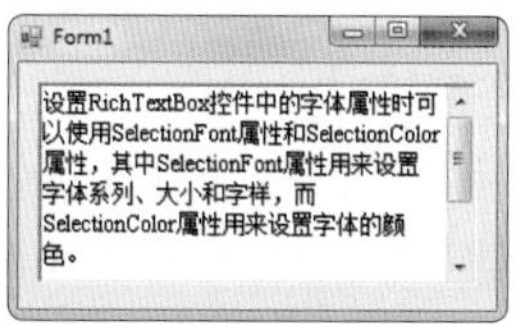

图 9.13　显示垂直滚动条

2. 在 RichTextBox 控件中设置字体属性

设置 RichTextBox 控件中的字体属性时可以使用 SelectionFont 属性和 SelectionColor 属性，其中 SelectionFont 属性用来设置字体系列、大小和字样，而 SelectionColor 属性用来设置字体的颜色。

例如，将 RichTextBox 控件中文本的字体设置为楷体，大小设置为 12，字样设置为粗体，文本的颜色设置为红色，代码如下：

```
//设置SelectionFont属性实现控件中的文本为楷体，大小为12，字样是粗体
richTextBox1.SelectionFont = new Font("楷体", 12, FontStyle.Bold);
//设置SelectionColor属性实现控件中的文本颜色为红色
richTextBox1.SelectionColor = System.Drawing.Color.Red;
```

效果如图 9.14 所示。

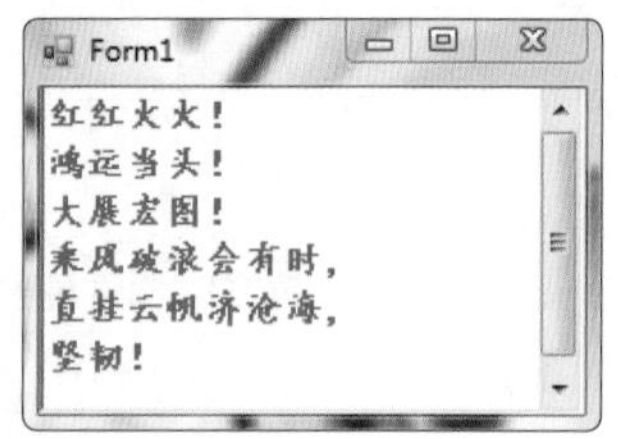

图 9.14　设置控件中文本的字体属性

3. 将 RichTextBox 控件显示为超链接样式

利用 RichTextBox 控件可以将 Web 链接显示为彩色或下画线形式，然后通过编写代码，在单击链接时打开浏览器窗口，显示超链接指定的网站。其设计思路是：首先通过 Text 属性设置控件中含有超链接的文本，然后在控件的 LinkClicked 事件中编写事件处理程序，将所需的文本发送到浏览器。

例如，在 RichTextBox 控件的文本内容中含有超链接地址（显示为彩色并带有下画线），单击该超链接地址将打开相应的网站。代码如下：

```
private void Form1_Load(object sender, EventArgs e)
{
    richTextBox1.Text = "欢迎登录http://www.phei.com.cn";
}
private void richTextBox1_LinkClicked(object sender, LinkClickedEventArgs e)
{
    //在控件的LinkClicked事件中编写如下代码实现内容中的网址带下画线
    System.Diagnostics.Process.Start(e.LinkText);
}
```

效果如图 9.15 所示。

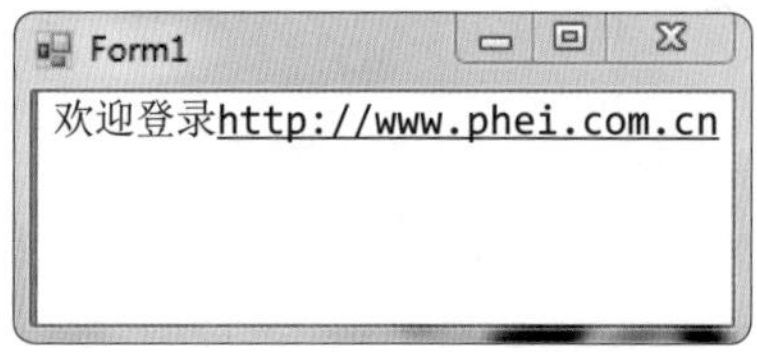

图 9.15　文本中含有超链接地址

4. 在 RichTextBox 控件中设置段落格式

RichTextBox 控件具有多个用于设置所显示文本的格式的选项，比如可以通过设置 SelectionBullet 属性将选定的段落设置为项目符号列表的格式，也可以使用 SelectionIndent 和 SelectionHangingIndent

属性设置段落相对于控件的左右边缘的缩进位置。

例如，将 RichTextBox 控件的 SelectionBullet 属性设为 true，使控件中的内容以项目符号列表的格式排列，代码如下：

```
richTextBox1.SelectionBullet = true;
```

向 RichTextBox 控件中输入数据，效果如图 9.16 所示。

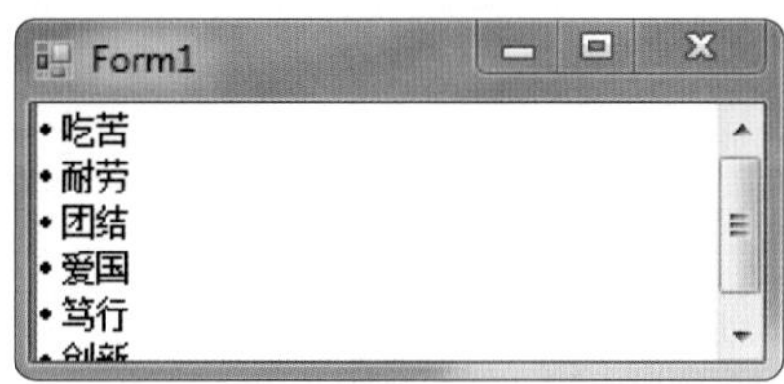

图 9.16　将控件中的内容设置为项目符号列表

9.3.7 ComboBox 控件

视频讲解：资源包\Video\09\9.3.7 ComboBox控件.mp4

ComboBox 控件又被称为下拉组合框控件，它主要用于在下拉组合框中显示数据。该控件主要由两部分组成，第一部分是一个允许用户输入列表项的文本框；第二部分是一个列表框，它显示一个选项列表，用户可以从中选择选项。

下面介绍 ComboBox 控件的一些常见用法。

1. 创建只可以选择选项的下拉组合框

通过设置ComboBox控件的DropDownStyle属性，将其设置成可以选择选项的下拉组合框。DropDownStyle属性有 3 个属性值，这 3 个属性值对应不同的样式。

- ☑ Simple：使得 ComboBox 控件的列表部分总是可见的。
- ☑ DropDown：DropDownStyle 属性的默认值，使得用户可以编辑 ComboBox 控件的文本框部分，只有单击右侧的箭头才能显示列表部分。
- ☑ DropDownList：用户不能编辑 ComboBox 控件的文本框部分，呈现下拉列表框的样式。

如果将 ComboBox 控件的 DropDownStyle 属性设置为 DropDownList，它就是只可以选择选项的下拉列表框，不支持编辑文本框部分的内容。

2. 响应下拉组合框的选择项更改事件

当下拉列表的选择项发生改变时，将会引发控件的 SelectedValueChanged 事件。

实例 05　使用 ComboBox 控件选择职位　　实例位置：资源包\Code\SL\09\05

创建一个 Windows 应用程序，在默认窗体中添加一个 ComboBox 控件和一个 Label 控件，其中 ComboBox 控件用来显示和选择职位，Label 控件用来显示选择的职位，代码如下：

实例05-1

```
private void Form1_Load(object sender, EventArgs e)
{
    comboBox1.DropDownStyle = ComboBoxStyle.DropDownList;        //设置comboBox1的样式
    string[] str = new string[] { "总经理", "副总经理", "人事部经理", "财务部经理", "部门经理",
"普通员工" };                                                    //定义职位数组
     comboBox1.DataSource = str;                                 //指定comboBox1控件的数据源
```

实例05-1

```
        comboBox1.SelectedIndex = 0;                              //指定默认选择第一项
}
//触发comboBox1控件的选择项更改事件
private void comboBox1_SelectedIndexChanged(object sender, EventArgs e)
{
    label2.Text = "您选择的职位为：" + comboBox1.SelectedItem;  //获取comboBox1中的选择项
}
```

程序运行结果如图 9.17 所示。

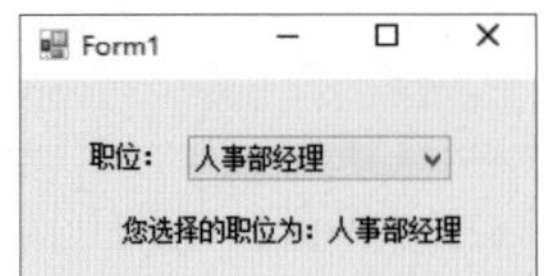

图 9.17　使用 ComboBox 控件选择职位

拓展训练

一、实现从 ComboBox 控件中查询已存在的项，自动完成控件内容的输入。当用户在 ComboBox 控件中输入一个字符时，ComboBox 控件会自动列出最有可能与之匹配的选项。（资源包 \Code\Try\09\09）

二、使用 ComboBox 控件制作一个浏览器网址输入框，具体实现时，默认在 ComboBox 控件输入任意个数的网址，当用户在其中输入网址时，程序会自动与现有项匹配。（资源包 \Code\Try\09\10）

9.3.8 ListBox 控件

视频讲解：资源包\Video\09\9.3.8 ListBox控件.mp4

ListBox 控件又被称为列表框控件，它主要用于显示一个列表框，用户可以从中选择一项或多项，如果选项总数超出可以显示的项数，则控件会自动添加滚动条。

下面介绍 ListBox 控件的常见用法。

1. 在 ListBox 控件中添加和删除项

通过 ListBox 控件的 Items 属性的 Add 方法，可以向 ListBox 控件中添加项。通过 ListBox 控件的 Items 属性的 Remove 方法，可以将 ListBox 控件中选中的项目删除。

例如，通过 ListBox 控件的 Items 属性的 Add 方法和 Remove 方法，实现向控件中添加和删除项，代码如下：

```
listBox1.Items.Add("品牌电脑");              //添加项
listBox1.Items.Add("iPhone 6");
listBox1.Items.Add("引擎耳机");
listBox1.Items.Add("充电宝");
listBox1.Items.Remove("引擎耳机");           //删除项
```

程序运行结果如图 9.18 所示。

图 9.18　添加和删除项目

2. 创建总显示滚动条的列表框

通过设置 ListBox 控件的 HorizontalScrollbar 属性和 ScrollAlwaysVisible 属性，可以使列表框总显示滚动条。如果将 HorizontalScrollbar 属性设置为 true，则显示水平滚动条。如果将 ScrollAlwaysVisible 属性设置为 true，则始终显示垂直滚动条。

例如，将 ListBox 控件的 HorizontalScrollbar 属性和 ScrollAlwaysVisible 属性都设置为 true，使其显示水平和垂直方向的滚动条，代码如下：

```
//HorizontalScrollbar属性设置为true，使其能显示水平方向的滚动条
listBox1.HorizontalScrollbar = true;
//ScrollAlwaysVisible属性设置为true，使其能显示垂直方向的滚动条
listBox1.ScrollAlwaysVisible = true;
```

程序运行结果如图 9.19 所示。

图 9.19　控件总显示滚动条

3. 在 ListBox 控件中选择多项

通过设置 SelectionMode 属性的值，可以实现在 ListBox 控件中选择多项。SelectionMode 属性的属性值是 SelectionMode 枚举值之一，默认为 SelectionMode.One。SelectionMode 枚举成员及说明如表 9.3 所示。

表 9.3　SelectionMode 枚举成员及说明

枚 举 成 员	说　明
MultiExtended	可以选择多项，并且用户可使用〈Shift〉键、〈Ctrl〉键和方向键来进行选择
MultiSimple	可以选择多项
None	无法选择任何项
One	只能选择一项

例如，通过设置 ListBox 控件的 SelectionMode 属性值为 SelectionMode 枚举成员 MultiExtended，实现在控件中可以选择多项，用户可使用〈Shift〉键、〈Ctrl〉键和方向键来进行选择，代码如下：

```
//SelectionMode属性值为SelectionMode枚举成员MultiExtended，实现在控件中可以选择多项
listBox1.SelectionMode = SelectionMode.MultiExtended;
```

程序运行结果如图 9.20 所示。

图 9.20　设置列表多选

9.3.9 GroupBox 控件

视频讲解：资源包\Video\09\9.3.9 GroupBox控件.mp4

GroupBox 控件又被称为分组框控件，它主要为其他控件提供分组，并且按照控件的分组来细分窗体的功能，其在所包含的控件集的周围总是显示边框，也可以显示标题，但是没有滚动条。

GroupBox 控件最常用的是 Text 属性，用来设置分组框的标题。例如，下列代码用来为 GroupBox 控件设置标题“系统登录”，代码如下：

```
groupBox1.Text = "系统登录";            //设置groupBox1控件的标题
```

9.3.10 ListView 控件

视频讲解：资源包\Video\09\9.3.10 ListView控件.mp4

ListView 控件又被称为列表视图控件，它主要用于显示带图标的项列表，其中可以显示大图标、小图标和数据。使用 ListView 控件可以创建类似 Windows 资源管理器右边窗口的用户界面。

1. 在 ListView 控件中添加项

在 ListView 控件中添加项时需要用到其 Items 属性的 Add 方法，该方法主要用于将项添加至项的集合中，其语法格式如下：

```
public virtual ListViewItem Add (string text)
```

☑ text：项的文本。

☑ 返回值：已添加到集合中的 ListViewItem。

例如，通过使用 ListView 控件的 Items 属性的 Add 方法向控件中添加项，代码如下：

```
listView1.Items.Add(textBox1.Text.Trim());
```

2. 在 ListView 控件中删除项

删除 ListView 控件中的项时可以使用其 Items 属性的 RemoveAt 方法或 Clear 方法，其中 RemoveAt 方法用于删除指定的项，而 Clear 方法用于移除列表中的所有项。下面分别进行介绍。

（1）RemoveAt 方法用于删除集合中指定索引处的项，其语法格式如下：

```
public virtual void RemoveAt (int index)
```

其中，index 为从零开始的索引（属于要删除的项）。

例如，调用 ListView 控件的 Items 属性的 RemoveAt 方法删除选中的项，代码如下：

```
listView1.Items.RemoveAt(listView1.SelectedItems[0].Index);
```

（2）Clear 方法用于从集合中删除所有项，其语法格式如下：

```
public virtual void Clear ()
```

例如，调用 Clear 方法清空所有的项，代码如下：

```
listView1.Items.Clear();                  //使用Clear方法删除所有的项目
```

3. 选择 ListView 控件中的项

选择 ListView 控件中的项时可以使用其 Selected 属性，该属性主要用于获取或设置一个值，该值指示是否选定此项。其语法格式如下：

```
public bool Selected { get; set; }
```

其中，属性值表示如果选定此项，则为 true，否则为 false。

例如，将 ListView 控件中第 3 项的 Selected 属性为 true，即设置为选中第 3 项，代码如下：

```
listView1.Items[2].Selected = true;        //使用Selected方法选中第3项
```

4. 为 ListView 控件中的项添加图标

如果要为 ListView 控件中的项添加图标，需要使用 ImageList 控件设置 ListView 控件中项的图标。ListView 控件可显示 3 种图像列表中的图标，其中 List 视图、Details 视图和 SmallIcon 视图显示 SmallImageList 属性中指定的图像列表里的图像；LargeIcon 视图显示 LargeImageList 属性中指定的图像列表里的图像；List 视图在大图标或小图标旁显示 StateImageList 属性中设置的一组附加图标。实现的步骤如下：

（1）将相应的属性（SmallImageList、LargeImageList 或 StateImageList）设置为想要使用的现有 ImageList 控件。

（2）为每个具有关联图标的列表项设置 ImageIndex 属性或 StateImageIndex 属性，这些属性可以在代码中设置，也可以在“ListViewItem 集合编辑器”中进行设置。若要在“ListViewItem 集合编辑器”中进行设置，可在“属性”窗口中单击 Items 属性旁的省略号按钮。

例如，设置 ListView 控件的 LargeImageList 属性和 SmallImageList 属性为 imageList1 控件，然后设置 ListView 控件中前两项的 ImageIndex 属性分别为 0 和 1。代码如下：

```
listView1.LargeImageList = imageList1;          //设置控件的LargeImageList属性
listView1.SmallImageList = imageList1;          //设置控件的SmallImageList属性
listView1.Items[0].ImageIndex = 0;              //控件中第一项的图标索引为0
listView1.Items[1].ImageIndex = 1;              //控件中第二项的图标索引为1
```

5. 在 ListView 控件中启用平铺视图

通过启用 ListView 控件的平铺视图功能，可以在图形信息和文本信息之间提供一种视觉平衡。在 ListView 控件中，平铺视图与分组功能或插入标记功能一起结合使用。如果要启用平铺视图，需要将 ListView 控件的 View 属性设置为 Tile。另外，还可以通过设置 TileSize 属性来调整平铺尺寸的大小。

6. 为 ListView 控件中的项分组

利用 ListView 控件的分组功能可以用分组形式显示相关的项目组。显示时，这些组由包含组标题的水平组标头分隔。可以使用 ListView 按字母顺序、日期或任何其他逻辑组合对项进行分组，从而简化大型列表的导航。若要启用分组，首先必须在设计器中或以编程方式创建一个或多个组，然后即可向组中分配 ListView 项。另外，还可以用编程方式将一个组中的项移至另外一个组中。为 ListView 控件中的项进行分组的具体步骤如下。

（1）添加组。

使用 Groups 集合的 Add 方法可以向 ListView 控件中添加组，该方法用于将指定的 ListViewGroup 添加到集合中，其语法格式如下：

```
public int Add (ListViewGroup group)
```

☑ group：要添加到集合中的 ListViewGroup。

☑ 返回值：该组在集合中的索引；如果集合中已存在该组，则为 -1。

例如，使用 Groups 集合的 Add 方法向控件 listView1 中添加一个分组，标题为“测试”，排列方式为左对齐，代码如下：

```
listView1.Groups.Add(new ListViewGroup("测试", _HorizontalAlignment.Left));
```

（2）删除组。

使用 Groups 集合的 RemoveAt 方法或 Clear 方法可以删除指定的组或者删除所有的组。

☑ RemoveAt 方法：用来删除集合中指定索引位置的组，其语法格式如下：

```
public void RemoveAt (int index)
```

其中，index 为要删除的 ListViewGroup 在集合中的索引。

☑ Clear 方法：用于从集合中删除所有组，其语法格式如下：

```
public void Clear ()
```

例如，使用 Groups 集合的 RemoveAt 方法删除索引为 1 的组，使用 Clear 方法删除所有的组，代码如下：

```
listView1.Groups.RemoveAt(1);            //删除索引为1的组
listView1.Groups.Clear();                //使用Clear方法删除所有的组
```

（3）向组分配项或在组之间移动项。

通过设置 ListView 控件中各个项的 System.Windows.Forms.ListViewItem.Group 属性，可以向组分配项或在组之间移动项。

例如，将 ListView 控件的第一项分配到第一个组中，代码如下：

```
listView1.Items[0].Group = listView1.Groups[0];
```

ListView 控件中的项分组示例效果如图 9.21 所示。

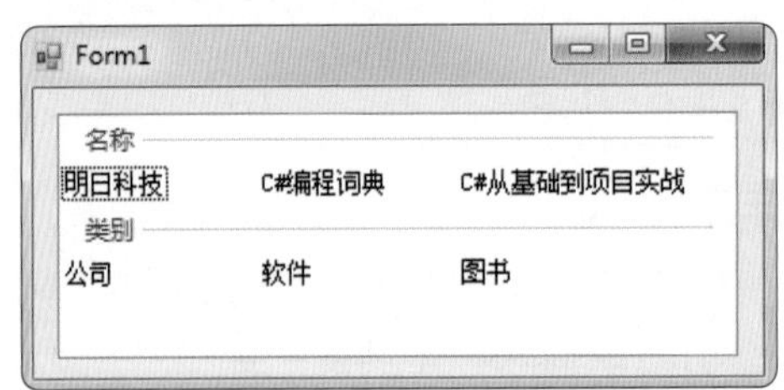

图 9.21　ListView 控件中的项分组示例效果

说明

ListView 是一种列表控件，在实现诸如显示文件详细信息这样的功能时，推荐使用该控件。另外，由于 ListView 有多种显示样式，因此在实现类似 Windows 系统的“缩略图”、“平铺”、“图标”、“列表”和“详细信息”等功能时，经常需要使用 ListView 控件。

9.3.11 TreeView 控件

视频讲解：资源包\Video\09\9.3.11 TreeView控件.mp4

TreeView 控件又被称为树控件，它可以为用户显示节点层次结构，而每个节点又可以包含子节点，包含子节点的节点叫父节点，其效果就像在 Windows 操作系统的资源管理器的左窗口中显示文件和文件夹一样。

说明

TreeView 控件经常被用来设计导航菜单。

1. 添加和删除树节点

向 TreeView 控件中添加节点时，需要用到其 Nodes 属性的 Add 方法，其语法格式如下：

```
public virtual int Add (TreeNode node)
```

☑ node：要添加到集合中的 TreeNode。

☑ 返回值：添加到树节点集合中的 TreeNode 从零开始的索引值。

例如，使用 TreeView 控件的 Nodes 属性的 Add 方法向树控件中添加两个节点，代码如下：

```
treeView1.Nodes.Add("名称");
treeView1.Nodes.Add("类别");
```

从 TreeView 控件中删除指定的树节点时，需要使用其 Nodes 属性的 Remove 方法，其语法格式如下：

```
public void Remove (TreeNode node)
```

其中，node 为要删除的 TreeNode。

例如，通过 TreeView 控件的 Nodes 属性的 Remove 方法删除选中的子节点，代码如下：

```
treeView1.Nodes.Remove(treeView1.SelectedNode);            //使用Remove方法删除所选项
```

SelectedNode 属性用来获取 TreeView 控件选中的节点。

2. 获取树控件中选中的节点

要获取 TreeView 树控件中选中的节点，可以在该控件的 AfterSelect 事件中使用 EventArgs 对象返回对已选中节点对象的引用，其中，通过检查 TreeViewEventArgs 类（它包含与事件有关的数据）确定单击了哪个节点。

例如，在 TreeView 控件的 AfterSelect 事件中获取树控件中选中节点的文本，代码如下：

```
private void treeView1_AfterSelect(object sender, TreeViewEventArgs e)
{
    label1.Text = "当前选中的节点：" + e.Node.Text;        //获取选中节点显示的文本
}
```

3. 为树控件中的节点设置图标

TreeView 控件可以在每个节点紧挨节点文本的左侧显示图标，但显示时，必须使 TreeView 控件与 ImageList 控件相关联。为 TreeView 控件中的节点设置图标的步骤如下。

（1）将 TreeView 控件的 ImageList 属性设置为想要使用的现有 ImageList 控件，该属性既可以在设计器中使用“属性”窗口进行设置，也可以在代码中设置。

例如，设置 treeView1 控件的 ImageList 属性为 imageList1，代码如下：

```
treeView1.ImageList = imageList1;
```

（2）设置树节点的 ImageIndex 和 SelectedImageIndex 属性，其中 ImageIndex 属性用来确定正常状态和展开状态下的节点显示图像，而 SelectedImageIndex 属性用来确定选定状态下的节点显示图像。

例如，设置 treeView1 控件的 ImageIndex 属性，确定正常或展开状态下的节点显示图像的索引为 0；设置 SelectedImageIndex 属性，确定选定状态下的节点显示图像的索引为 1，代码如下：

```
treeView1.ImageIndex = 0;
treeView1.SelectedImageIndex = 1;
```

实例 06　使用 TreeView 控件显示部门结构　　实例位置：资源包\Code\SL\09\06

创建一个 Windows 应用程序，在默认窗体中添加一个 TreeView 控件、一个 ImageList 控件和一个 ContextMenuStrip 控件，其中，TreeView 控件用来显示部门结构，ImageList 控件用来存储 TreeView 控件中用到的图片文件，ContextMenuStrip 控件用来作为 TreeView 控件的快捷菜单。代码如下：

实例06-1

```
private void Form1_Load(object sender, EventArgs e)
{
    treeView1.ContextMenuStrip = contextMenuStrip1;    //设置树控件的快捷菜单
    TreeNode TopNode = treeView1.Nodes.Add("公司");    //建立一个顶级节点
    //建立4个基础节点，分别表示4个大的部门
    TreeNode ParentNode1 = new TreeNode("人事部");
    TreeNode ParentNode2 = new TreeNode("财务部");
    TreeNode ParentNode3 = new TreeNode("基础部");
    TreeNode ParentNode4 = new TreeNode("软件开发部");
    //将4个基础节点添加到顶级节点中
    TopNode.Nodes.Add(ParentNode1);
    TopNode.Nodes.Add(ParentNode2);
    TopNode.Nodes.Add(ParentNode3);
    TopNode.Nodes.Add(ParentNode4);
    //建立6个子节点，分别表示6个部门
    TreeNode ChildNode1 = new TreeNode("C#部门");
    TreeNode ChildNode2 = new TreeNode("ASP.NET部门");
    TreeNode ChildNode3 = new TreeNode("VB部门");
    TreeNode ChildNode4 = new TreeNode("VC部门");
    TreeNode ChildNode5 = new TreeNode("JAVA部门");
    TreeNode ChildNode6 = new TreeNode("PHP部门");
    //将6个子节点添加到对应的基础节点中
    ParentNode4.Nodes.Add(ChildNode1);
    ParentNode4.Nodes.Add(ChildNode2);
    ParentNode4.Nodes.Add(ChildNode3);
    ParentNode4.Nodes.Add(ChildNode4);
    ParentNode4.Nodes.Add(ChildNode5);
    ParentNode4.Nodes.Add(ChildNode6);
    //设置imageList1控件中显示的图像
    imageList1.Images.Add(Image.FromFile("1.png"));
    imageList1.Images.Add(Image.FromFile("2.png"));
    //设置treeView1的ImageList属性为imageList1
    treeView1.ImageList = imageList1;
    imageList1.ImageSize = new Size(16, 16);
    //设置treeView1控件节点的图标在imageList1控件中的索引是0
    treeView1.ImageIndex = 0;
    //选择某个节点后显示的图标在imageList1控件中的索引是1
    treeView1.SelectedImageIndex = 1;
}
private void treeView1_AfterSelect(object sender, TreeViewEventArgs e)
{
    //在AfterSelect事件中获取控件中选中节点显示的文本
    label1.Text = "选择的部门：" + e.Node.Text;
}
private void 全部展开ToolStripMenuItem_Click(object sender, EventArgs e)
```

```
{
    treeView1.ExpandAll();              //展开所有树的节点
}
private void 全部折叠ToolStripMenuItem_Click(object sender, EventArgs e)
{
    treeView1.CollapseAll();            //折叠所有树的节点
}
```

程序运行结果如图 9.22 所示。

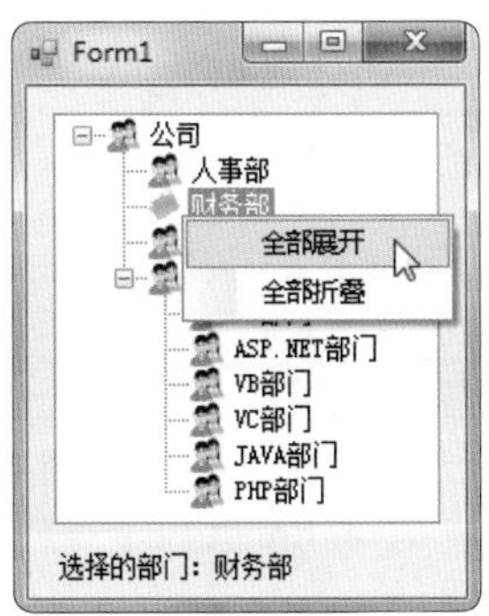

图 9.22　使用 TreeView 控件显示部门结构

在实现本实例时，需要先确保项目的 Debug 文件夹中存在 1.png 和 2.png 这两个图片文件，它们被用来设置树控件所显示的图标。

一、修改实例 06，尝试使该实例中的 TreeView 控件节点显示复选框。（资源包\Code\Try\09\11）

二、将菜单中的内容动态添加到树形列表中，并根据菜单中的用户权限，对树形列表中的相应项进行设置，效果如图 9.23 所示。（资源包\Code\Try\09\12）

图 9.23　用树形列表动态显示菜单

9.3.12 ImageList 组件

视频讲解：资源包\Video\09\9.3.12 ImageList组件.mp4

ImageList 组件又被称为图片存储组件，它主要用于存储图片资源，并在控件上显示出来，这样就简化了对图片的管理。ImageList 组件的主要属性是 Images，它包含关联控件将要使用的图片。每张单独的图片可以通过其索引值或键值来访问。另外，ImageList 组件中的所有图片都将以同样的大小显示，该大小由其 ImageSize 属性设置，较大的图片将缩小至适当的尺寸。

ImageList 组件的常用属性及说明如表 9.4 所示。

表 9.4　ImageList 组件的常用属性及说明

属　　性	说　　明
ColorDepth	获取图像列表的颜色深度
Images	获取此图像列表的 ImageList.ImageCollection
ImageSize	获取或设置图像列表中的图像大小
ImageStream	获取与此图像列表关联的 ImageListStreamer

说明

对于一些经常用到图片或图标的控件，经常与 ImageList 组件一起使用。比如，在使用工具栏控件、树控件和列表控件等时，经常使用 ImageList 组件存储它们需要用到的一些图片或图标，然后在程序中通过 ImageList 组件的索引项来方便地获取需要的图片或图标。

9.3.13 Timer 组件

视频讲解

视频讲解：资源包\Video\09\9.3.13 Timer组件.mp4

Timer 组件又被称为计时器组件，它可以定期引发事件，时间间隔的长度由其 Interval 属性定义，其属性值以毫秒为单位。若启用了该组件，则每隔指定的时间间隔就触发一次 Tick 事件，开发人员可以在 Tick 事件中添加要执行操作的代码。

Timer 组件的常用属性及说明如表 9.5 所示。

表 9.5　Timer 组件的常用属性及说明

属　　性	说　　明
Enabled	获取或设置计时器是否正在运行
Interval	获取或设置两次 Tick 事件之间的时间（以毫秒为单位）

Timer 组件的常用方法及说明如表 9.6 所示。

表 9.6　Timer 组件的常用方法及说明

方　　法	说　　明
Start	启动计时器
Stop	停止计时器

Timer 组件的常用事件及说明如表 9.7 所示。

表 9.7　Timer 组件的常用事件及说明

事　　件	说　　明
Tick	当指定的计时器间隔时间已过去，而且计时器处于启用状态时发生

实例 07　双色球彩票选号器　　　　实例位置：资源包\Code\SL\09\07

使用 C# 实现模拟双色球选号的功能，程序开发步骤如下：

（1）创建一个 Windows 应用程序，命名为 Double。

视频讲解

（2）在新建的项目的默认 Form1 窗体中，首先通过 BackgroundImage 属性设置背景图片，然后添加 7 个 Label 控件，并将它们的 BackColor 属性设置为 Transparent，以便使背景透明，这 7 个 Label 控件分别用来显示红球和蓝球数字；添加两个 Button 控件，并设置背景图片；添加一个 Timer 组件，作为计时器。

（3）在两个 Button 控件的 Click 事件中分别使用 Timer 的 Start 方法和 Stop 方法启动和停止计时器，代码如下：

实例07-1

```
private void button1_Click(object sender, EventArgs e)
{
    timer1.Start();                                    //启动计时器
}
private void button2_Click(object sender, EventArgs e)
{
    timer1.Stop();                                     //停止计时器
}
```

（4）触发 Timer 计时器的 Tick 事件，在该事件中通过随机生成器随机生成红球数字和蓝球数字，代码如下：

实例07-2

```
private void timer1_Tick(object sender, EventArgs e)
{
    Random rnd = new Random();                         //生成随机数生成器
    label1.Text = rnd.Next(1, 33).ToString("00");      //第1个红球数字
    label2.Text = rnd.Next(1, 33).ToString("00");      //第2个红球数字
    label3.Text = rnd.Next(1, 33).ToString("00");      //第3个红球数字
    label4.Text = rnd.Next(1, 33).ToString("00");      //第4个红球数字
    label5.Text = rnd.Next(1, 33).ToString("00");      //第5个红球数字
    label6.Text = rnd.Next(1, 33).ToString("00");      //第6个红球数字
    label7.Text = rnd.Next(1, 16).ToString("00");      //蓝球数字
}
```

运行程序，单击“开始”按钮，红球和蓝球同时滚动，单击“停止”按钮，则红球和蓝球停止滚动，当前显示的数字就是程序选中的号码，如图 9.24 所示。

拓展训练

一、使用 Timer 组件制作一个上下飘动的窗体，运行程序，窗体即可在桌面中上下飘动。（资源包 \Code\Try\09\13）

二、使用 Timer 组件实现巴黎奥运会倒计时程序，巴黎奥运会的开幕时间为 2024 年 8 月 2 日。（资源包 \Code\Try\09\14）

图 9.24　双色球彩票选号器

9.4 菜单、工具栏与状态栏

除了前面介绍的常用控件，在开发窗体程序时，还经常会应用到菜单控件（MenuStrip 控件）、工具栏控件（ToolStrip 控件）和状态栏控件（StatusStrip 控件），本节将对这 3 种控件进行详细介绍。

9.4.1 MenuStrip 控件

视频讲解：资源包\Video\09\9.4.1 MenuStrip控件.mp4

菜单控件使用 MenuStrip 控件来表示，它主要用来设计程序的菜单栏。C# 中的 MenuStrip 控件支持多文档界面、菜单合并、工具提示和溢出等功能，开发人员可以通过添加访问键、快捷键、选中标记、图像和分隔条来增强菜单的可用性和可读性。

下面以“文件”菜单为例演示如何使用 MenuStrip 控件设计菜单栏，具体步骤如下。

（1）从工具箱中将 MenuStrip 控件拖曳到窗体中，如图 9.25 所示。

（2）在输入菜单名称时，系统将会自动产生输入下一个菜单名称的提示，如图 9.26 所示。

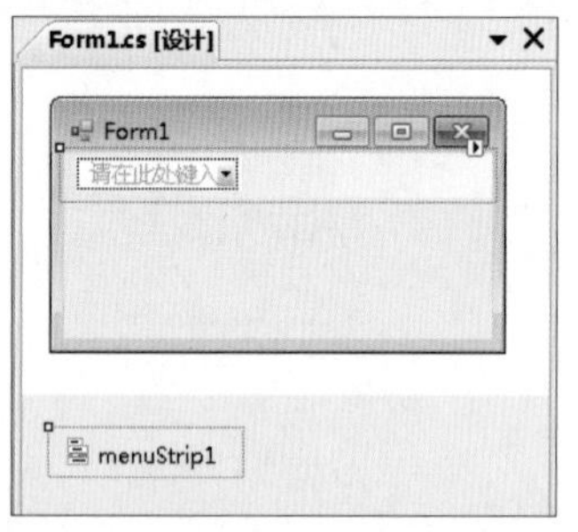

图 9.25　将 MenuStrip 控件拖曳到窗体中

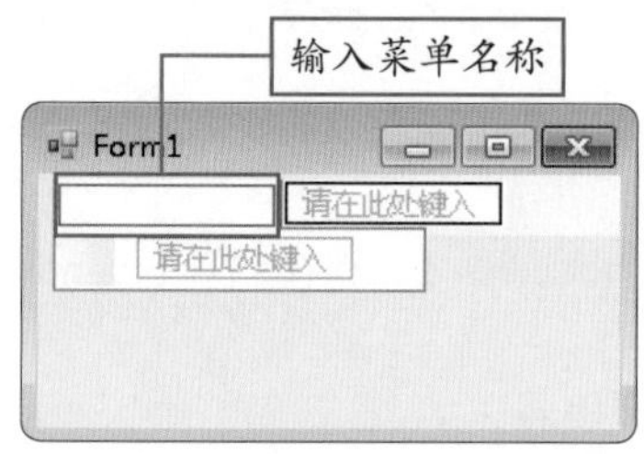

图 9.26　输入菜单名称

（3）在图 9.26 所示的输入框中输入“文件（&F）”后，菜单中会自动显示“文件（F）”，在此处，“&”被识别为确认热键的字符，例如，“文件（&F）”菜单就可以通过键盘上的〈Alt+F〉组合键打开。同样，在“文件（F）”菜单下创建“新建（N）”“打开（O）”、“关闭（C）”和“保存（S）”等子菜单项，如图 9.27 所示。

（4）菜单设置完成后，运行程序，效果如图 9.28 所示。

图 9.27　添加菜单项

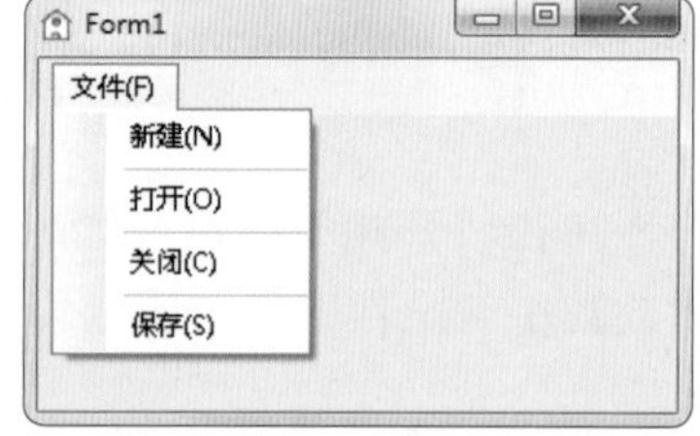

图 9.28　运行程序后的菜单示意图

9.4.2 ToolStrip 控件

视频讲解：资源包\Video\09\9.4.2 ToolStrip控件.mp4

工具栏控件使用 ToolStrip 控件来表示，使用该控件可以创建具有 Windows、Office、IE 或自定义的外观和行为的工具栏及其他用户界面元素，这些元素支持溢出及运行时项目重新排序。

使用 ToolStrip 控件创建工具栏的具体步骤如下。

（1）从工具箱中将 ToolStrip 控件拖曳到窗体中，如图 9.29 所示。

（2）单击工具栏中向下箭头的提示图标，如图 9.30 所示。在下拉菜单中显示 8 种不同的类型，下面分别进行介绍。

☑ Button：包含文本和图像的项，用户可选择。
☑ Label：包含文本和图像的项，用户不可选择，可以显示超链接。
☑ SplitButton：在 Button 的基础上增加一个下拉菜单。
☑ DropDownButton：可展开下拉菜单选择项。
☑ Separator：分隔符。
☑ ComboBox：下拉组合框。
☑ TextBox：文本框。
☑ ProgressBar：进度条。

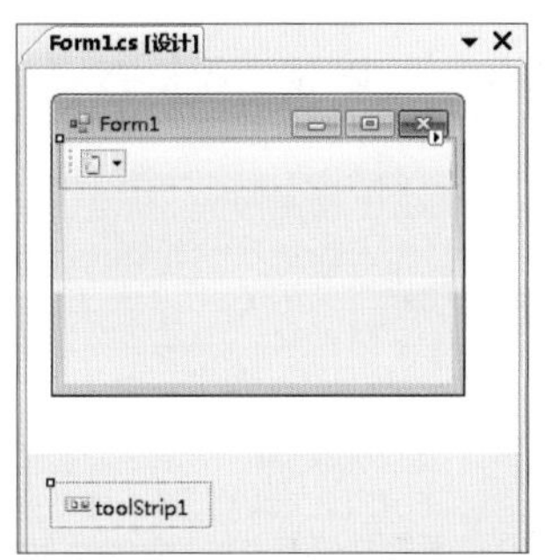

图 9.29　将 ToolStrip 控件拖曳到窗体中

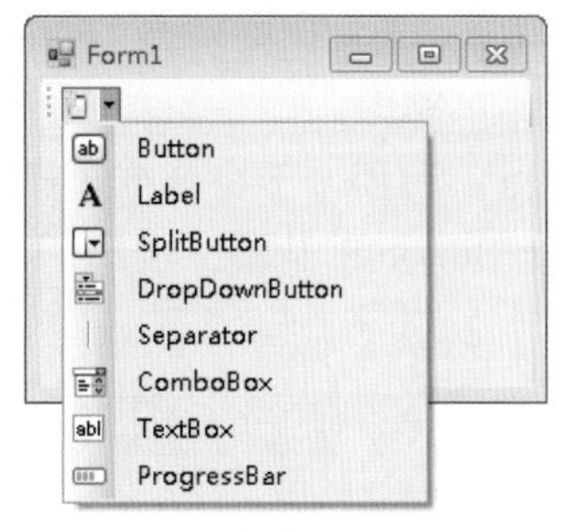

图 9.30　添加工具栏项目

（3）添加相应的工具栏按钮后，可以设置其要显示的图像，具体方法是：先选中要设置图像的工具栏按钮，然后单击鼠标右键，在弹出的快捷菜单中选择“设置图像”选项，如图 9.31 所示。

图 9.31　设置要显示的图像

（4）在工具栏中的按钮默认只显示图像，如果要以其他方式（比如只显示文本、同时显示图像和文本等）显示工具栏按钮，可以选中工具栏按钮后单击鼠标右键，在弹出的快捷菜单中选择“Display Style”菜单项下面的各个子菜单项。

（5）工具栏设计完成后，运行程序，效果如图 9.32 所示。

图 9.32　工具栏效果

9.4.3 StatusStrip 控件

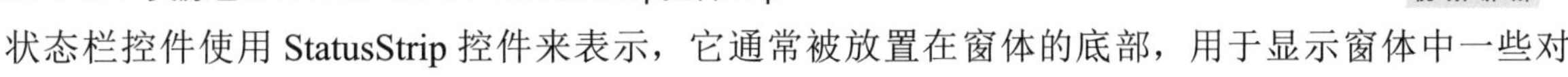
视频讲解：资源包\Video\09\9.4.3 StatusStrip控件.mp4

视频讲解

状态栏控件使用 StatusStrip 控件来表示，它通常被放置在窗体的底部，用于显示窗体中一些对象的相关信息，或者显示应用程序的信息。StatusStrip 控件由 ToolStripStatusLabel 对象组成，每个这样的对象都可以单独显示文本、图像或同时显示文本和图像。另外，StatusStrip 控件还可以包含 ToolStripDropDownButton、ToolStripSplitButton 和 ToolStripProgressBar 等控件。

实例 08　在状态栏中显示登录用户和当前时间　｜　实例位置：资源包\Code\SL\09\08

修改实例 02，在实例 02 的基础上再添加一个 Windows 窗体，用来作为登录后显示的主窗体，在该窗体中使用 StatusStrip 控件设计状态栏，并在状态栏中显示登录用户及登录时间，具体步骤如下。

（1）从工具箱中将 StatusStrip 控件拖曳到窗体中，如图 9.33 所示。

（2）单击状态栏上向下箭头的提示图标，选择“插入”菜单项，弹出子菜单，如图 9.34 所示。在下拉子菜单中有 4 种不同的类型，下面分别进行介绍。

☑ StatusLabel：包含文本和图像的项，用户不可选择，可以显示超链接。

☑ ProgressBar：进度条。

☑ DropDownButton：可展开下拉菜单选择项。

☑ SplitButton：在 Button 的基础上增加了一个下拉菜单。

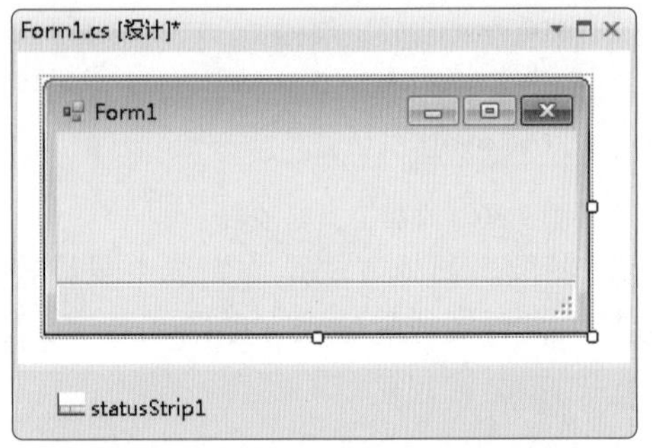

图 9.33　将 StatusStrip 控件拖曳到窗体中

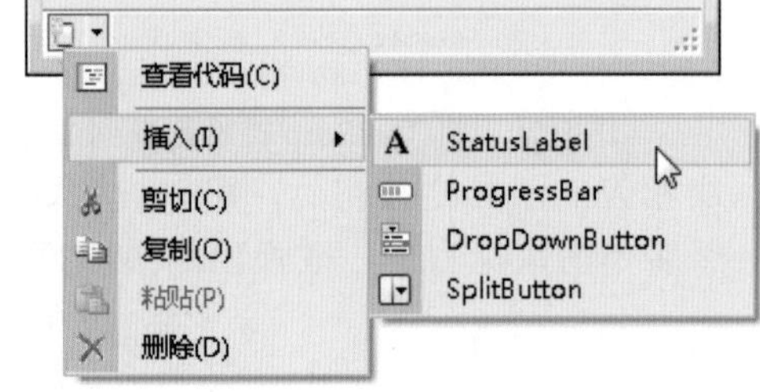

图 9.34　添加状态栏项目

（3）在图 9.34 所示界面中选择需要的项并添加到状态栏中，这里添加两个 StatusLabel，状态栏设计效果如图 9.35 所示。

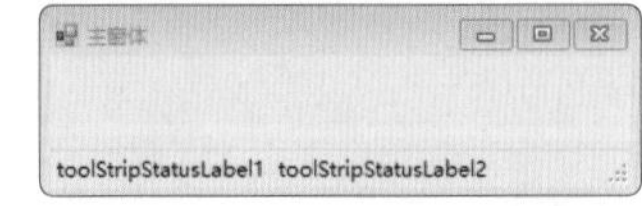

图 9.35　状态栏设计效果

（4）打开登录窗体（Form1），在该窗体的 .cs 文件中定义一个成员变量，用来记录登录用户名，代码如下：

实例08-1

```
public static string strName;                //声明成员变量，用来记录登录用户名
```

（5）触发登录窗体中“登录”按钮的 Click 事件，在该事件中记录登录用户名，并打开主窗体，代码如下：

实例08-2

```
private void button1_Click(object sender, EventArgs e)
{
    strName = textBox1.Text;                              //记录登录用户
    Form2 frm = new Form2();                              //创建Form2窗体对象
    this.Hide();                                          //隐藏当前窗体
    frm.Show();                                           //显示Form2窗体
}
```

（6）触发 Form2 窗体的 Load 事件，在该事件中，实现在状态栏中显示登录用户及登录时间的功能，代码如下：

实例08-3

```
private void Form2_Load(object sender, EventArgs e)
{
    toolStripStatusLabel1.Text = "登录用户：" + Form1.strName; //显示登录用户
    //显示登录时间
    toolStripStatusLabel2.Text = " || 登录时间：" + DateTime.Now.ToLongTimeString();
}
```

运行程序，在登录窗体中输入用户名和密码，如图 9.36 所示，单击“登录”按钮，进入主窗体，在主窗体的状态栏中会显示登录用户及登录时间，如图 9.37 所示。

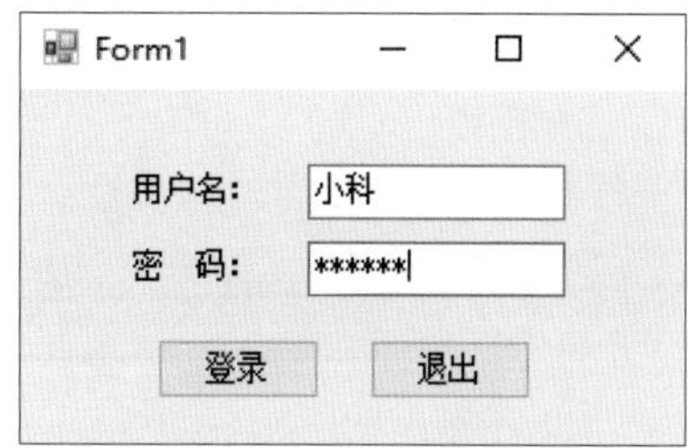

图 9.36　输入用户名和密码

图 9.37　显示登录用户及登录时间

拓展训练

一、修改实例 08，在状态栏中添加一个“显示时间”复选框，只有在复选框选中时，才显示登录时间，否则，不显示登录时间。（资源包 \Code\Try\09\15）

二、制作一个带进度条的状态栏（提示：需要使用状态栏控件中的 ProgressBar 类型，该类型表示进度条，其 Step 属性用来设置进度条值每次增加的量，Maximum 属性用来设置进度条的最大值。另外，其 PerformStep 方法用来根据 Step 属性设置的值来增加进度条的进度）。（资源包 \Code\Try\09\16）

9.5 小结

本章主要对开发 Windows 窗体时经常用到的控件的使用进行了详细讲解，包括常用的文本类控件、按钮类控件、列表控件、树控件、计时器控件、菜单、工具栏、状态栏。控件的熟练使用是开发 Windows 窗体程序必备的条件。因此，读者一定要熟练掌握本章所讲解的知识点，并能够在实际的开发中合理地应用各种控件。

本章 e 学码：关键知识点拓展阅读

AfterSelect	IsDigit	TileSize 属性
CheckedListBox	LinkClicked	TreeNode
Component	PictureBox	View 属性
ContextMenuStrip	Point	超链接
Control 类	Process	键值
ImageList 控件		

e 学码

第 10 章

数据访问技术

（视频讲解：1 小时 50 分钟）

本章概览

学习 C# 语言，必然要学习 ADO.NET 技术，因为使用 ADO.NET 技术可以非常方便地操作各种主流数据库。大部分应用程序都使用数据库存储数据，通过 ADO.NET 技术，既可以根据指定条件查询数据库中的数据，又可以对数据库中的数据进行增加、删除、修改等操作。本章将详细讲解 ADO.NET 技术。

知识框架

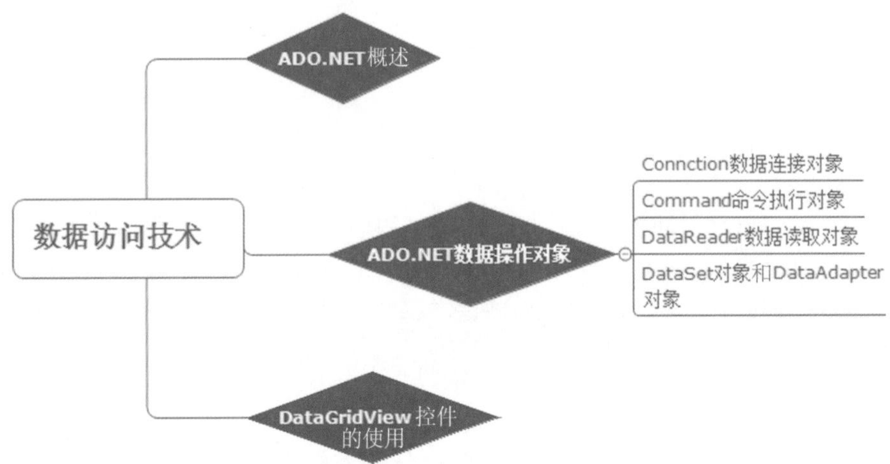

10.1 ADO.NET 概述

ADO.NET 是微软 .NET 数据库的访问架构，它是数据库应用程序和数据源之间沟通的桥梁，主要提供一个面向对象的数据访问架构，用来开发数据库应用程序。

10.1.1 ADO.NET 对象模型

视频讲解：资源包\Video\10\10.1.1 ADO.NET对象模型.mp4

为了更好地理解 ADO.NET 架构模型的各个组成部分，这里对 ADO.NET 中的相关对象进行图示理解，如图 10.1 所示为 ADO.NET 对象模型。

ADO.NET 技术主要包括 6 个对象：Connection、Command、DataReader、DataAdapter、DataSet 和 DataTable。下面分别进行介绍。

（1）Connection 对象主要提供与数据库的连接功能。

（2）Command 对象用于返回数据、修改数据、运行存储过程，以及发送或检索参数信息的数据库命令。

（3）DataReader 对象通过 Command 对象提供从数据库检索信息的功能，它以一种只读的、向前的、快速的方式访问数据库。

（4）DataAdapter 对象提供连接 DataSet 对象和数据源的桥梁，它主要使用 Command 对象在数据源中执行 SQL 命令，以便将数据加载到 DataSet 数据集中，并确保 DataSet 数据集中数据的更改与数据源保持一致。

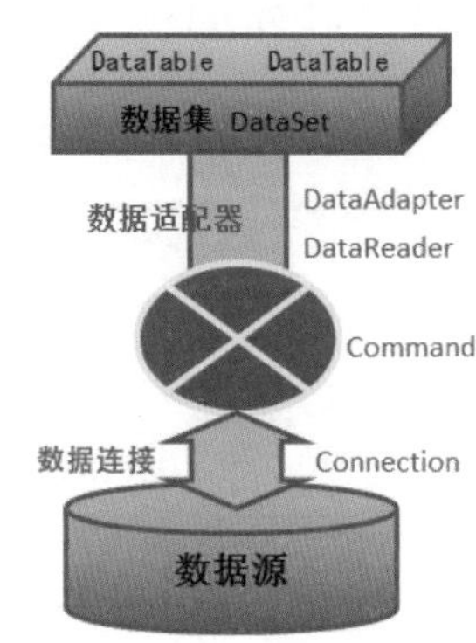

图 10.1 ADO.NET 对象模型

（5）DataSet 对象是 ADO.NET 的核心概念，它是支持 ADO.NET 断开式、分布式数据方案的核心对象。DataSet 对象是一个数据库容器，可以把它当作存在于内存中的数据库，无论数据源是什么，它都会提供一致的关系编程模型。

（6）DataTable 对象表示内存中数据的一个表。

使用 ADO.NET 技术操作数据库的主要步骤如图 10.2 所示。

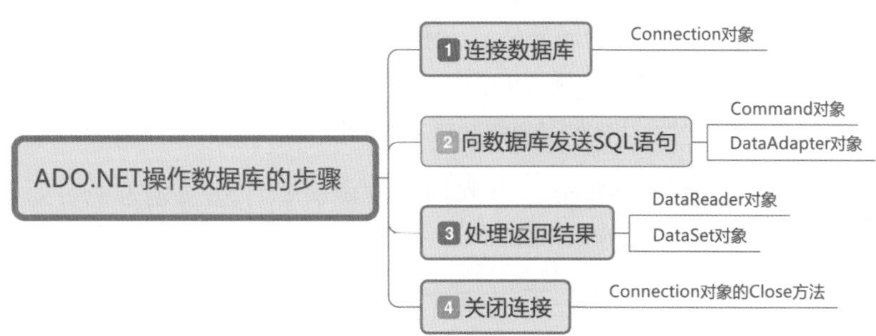

图 10.2 使用 ADO.NET 技术操作数据库的主要步骤

10.1.2 数据访问命名空间

视频讲解：资源包\Video\10\10.1.2 数据访问命名空间.mp4

在 .NET 中，用于数据访问的命名空间如下。

（1）System.Data：提供对表示 ADO.NET 结构的类的访问。通过 ADO.NET 可以生成一些组件，用于有效管理多个数据源的数据。

（2）System.Data.Common：包含由各种 .NET Framework 数据提供程序共享的类。

（3）System.Data.Odbc：ODBC .NET Framework 数据提供程序，描述用来访问托管空间中的 ODBC 数据源的类集合。

（4）System.Data.OleDb：OLE DB .NET Framework 数据提供程序，描述了用于访问托管空间中的 OLE DB 数据源的类集合。

（5）System.Data.SqlClient：SQL 服务器 .NET Framework 数据提供程序，描述了用于在托管空间中访问 SQL Server 数据库的类集合。

（6）System.Data.SqlTypes：提供 SQL Server 中本机数据类型的类，SqlTypes 中的每个数据类型在 SQL Server 中都有等效的数据类型。

（7）System.Data.OracleClient：用于 Oracle 的 .NET Framework 数据提供程序，描述了用于在托管空间中访问 Oracle 数据源的类集合。

10.2 Connection 数据连接对象

所有对数据库的访问操作都是从建立数据库连接开始的。在打开数据库之前，必须先设置好连接字符串（ConnectionString），再调用 Open 方法打开连接，此时便可对数据库进行访问，最后调用 Close 方法关闭连接。

10.2.1 熟悉 Connection 对象

视频讲解：资源包\Video\10\10.2.1 熟悉Connection对象.mp4

Connection 对象用于连接到数据库和管理对数据库的事务操作，它的一些属性用来描述数据源和用户身份验证。另外，Connection 对象还提供了一些方法，允许程序与数据源建立连接或者断开连接。.NET 中有 4 种数据提供程序的连接对象，分别为：

☑ SQL Server .NET 数据提供程序的 SqlConnection 连接对象，命名空间为 System.Data.SqlClient。
☑ OLE DB .NET 数据提供程序的 OleDbConnection 连接对象，命名空间为 System.Data.OleDb。
☑ ODBC .NET 数据提供程序的 OdbcConnection 连接对象，命名空间为 System.Data.Odbc。
☑ Oracle .NET 数据提供程序的 OracleConnection 连接对象，命名空间为 System.Data.OracleClient。

说明

本章所涉及的关于 ADO.NET 相关技术的所有实例都将以 SQL Server 数据库为例，引入的命名空间为 System.Data.SqlClient。

10.2.2 数据库连接字符串

视频讲解：资源包\Video\10\10.2.2 数据库连接字符串.mp4

为了让连接对象知道将要访问的数据库文件在哪里，用户必须将这些信息用一个字符串加以描述。数据库连接字符串中需要提供的必要信息包括服务器名、数据库名称和数据库的身份验证方式（Windows 集成身份验证或 SQL Server 身份验证）。另外，还可以指定其他信息（诸如连接超时等）。

数据库连接字符串常用的参数及说明如表 10.1 所示。

表 10.1　数据库连接字符串常用的参数及说明

参　　数	说　　明
Provider	设置或返回连接提供程序的名称，仅用于 OleDbConnection 对象
Connection Timeout	在终止尝试并产生异常前，等待连接到服务器的连接时间长度（以秒为单位）。默认值是 15 秒
Initial Catalog 或 Database	数据库的名称
Data Source 或 Server	连接打开时使用的 SQL Server 服务器名，或者是 Access 数据库的文件名
Password 或 pwd	SQL Server 账户的登录密码
User ID 或 uid	SQL Server 登录账户
Integrated Security	此参数决定连接是否是安全连接。可能的值有 true、false 和 SSPI（SSPI 是 true 的同义词）

说明

表 10.1 列出的数据库连接字符串中的参数不区分大小写，比如 uid、UID、Uid、uID、uId 表示的都是登录账户，它们在使用上没有任何区别。

下面分别以连接 SQL Server 数据库和 Access 数据库为例，介绍如何定义数据库连接字符串。

（1）连接 SQL Server 数据库。

语法格式如下：

```
string connectionString="Server=服务器名;User Id=用户;Pwd=密码;DataBase=数据库名称"
```

例如，通过 ADO.NET 技术连接本地 SQL Server 的 db_EMS 数据库，代码如下：

```
string sqlStr = "Server=XIAOKE;User Id=sa;Pwd=;DataBase=db_EMS";
```

（2）连接 Access 数据库。

语法格式如下：

```
string connectionString="provide=提供者; Data Source=Access文件路径";
```

例如，连接 C 盘根目录下的 db_access.mdb 数据库（Access 2003 及以下版本），代码如下：

```
string strSQL ="provider = Microsoft.Jet.OLEDB.4.0;Data Source = C:\\db_access.mdb";
```

例如，连接 C 盘根目录下的 db_access.accdb 数据库（Access 2007 及以上版本），代码如下：

```
string strSQL ="provider = Microsoft.ACE.OLEDB.12.0;Data Source = C:\\db_access.accdb";
```

10.2.3 应用 SqlConnection 对象连接数据库

视频讲解：资源包\Video\10\10.2.3 应用SqlConnection对象连接数据库.mp4

调用 Connection 对象的 Open 方法或 Close 方法可以打开或关闭数据库连接，而且必须在设置好数据库连接字符串后才可以调用 Open 方法，否则 Connection 对象不知道要与哪一个数据库建立连接。

数据库联机资源是有限的，因此在需要的时候才打开连接，且一旦使用完，就应该尽早地关闭连接，把资源归还给系统。

实例 01　使用 SqlConnection 对象连接 SQL Server 数据库　｜　实例位置：资源包\Code\SL\10\01

创建一个 Windows 应用程序，在默认窗体中添加两个 Label 控件，分别用来显示数据库连接的打开和关闭状态，然后在窗体的加载事件中，通过 SqlConnection 对象的 State 属性来判断数据库的连接状态，代码如下：

实例01-1

```
private void Form1_Load(object sender, EventArgs e)
{
    //创建数据库连接字符串
    string SqlStr = "Server=XIAOKE;User Id=sa;Pwd=;DataBase=db_EMS";
    SqlConnection con = new SqlConnection(SqlStr);      //创建数据库连接对象
    con.Open();                                         //打开数据库连接
    if (con.State == ConnectionState.Open)              //判断连接是否打开
    {
        label1.Text = "SQL Server数据库连接开启！";
        con.Close();                                    //关闭数据库连接
    }
    if (con.State == ConnectionState.Closed)            //判断连接是否关闭
    {
        label2.Text = "SQL Server数据库连接关闭！";
    }
}
```

说明

上面的程序中由于用到了 SqlConnection 类，所以首先需要添加 System.Data.SqlClient 命名空间，后面遇到这种情况时将不再说明。

程序运行结果如图 10.3 所示。

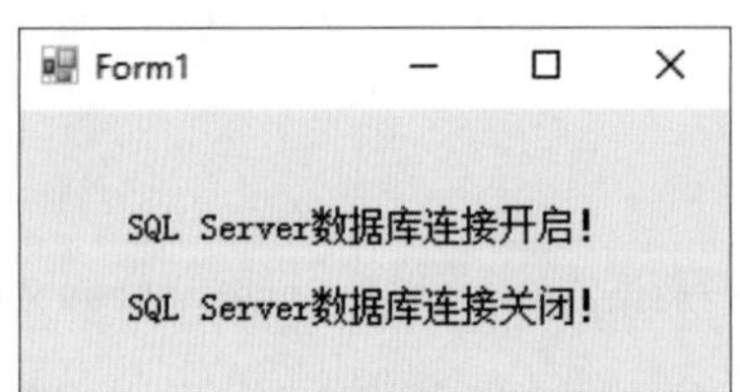

图 10.3　使用 SqlConnection 对象连接数据库

拓展训练

一、修改实例 01，尝试以“Windows 身份验证方式”连接 db_EMS 数据库。（资源包\Code\Try\10\01）

二、创建一个 Windows 窗体，该程序主要用来连接 Access 数据库（数据库名称为 Test.accdb，路径为“资源包\Code\Try\10\02\Demo\Demo\bin\Debug\”）。（资源包\Code\Try\10\02）

10.3 Command 命令执行对象

10.3.1 熟悉 Command 对象

视频讲解：资源包\Video\10\10.3.1 熟悉Command对象.mp4

使用 Connection 对象与数据源建立连接后，可以使用 Command 对象对数据源执行查询、添加、删除和修改等各种操作，操作实现的方式可以使用 SQL 语句，也可以使用存储过程。根据 .NET Framework 数据提供程序的不同，Command 对象也可以分成 4 种，分别是 SqlCommand、OleDbCommand、OdbcCommand 和 OracleCommand，在实际的编程过程中应该根据访问的数据源不同，选择相应的 Command 对象。

Command 对象的常用属性及说明如表 10.2 所示。

表 10.2　Command 对象的常用属性及说明

属　性	说　明
CommandType	获取或设置 Command 对象要执行命令的类型
CommandText	获取或设置要对数据源执行的 SQL 语句或存储过程名或表名
CommandTimeOut	获取或设置在终止对执行命令的尝试并生成错误之前的等待时间
Connection	获取或设置 Command 对象使用的 Connection 对象的名称
Parameters	获取 Command 对象需要使用的参数集合

例如，使用 SqlCommand 对象对 SQL Server 数据库执行查询操作，代码如下：

```
//创建数据库连接对象
SqlConnection conn = new SqlConnection("Server=XIAOKE;User Id=sa;Pwd=;DataBase=db_EMS");
SqlCommand comm = new SqlCommand();                 //创建对象SqlCommand
comm.Connection = conn;                             //指定数据库连接对象
comm.CommandType = CommandType.Text;                //设置要执行命令类型
comm.CommandText = "select * from tb_stock";        //设置要执行的SQL语句
```

Command 对象的常用方法及说明如表 10.3 所示。

表 10.3　Command 对象的常用方法及说明

方　法	说　明
ExecuteNonQuery	用于执行非 SELECT 命令，比如 INSERT、DELETE 或者 UPDATE 命令，并返回 3 个命令所影响的数据行数。另外，也可以用来执行一些数据定义命令，比如新建、更新、删除数据库对象（如表、索引等）
ExecuteScalar	用于执行 SELECT 查询命令，返回数据中第一行第一列的值，该方法通常用来执行那些用到 COUNT 或 SUM 函数的 SELECT 命令
ExecuteReader	执行 SELECT 命令，并返回一个 DataReader 对象，这个 DataReader 对象是一个只读向前的数据集

说明

在表 10.3 中，这 3 种方法非常重要，如果要使用 ADO.NET 完成某种数据库操作，一定会用到上面这些方法，这 3 种方法没有优劣之分，只是使用的场合不同而已，所以一定要弄清楚它们的返回值类型及其使用方法，以便在合适的场合使用它们。

10.3.2 应用 Command 对象操作数据

视频讲解：资源包\Video\10\10.3.2 应用Command对象操作数据.mp4

以操作 SQL Server 数据库为例，向数据库中添加记录时，首先要创建 SqlConnection 对象连接数据库，然后定义添加数据的 SQL 字符串，最后调用 SqlCommand 对象的 ExecuteNonQuery 方法执行数据的添加操作。

实例 02　向数据表中添加编程词典的价格信息　　　实例位置：资源包\Code\SL\10\02

创建一个 Windows 应用程序，在默认窗体中添加两个 TextBox 控件、一个 Label 控件和一个 Button 控件，其中，TextBox 控件用来输入要添加的信息，Label 控件用来显示添加成功或失败信息，Button 控件用来执行数据添加操作，代码如下：

实例02-1

```
private void button1_Click(object sender, EventArgs e)
{
    //创建数据库连接对象
    SqlConnection conn = new SqlConnection(“Server=XIAOKE;User Id=sa;Pwd=;DataBase=db_EMS”);
    string strsql = “insert into tb_PDic(Name,Money) values(‘” + textBox1.Text + “’,” +
Convert.ToDecimal(textBox2.Text) + “)”;                //定义添加数据的SQL语句
    SqlCommand comm = new SqlCommand(strsql, conn);    //创建SqlCommand对象
    if (conn.State == ConnectionState.Closed)          //判断连接是否关闭
    {
        conn.Open();                                   //打开数据库连接
    }
    //判断ExecuteNonQuery方法返回的参数是否大于0，大于0则表示添加成功
    if (Convert.ToInt32(comm.ExecuteNonQuery()) > 0)
    {
        label3.Text = “添加成功！”;
    }
    else
    {
        label3.Text = “添加失败！”;
    }
    conn.Close();                                      //关闭数据库连接
 }
```

程序运行结果如图 10.4 所示。

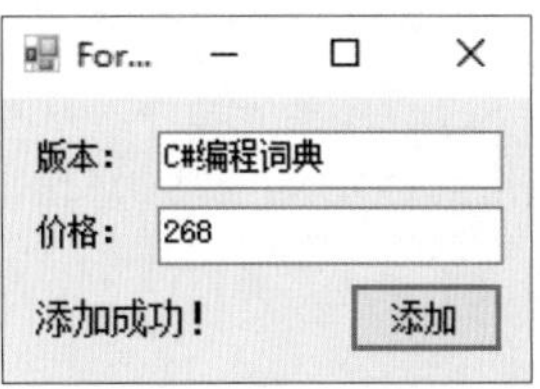

图 10.4　使用 Command 对象添加数据

拓展训练

一、修改 tb_PDic 数据表中 ID 为 1 的记录，将 Name 值修改为“零基础学 C#”，Money 值修改为 79.8。（资源包 \Code\Try\10\03）

二、删除 tb_PDic 数据表中 ID 为 2 的记录。（资源包 \Code\Try\10\04）

10.3.3 应用 Command 对象调用存储过程

视频讲解：资源包\Video\10\10.3.3 应用Command对象调用存储过程.mp4

存储过程可以使管理数据库和显示数据库信息等操作变得非常容易，它是 SQL 语句和可选控制流语句的预编译集合，它存储在数据库内，在程序中可以通过 Command 对象来调用，其执行速度比 SQL 语句快，同时还保证了数据的安全性和完整性。

实例 03　使用存储过程向数据表中添加编程词典的价格信息　|　实例位置：资源包\Code\SL\10\03

创建一个 Windows 应用程序，在默认窗体中添加两个 TextBox 控件、一个 Label 控件和一个 Button 控件，其中，TextBox 控件用来输入要添加的信息，Label 控件用来显示添加成功或失败的信息，Button 控件用来调用存储过程执行数据添加操作，代码如下：

实例03-1

```
private void button1_Click(object sender, EventArgs e)
{
    //创建数据库连接对象
    SqlConnection sqlcon = new SqlConnection("Server=XIAOKE;User Id=sa;Pwd=;DataBase=db_EMS");
    SqlCommand sqlcmd = new SqlCommand();                     //创建SqlCommand对象
    sqlcmd.Connection = sqlcon;                               //指定数据库连接对象
    sqlcmd.CommandType = CommandType.StoredProcedure;         //指定执行对象为存储过程
    sqlcmd.CommandText = "proc_AddData";                      //指定要执行的存储过程名称
    //为@name参数赋值
    sqlcmd.Parameters.Add("@name", SqlDbType.VarChar, 20).Value = textBox1.Text;
    sqlcmd.Parameters.Add("@money", SqlDbType.Decimal).Value = Convert.
ToDecimal(textBox2.Text);                                     //为@money参数赋值
    if (sqlcon.State == ConnectionState.Closed)               //判断连接是否关闭
    {
        sqlcon.Open();                                        //打开数据库连接
    }
    //判断ExecuteNonQuery方法返回的参数是否大于0，大于0则表示添加成功
    if (Convert.ToInt32(sqlcmd.ExecuteNonQuery()) > 0)
    {
        label3.Text = "添加成功！";
    }
    else
    {
        label3.Text = "添加失败！";
    }
    sqlcon.Close();                                           //关闭数据库连接
}
```

本实例用到的存储过程代码如下：

实例03-2

```
CREATE PROCEDURE [dbo].[proc_AddData]
(
    @name varchar(20),
    @money decimal
)
as
begin
    insert into tb_PDic(Name,Money) values(@name,@money)
end
GO
```

运行程序，本实例的运行效果与实例 02 一样，请参见图 10.4。

说明

proc_AddData 存储过程中使用了以@符号开头的两个参数：@name 和 @money，对于存储过程参数名称的定义，通常会参考数据表中的列名称（本实例用到的数据表 tb_PDic 中的列分别为 Name 和 Money），这样可以方便地知道这个参数是套用在哪个列的。当然，参数名称可以自定义，但一般都参考数据表中的列进行定义。

拓展训练

一、使用存储过程 proc_EditData 修改 tb_PDic 数据表中 ID 为 1 的记录，将 Name 值修改为“零基础学 C#”，Money 值修改为 79.8。proc_EditData 存储过程代码如下。（资源包 \Code\Try\10\05）

```
CREATE PROCEDURE [dbo].[proc_EditData]
(
    @id int,
    @name varchar(20),
    @money decimal
)
as
begin
    update tb_PDic set Name=@name,Money=@money where ID=@id
end
```

二、使用存储过程 proc_DelData 删除 tb_PDic 数据表中 ID 为 2 的记录。proc_DelData 存储过程代码如下。（资源包 \Code\Try\10\06）

```
CREATE PROCEDURE [dbo].[proc_DelData]
(
    @id int
)
as
begin
    delete from tb_PDic where ID=@id
end
```

10.4 DataReader 数据读取对象

10.4.1 DataReader 对象概述

视频讲解：资源包\Video\10\10.4.1 DataReader对象概述.mp4

DataReader 对象是一个简单的数据集，它主要用于从数据源中读取只读的数据集，其常用于检索大量数据。根据 .NET Framework 数据提供程序的不同，DataReader 对象可以分为 SqlDataReader、OleDbDataReader、OdbcDataReader 和 OracleDataReader 4 大类。

说明

由于 DataReader 对象每次只能在内存中保留一行，所以使用它的系统开销非常小。

使用 DataReader 对象读取数据时，必须一直连接数据库，所以这种连接模式也被称为连线模式，其架构如图 10.5 所示（这里以 SqlDataReader 为例）。

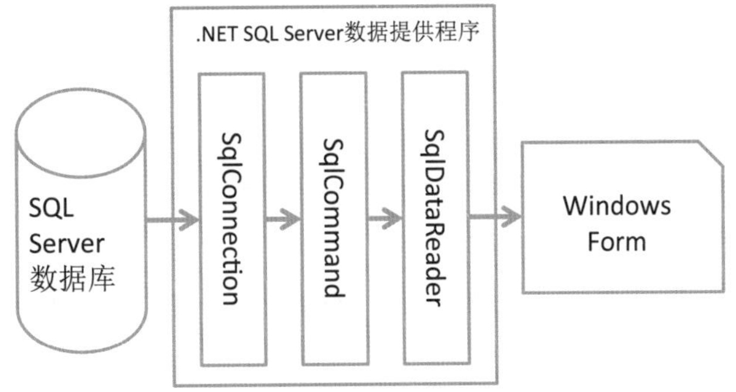

图 10.5　使用 SqlDataReader 对象读取数据

说明　DataReader 对象是一个轻量级的数据对象，如果只需要将数据读出并显示，那么它是最合适的工具，因为它的读取速度比后面要讲解到的 DataSet 对象要快，占用的资源也更少。但是，一定要铭记：DataReader 对象在读取数据时，要求数据库一直处于连接状态，只有在读取完数据之后才能断开连接。

开发人员可以通过 Command 对象的 ExecuteReader 方法从数据源中检索数据来创建 DataReader 对象，DataReader 对象的常用属性及说明如表 10.4 所示。

表 10.4　DataReader 对象的常用属性及说明

属　性	说　明
HasRows	判断数据库中是否有数据
FieldCount	获取当前行的列数
RecordsAffected	获取执行 SQL 语句所更改、添加或删除的行数

DataReader 对象的常用方法及说明如表 10.5 所示。

表 10.5　DataReader 对象的常用方法及说明

方　法	说　明
Read	使 DataReader 对象前进到下一条记录
Close	关闭 DataReader 对象
Get	用来读取数据集当前行某一列的数据

10.4.2 使用 DataReader 对象检索数据

视频讲解：资源包\Video\10\10.4.2 使用DataReader对象检索数据.mp4

使用 DataReader 对象读取数据时，首先需要使用其 HasRows 属性判断是否有数据可供读取，如果有数据，则返回 true，否则返回 false；然后使用 DataReader 对象的 Read 方法来循环读取数据表中的数据；最后通过访问 DataReader 对象的列索引来获取读取到的值，例如，sqldr["ID"] 用来获取数据表中 ID 列的值。

实例 04　获取编程词典信息并分列显示

实例位置：资源包\Code\SL\10\04

创建一个 Windows 应用程序，在默认窗体中添加一个 RichTextBox 控件，用来显示使用 SqlDataReader 对象读取到的数据表中的数据，代码如下：

视 频 讲 解

实例04-1

```
private void Form1_Load(object sender, EventArgs e)
{
    //创建数据库连接对象
    SqlConnection sqlcon = new SqlConnection("Server=XIAOKE;User Id=sa;Pwd=;DataBase=db_EMS");
    //创建SqlCommand对象
    SqlCommand sqlcmd = new SqlCommand("select * from tb_PDic order by ID asc", sqlcon);
    if (sqlcon.State == ConnectionState.Closed)        //判断连接是否关闭
    {
        sqlcon.Open();                                  //打开数据库连接
    }
    //使用ExecuteReader方法的返回值创建SqlDataReader对象
    SqlDataReader sqldr = sqlcmd.ExecuteReader();
    richTextBox1.Text = "编号       版本           价格\n"; //为文本框赋初始值
    try
    {
        if (sqldr.HasRows)                              //判断SqlDataReader对象中是否有数据
        {
            while (sqldr.Read())                        //循环读取SqlDataReader对象中的数据
            {
                richTextBox1.Text += "" + sqldr["ID"] + "     " + sqldr["Name"] + "     " + sqldr["Money"] + "\n";                     //显示读取的详细信息
            }
        }
    }
    catch (SqlException ex)                             //捕获数据库异常
    {
        MessageBox.Show(ex.ToString());                 //输出异常信息
    }
    finally
    {
        sqldr.Close();                                  //关闭SqlDataReader对象
        sqlcon.Close();                                 //关闭数据库连接
    }
}
```

程序运行结果如图 10.6 所示。

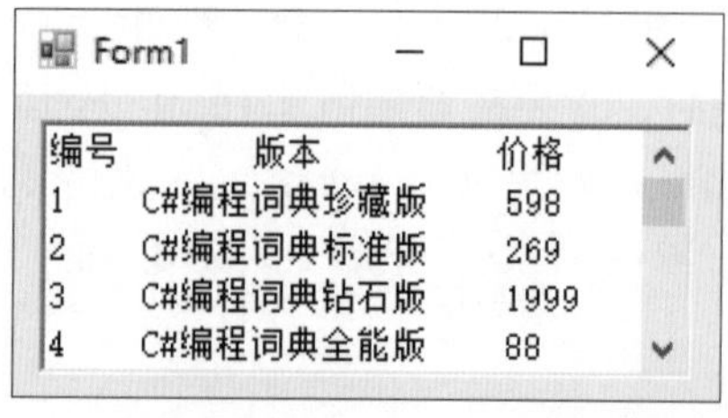

图 10.6　使用 DataReader 对象读取数据

拓展训练

一、创建一个 Windows 窗体应用程序，主要实现用户的登录功能，具体实现时，使用 SqlDataReader 从数据表（tb_power）中获取用户名和密码数据。（资源包 \Code\Try\10\07）
二、使用 SqlDataReader 获取数据表（tb_power）中的所有数据，并显示在 DataGridView 数据表格控件中。（提示：首先需要在 DataGridView 控件中添加列。）（资源包 \Code\Try\10\08）

注意

使用 DataReader 对象读取数据之后，务必将其关闭，如果 DataReader 对象未关闭，则其所使用的 Connection 对象将无法再执行其他的操作。

10.5 DataSet 对象和 DataAdapter 对象

10.5.1 DataSet 对象

视频讲解：资源包\Video\10\10.5.1 DataSet对象.mp4

DataSet 对象是 ADO.NET 的核心成员，它是支持 ADO.NET 断开式、分布式数据方案的核心对象，也是实现基于非连接的数据查询的核心组件。DataSet 对象是创建在内存中的集合对象，它可以包含任意数量的数据表，以及所有表的约束、索引和关系等，它实质上相当于在内存中的一个小型关系数据库。一个 DataSet 对象包含一组 DataTable 对象和 DataRelation 对象，其中每个 DataTable 对象都由 DataColumn、DataRow 和 Constraint 集合对象组成，如图 10.7 所示。

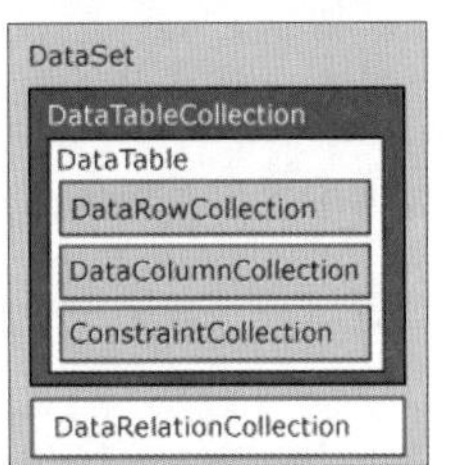

图 10.7　DataSet 对象的组成部分

对于 DataSet 对象，可以将其看作一个数据库容器，它将数据库中的数据复制一份放在了用户本地的内存中，供用户在不连接数据库的情况下读取数据，以便充分利用客户端资源降低数据库服务器的压力。

如图 10.8 所示，当把 SQL Server 数据库的数据通过起"桥梁"作用的 SqlDataAdapter 对象填充到 DataSet 数据集中后，就可以对数据库进行断开连接、离线状态的操作。

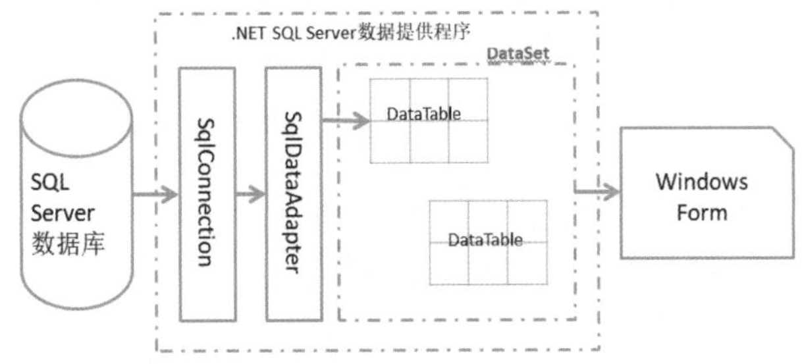

图 10.8　离线模式访问 SQL Server 数据库

DataSet 对象的用法主要有以下几种，这些用法可以单独使用，也可以组合使用。

（1）以编程方式在 DataSet 中创建 DataTable、DataRelation 和 Constraint，并使用数据填充表。

（2）通过 DataAdapter 对象用现有关系数据源中的数据表填充 DataSet。

（3）使用 XML 文件加载和保持 DataSet 内容。

10.5.2 DataAdapter 对象

DataAdapter 对象（即数据适配器）是一种用来充当 DataSet 对象与实际数据源之间桥梁的对象，可以说，只要有 DataSet 对象的地方，就有 DataAdapter 对象，它也是专门为 DataSet 对象服务的。DataAdapter 对象的工作步骤一般有两种：一种是通过 Command 对象执行 SQL 语句，从数据源中检索数据，并将检索到的结果集填充到 DataSet 对象中；另一种是把用户对 DataSet 对象做出的更改写入数据源中。

在 .NET Framework 中使用 4 种 DataAdapter 对象，即 OleDbDataAdapter、SqlDataAdapter、ODBCDataAdapter 和 OracleDataAdapter，其中，OleDbDataAdapter 对象适用于 OLEDB 数据源；SqlDataAdapter 对象适用于 SQL Server 7.0 或更高版本的数据源；ODBCDataAdapter 对象适用于 ODBC 数据源；OracleDataAdapter 对象适用于 Oracle 数据源。

DataAdapter 对象的常用属性及说明如表 10.6 所示。

表 10.6　DataAdapter 对象的常用属性及说明

属　性	说　明
SelectCommand	获取或设置用于在数据源中选择记录的命令
InsertCommand	获取或设置用于将新记录插入到数据源中的命令
UpdateCommand	获取或设置用于更新数据源中记录的命令
DeleteCommand	获取或设置用于从数据集中删除记录的命令

由于 DataSet 对象是一个非连接的对象，它与数据源无关。也就是说，该对象并不能直接跟数据源产生联系，而 DataAdapter 对象则正好负责填充它，并把它的数据提交给一个特定的数据源，它与 DataSet 对象配合使用来执行数据查询、添加、修改和删除等操作。

例如，对 DataAdapter 对象的 SelectCommand 属性赋值，从而实现数据的查询操作，代码如下：

```
SqlConnection con = new SqlConnection(strCon);          //创建数据库连接对象
SqlDataAdapter ada = new SqlDataAdapter();              //创建SqlDataAdapter对象
//给SqlDataAdapter的SelectCommand赋值
ada.SelectCommand = new SqlCommand("select * from authors", con);
//省略后续代码
```

同样，可以使用上述方法为 DataAdapter 对象的 InsertCommand、UpdateCommand 和 DeleteCommand 属性赋值，从而实现数据的添加、修改和删除等操作。

DataAdapter 对象的常用方法及说明如表 10.7 所示。

表 10.7　DataAdapter 对象的常用方法及说明

方　法	说　明
Fill	从数据源中提取数据以填充数据集
Update	更新数据源

10.5.3 填充 DataSet 数据集

视频讲解：资源包\Video\10\10.5.3 填充DataSet数据集.mp4

使用 DataAdapter 对象填充 DataSet 数据集时，需要用到其 Fill 方法，该方法最常用的 3 种重载形式如下：

（1）int Fill(DataSet dataset)：添加或更新参数所指定的 DataSet 数据集，返回值是受影响的行数。

（2）int Fill(DataTable datatable)：将数据填充到一个数据表中。

（3）int Fill(DataSet dataset，String tableName)：填充指定的 DataSet 数据集中的指定表。

实例 05　获取所有编程词典的信息并显示在表格中 | 实例位置：资源包\Code\SL\10\05

创建一个 Windows 应用程序，在默认窗体中添加一个 DataGridView 控件，用来显示使用 DataAdapter 对象填充后的 DataSet 数据集中的数据。代码如下：

实例05-1

```
private void Form1_Load(object sender, EventArgs e)
{
   string strCon = "Server=XIAOKE;User Id=sa;Pwd=;DataBase=db_EMS"; //定义数据库连接字符串
    SqlConnection sqlcon = new SqlConnection(strCon);  //创建数据库连接对象
    //执行SQL查询语句
    SqlDataAdapter sqlda = new SqlDataAdapter("select * from tb_PDic", sqlcon);
    DataSet myds = new DataSet();                        //创建数据集对象
    sqlda.Fill(myds, "tabName");                         //填充数据集中的指定表
    dataGridView1.DataSource = myds.Tables["tabName"]; //为dataGridView1指定数据源
}
```

程序运行结果如图 10.9 所示。

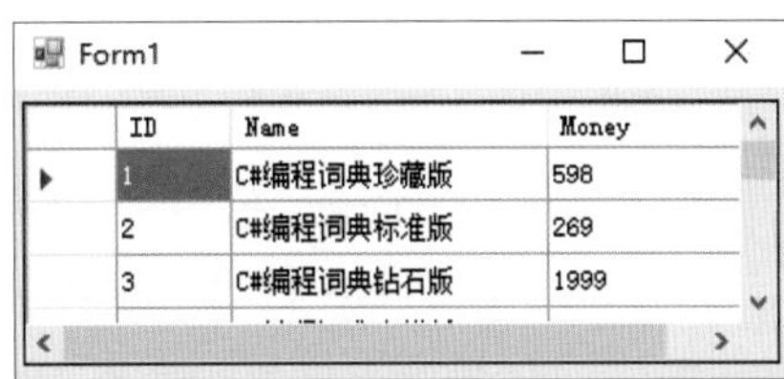

图 10.9　使用 DataAdapter 对象填充 DataSet 数据集

拓展训练

一、修改实例 05，查找 tb_PDic 数据表中价格（Money 字段）在 100~500 之间的编程词典版本。（资源包 \Code\Try\10\09）

二、修改实例 05，查找 tb_PDic 数据表中名称（Name 字段）包含“C#”的所有数据。（资源包 \Code\Try\10\10）

10.6 DataGridView 控件的使用

视频讲解：资源包\Video\10\10.6 DataGridView控件的使用.mp4

DataGridView 控件又被称为数据表格控件，它提供一种强大而灵活的以表格形式显示数据的方式。将数据绑定到 DataGridView 控件非常简单、直观，在大多数情况下，只需设置 DataSource 属性即可。

另外，DataGridView 控件具有极高的可配置性和可扩展性，它提供大量的属性、方法和事件，可以用来对该控件的外观和行为进行自定义。当需要在 Windows 窗体应用程序中显示表格数据时，首先考虑使用 DataGridView 控件。图 10.10 为 DataGridView 控件，其拖放到窗体中的效果如图 10.11 所示。

图 10.10　DataGridView 控件

图 10.11　DataGridView 控件在窗体中的效果

DataGridView 控件的常用属性及说明如表 10.8 所示。

表 10.8　DataGridView 控件的常用属性及说明

属　　性	说　　明
Columns	获取一个包含控件中所有列的集合
CurrentCell	获取或设置当前处于活动状态的单元格
CurrentRow	获取包含当前单元格的行
DataSource	获取或设置 DataGridView 所显示数据的数据源
RowCount	获取或设置 DataGridView 中显示的行数
Rows	获取一个集合，该集合包含 DataGridView 控件中的所有行

DataGridView 控件的常用事件及说明如表 10.9 所示。

表 10.9　DataGridView 控件的常用事件及说明

事　　件	说　　明
CellClick	在单击单元格的任意部分时发生
CellDoubleClick	在双击单元格中的任意位置时发生

下面通过一个实例看一下如何使用 DataGridView 控件，该实例主要实现的功能有：禁止在 DataGridView 控件中添加 / 删除行、禁用 DataGridView 控件的自动排序、使 DataGridView 控件隔行显示不同的颜色、使 DataGridView 控件选中的行呈现不同的颜色和选中 DataGridView 控件中的某行时，将其详细信息显示在 TextBox 文本框中。

实例 06　DateGridView 控件综合应用　｜　实例位置：资源包\Code\SL\10\06

创建一个 Windows 应用程序，在默认窗体中添加两个 TextBox 控件和一个 DataGridView 控件，其中，TextBox 控件用来显示选中记录的版本和价格信息，DataGridView 控件用来显示数据表中的数据，代码如下：

实例06-1

```
//定义数据库连接字符串
string strCon = "Server=XIAOKE;User Id=sa;Pwd=;DataBase=db_EMS";
SqlConnection sqlcon;                                    //声明数据库连接对象
SqlDataAdapter sqlda;                                    //声明数据库桥接器对象
DataSet myds;                                            //声明数据集对象
private void Form1_Load(object sender, EventArgs e)
{
```

实例06-1

```
    dataGridView1.AllowUserToAddRows = false;                //禁止添加行
    dataGridView1.AllowUserToDeleteRows = false;             //禁止删除行
    sqlcon = new SqlConnection(strCon);                      //创建数据库连接对象
    //获取数据表中的所有数据
    sqlda = new SqlDataAdapter("select * from tb_PDic", sqlcon);
    myds = new DataSet();                                    //创建数据集对象
    sqlda.Fill(myds);                                        //填充数据集
    dataGridView1.DataSource = myds.Tables[0];               //为dataGridView1指定数据源
    //禁用DataGridView控件的排序功能
    for (int i = 0; i < dataGridView1.Columns.Count; i++)
        dataGridView1.Columns[i].SortMode = DataGridViewColumnSortMode.NotSortable;
    //设置SelectionMode属性为FullRowSelect，使控件能够整行选择
    dataGridView1.SelectionMode = DataGridViewSelectionMode.FullRowSelect;
    //设置DataGridView控件中的数据以各行换色的形式显示
    foreach (DataGridViewRow dgvRow in dataGridView1.Rows) //遍历所有行
    {
        if (dgvRow.Index % 2 == 0)                           //判断是否是偶数行
        {
            //设置偶数行颜色
            dataGridView1.Rows[dgvRow.Index].DefaultCellStyle.BackColor = Color.LightSalmon;
        }
        else                                                   //奇数行
        {
          //设置奇数行颜色
          dataGridView1.Rows[dgvRow.Index].DefaultCellStyle.BackColor = Color.LightPink;
        }
    }
    dataGridView1.ReadOnly = true; //设置dataGridView1控件的ReadOnly属性，使其为只读
    //设置dataGridView1控件的DefaultCellStyle.SelectionBackColor属性，使选中行的颜色发生变化
    dataGridView1.DefaultCellStyle.SelectionBackColor = Color.LightSkyBlue;
}
private void dataGridView1_CellClick(object sender, DataGridViewCellEventArgs e)
{
    if (e.RowIndex > 0)                                        //判断选中行的索引是否大于0
    {
        //记录选中的ID号
        int intID = (int)dataGridView1.Rows[e.RowIndex].Cells[0].Value;
        sqlcon = new SqlConnection(strCon);                    //创建数据库连接对象
        //执行SQL查询语句
        sqlda = new SqlDataAdapter("select * from tb_PDic where ID=" + intID + "", sqlcon);
        myds = new DataSet();                                  //创建数据集对象
        sqlda.Fill(myds);                                      //填充数据集
        if (myds.Tables[0].Rows.Count > 0)                     //判断数据集中是否有记录
        {
            textBox1.Text = myds.Tables[0].Rows[0][1].ToString(); //显示版本
            textBox2.Text = myds.Tables[0].Rows[0][2].ToString(); //显示价格
        }
    }
}
```

程序运行结果如图 10.12 所示。

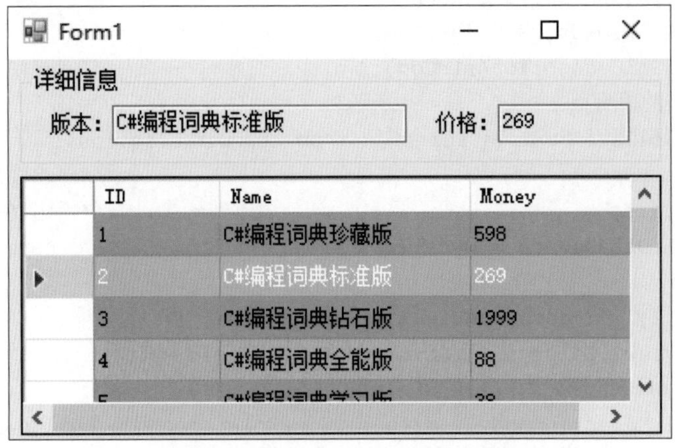

图 10.12　DataGridView 控件的使用

一、在 DataGridView 控件中添加“合计”和“平均值”：为 DataGridView 控件中第一列的所有行求和，并为第二列的所有行求平均数。（资源包 \Code\Try\10\11）

二、通过 DataGridView 分页查看用户信息，创建一个 Windows 窗体应用程序，在默认的窗体中添加 6 个 Label 控件，用于显示页数索引、总页数和移动到指定分页等；添加一个 DataGridView 控件，用于显示分页信息。（资源包 \Code\Try\10\12）

10.7 小结

本章主要对如何使用 C# 操作数据库进行了详细讲解，重点对 ADO.NET 数据访问技术进行了详细讲解。在 ADO.NET 中提供了连接数据库对象（Connection 对象）、执行 SQL 语句对象（Command 对象）、读取数据对象（DataReader 对象）、数据适配器对象（DataAdapter 对象）及数据集对象（DataSet 对象），这些对象是 C# 操作数据库的主要对象，需要读者重点掌握；接着对 Visual Studio 开发工具提供的 DataGridView 数据表格控件的使用进行了讲解。读者在学习本章内容时，需要重点掌握 ADO.NET 技术的使用。

本章 e 学码：关键知识点拓展阅读

Constraint	SQL 语句	身份验证
CREATE PROCEDURE	State 属性	数据集
DataRelation	XML 文件	数据源
DataTable	存储过程	预编译集合

第 11 章

程序调试与异常处理

（视频讲解：30 分钟）

本章概览

开发应用程序的代码必须安全、准确。但是在编写代码的过程中，不可避免地会出现错误，而有的错误不容易被发现，从而导致程序运行错误。为了排除这些非常隐蔽的错误，对编写好的代码要进行调试，这样才能确保应用程序成功运行。另外，在开发程序时，不仅要注意程序代码的准确性与合理性，还要处理程序中可能出现的异常情况。.NET 框架提供了一套称为结构化异常处理的标准错误机制，在这种机制中，如果出现错误或者任何预期之外的事件，都会引发异常。本章将对 .NET 中的程序调试与异常处理进行详细讲解。

知识框架

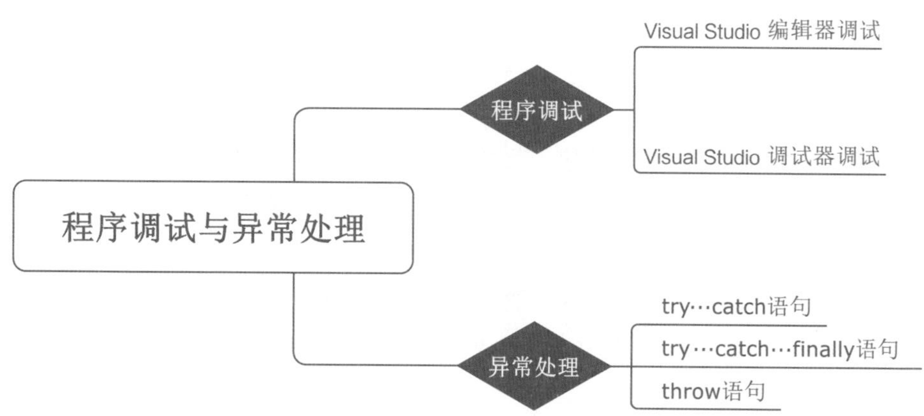

11.1 程序调试

在程序开发过程中会不断体会到程序调试的重要性。为了验证 C# 的运行情况，会经常在某个方法调用的开始和结束位置分别使用 Console.WriteLine 方法或者 MessageBox.Show 方法输出信息，并根据这些信息判断程序执行情况，然而使用这种方法来调试程序可能会导致程序代码混乱。下面将介绍几种使用 Visual Studio 开发工具调试 C# 程序的方法。

11.1.1 Visual Studio 编辑器调试

视频讲解

视频讲解：资源包\Video\11\11.1.1 Visual Studio编辑器调试.mp4

在使用 Visual Studio 2022 开发 C# 程序时，编辑器不但能够为开发者提供代码编写、辅助提示和实时编译等常用功能，而且还提供对 C# 源代码进行快捷修改、重构和语法纠错等高级操作。通过 Visual Studio 2022，可以很方便地找到一些语法错误，并根据提示进行快速修正。下面对 Visual Studio 2022 提供的常用调试功能进行介绍。

1. 错误提示符

错误提示符位于出现错误的代码行的最左侧，用于指出错误所在的位置，使用鼠标右键单击该提示符，将弹出快捷菜单，在弹出的快捷菜单中可以对其进行基本的查看操作，如图 11.1 所示。

图 11.1　对错误提示符的操作

2. 代码下方的红色波浪线

在出现错误的代码下方会显示红色的波浪线，将鼠标光标移动到红色波浪线上，将显示具体的错误内容（如图 11.2 所示的提示框），开发人员可根据该提示对代码进行修改。

3. 代码下方的绿色波浪线

在出现警告的代码下方会显示绿色的波浪线，警告不会影响程序的正常运行，将鼠标光标移动到绿色波浪线上，将显示具体的警告信息（如图 11.3 所示的提示框），开发人员可以根据该警告信息对代码进行优化。

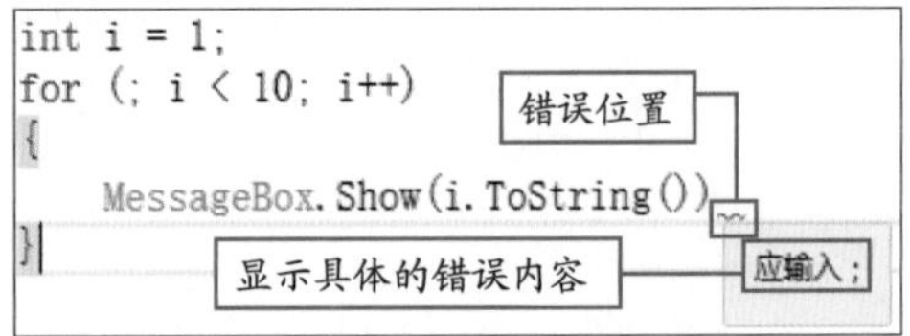

图 11.2　显示具体的错误内容

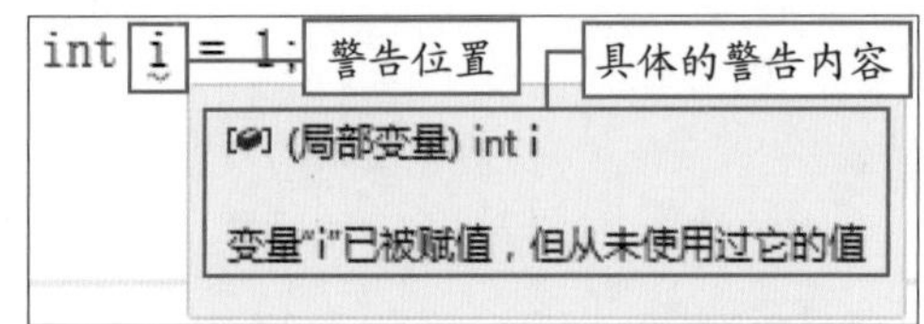

图 11.3　显示具体的警告信息

11.1.2 Visual Studio 调试器调试

视频讲解：资源包\Video\11\11.1.2 Visual Studio调试器调试.mp4

视 频 讲 解

当代码不能正常运行时，可以通过调试定位错误。常用的程序调试操作包括断点操作、开始执行、中断执行、停止执行、单步执行，以及逐过程执行。下面将对这几种常用的程序调试操作进行详细介绍。

1. 断点操作

断点通知调试器，使应用程序在某点上（暂停执行）或某种情况发生时中断。发生中断时，称程序和调试器处于中断模式。进入中断模式并不会终止或结束程序的执行，所有的元素（如函数、变量和对象）都保留在内存中，可以在任何时候继续执行程序。

插入断点有 3 种方式：在要设置断点的代码行旁边的灰色空白处单击鼠标；用鼠标右键单击要设置断点的代码行，在弹出的快捷菜单中选择“断点”→“插入断点”菜单项，如图 11.4 所示；单击要设置断点的代码行，选择菜单中的“调试”→“切换断点”菜单项，如图 11.5 所示。

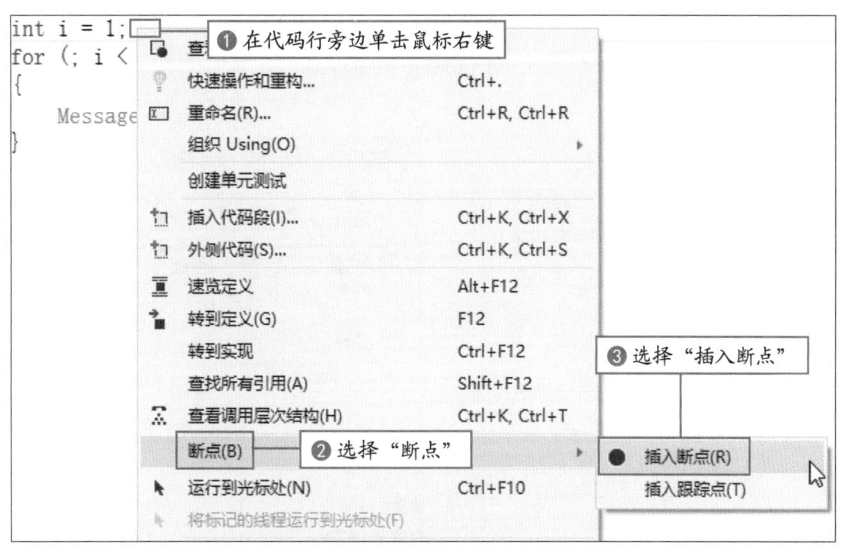

图 11.4　利用右键快捷菜单插入断点

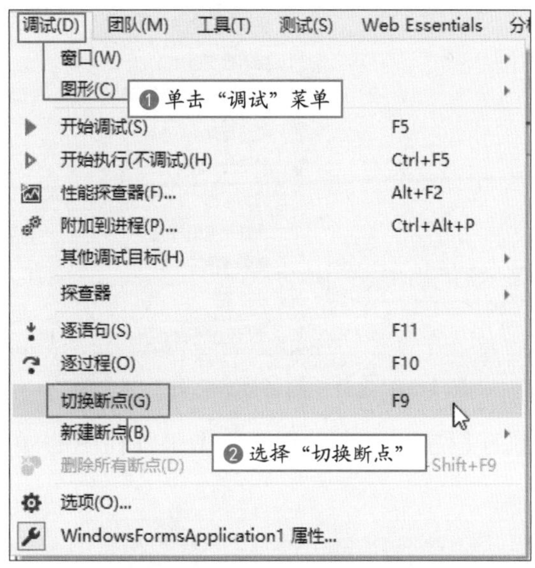

图 11.5　利用菜单栏插入断点

插入断点后，就会在设置断点的行旁边的灰色空白处出现一个红色圆点，并且该行代码也呈高亮显示，如图 11.6 所示。

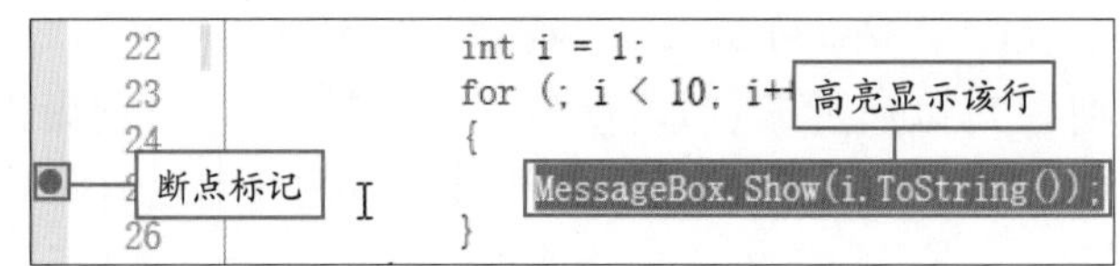

图 11.6　插入断点后的效果图

删除断点主要有 3 种方式，分别如下：

（1）单击设置了断点的代码行左侧的红色圆点。

（2）在设置了断点的代码行左侧的红色圆点上单击鼠标右键，在弹出的快捷菜单中选择“删除断点”菜单项，如图 11.7 所示。

（3）在设置了断点的代码行上单击鼠标右键，在弹出的快捷菜单中选择“断点”→“删除断点”菜单项。

2. 开始执行

开始执行是最基本的调试功能之一，在“调试”菜单（如图 11.8 所示）中选择“开始调试”菜单项，或在源代码窗口中用鼠标右键单击可执行代码中的某行，在弹出的快捷菜单中选择“运行到光标处”菜单项，如图 11.9 所示。

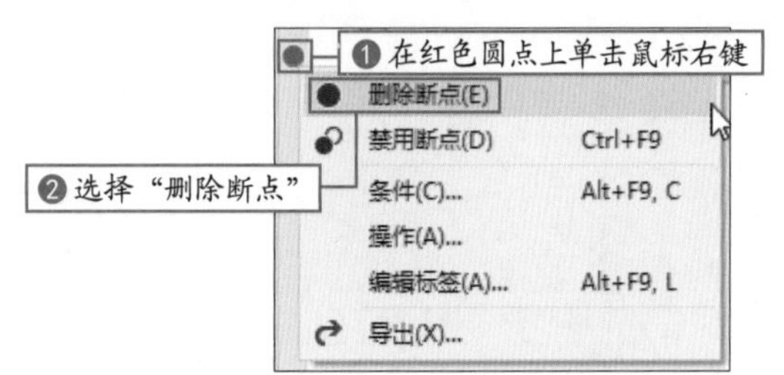

图 11.7　利用右键快捷菜单删除断点

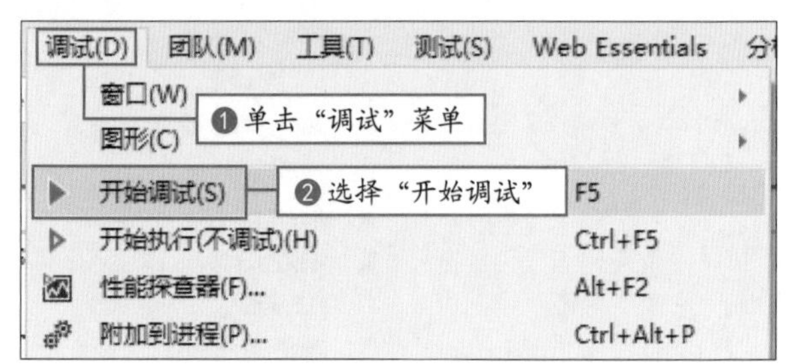

图 11.8　选择“开始调试”菜单

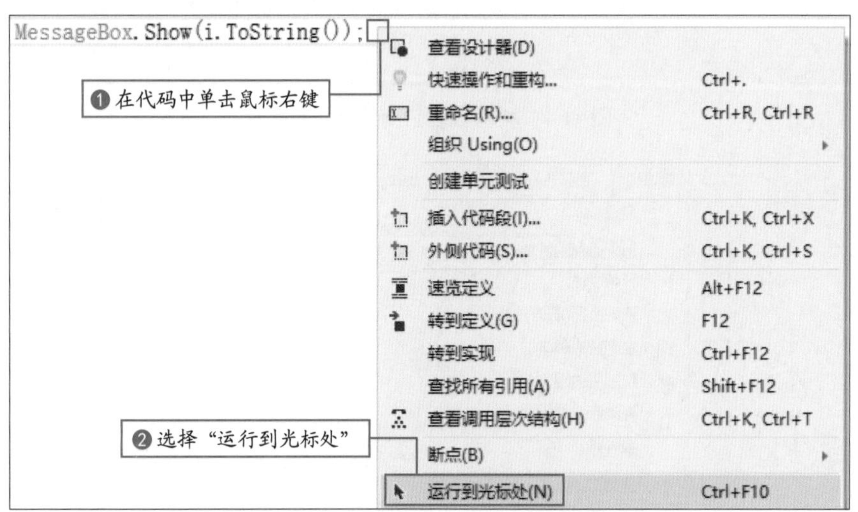

图 11.9　选择“运行到光标处”菜单项

除了使用上述方法开始执行程序，还可以直接单击工具栏中的 ▶ 启动 按钮，启动调试，如图 11.10 所示。

图 11.10　工具栏中的“启动”按钮

如果选择“开始调试”菜单项，则应用程序启动并一直运行到断点，此时断点处的代码以黄色底纹显示，如图 11.11 所示。可以在任何时刻中断执行，以查看值（将鼠标光标移动到相应的变量或者对象上，即可查看其具体值，如图 11.12 所示）、修改变量或观察程序状态。

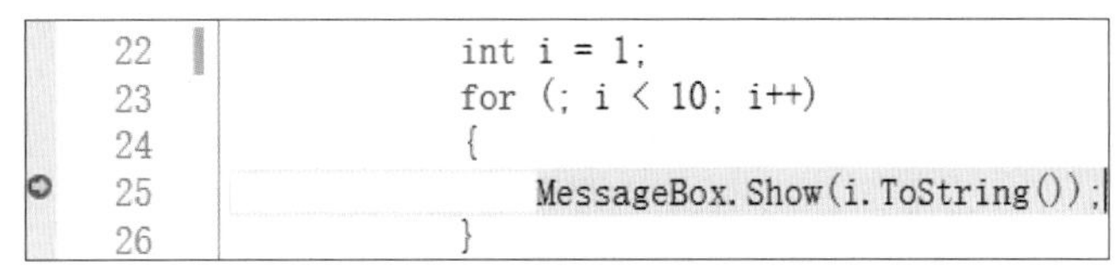

图 11.11　运行到断点

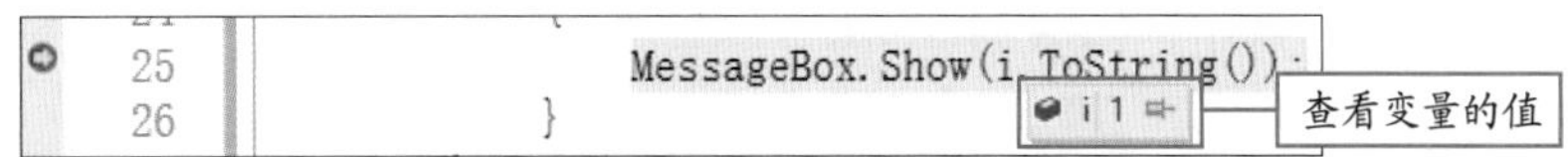

图 11.12　查看变量的值

如果选择“运行到光标处”菜单项，则应用程序启动并一直运行到断点或光标位置，具体要看是断点在前还是光标在前，可以在源代码窗口中设置光标的位置。如果光标在断点的前面，则代码首先运行到光标处，如图 11.13 所示。

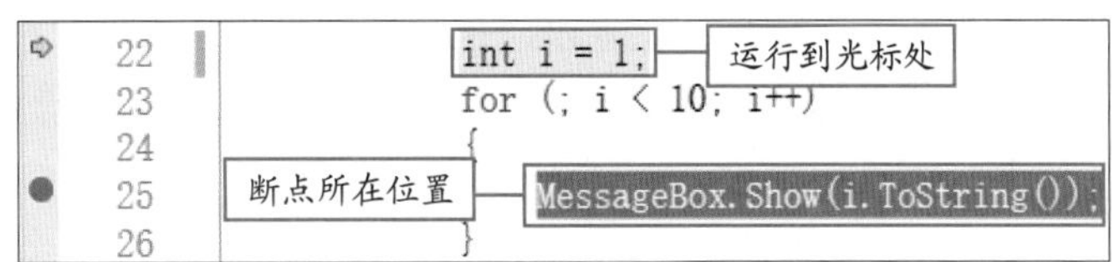

图 11.13　运行到光标处

3. 中断执行

当执行到达一个断点或发生异常时，调试器将中断程序的执行。选择“调试”→“全部中断”菜单项，如图 11.14 所示，调试器将停止所有在其下运行的程序。程序并没有退出，可以随时恢复执行，此时应用程序处于中断模式。

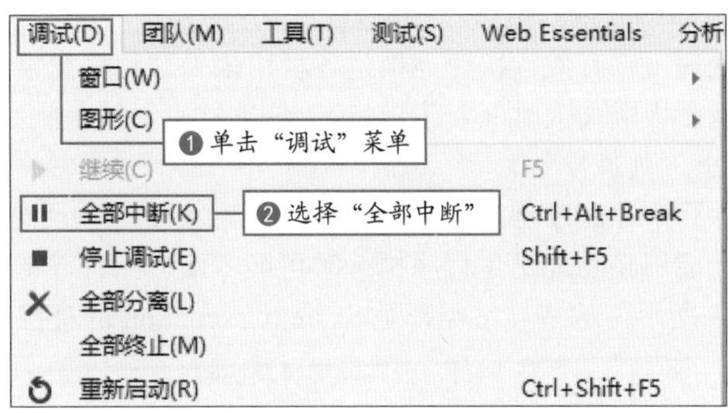

图 11.14　“调试”→“全部中断”菜单项

除了通过选择“调试”→“全部中断”菜单项中断执行程序，也可以单击工具栏中的 ⏸ 按钮中断执行程序，如图 11.15 所示。

图 11.15　工具栏中的“全部中断”按钮

4. 停止执行

停止执行意味着终止正在调试的进程并结束调试会话，可以通过选择菜单中的“调试”→“停止调试”菜单项来结束运行和调试；也可以选择工具栏中的 ■ 按钮停止执行。

5. 单步执行和逐过程执行

通过单步执行，调试器每次只执行一行代码，单步执行主要是通过逐语句、逐过程和跳出这 3 种命令实现的。“逐语句”和“逐过程”的主要区别是当某一行包含函数调用时，“逐语句”仅执行调用本身，然后在函数内的第一个代码行处停止。而“逐过程”执行整个函数，之后在函数外的第一行代码处停止。如果位于函数调用的内部并想返回到调用函数，则应使用“跳出”，“跳出”将一直执行代码，直到函数返回，然后在调用函数中的返回点处中断。

当启动调试后，可以单击工具栏中的 按钮执行“逐语句”操作，单击 按钮执行“逐过程”操作，单击 按钮执行“跳出”操作，如图 11.16 所示。

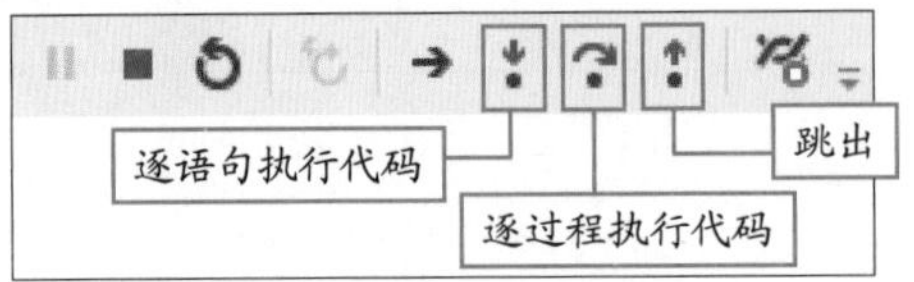

图 11.16　单步执行的 3 种命令

说明

除了在工具栏中单击这 3 个按钮，还可以通过快捷键执行这 3 种操作，启动调试后，按下 <F11> 键执行“逐语句”操作，按下 <F10> 键执行“逐过程”操作，按下 <Shift+F10> 键执行“跳出”操作。

11.2 异常处理

在编写程序时，不仅要关心程序的正常操作，还应该检查代码错误及可能发生的各类不可预期的事件。在现代编程语言中，异常处理是解决这些问题的主要方法。异常处理是一种功能强大的机制，用于处理应用程序可能产生的错误或其他可以中断程序执行的异常情况。异常处理可以捕捉程序执行所发生的错误，通过异常处理可以有效、快速地构建各种用来处理程序异常情况的程序代码。

异常处理实际上就相当于大楼失火时（发生异常），烟雾感应器捕获到高于正常密度的烟雾（捕获异常），将自动喷水进行灭火（处理异常）。

在 .NET 类库中，提供了针对各种异常情形所设计的异常类，这些类包含了异常的相关信息。配合异常处理语句，应用程序能够轻易地避免程序执行时可能中断应用程序的各种错误。.NET 框架中的公共异常类及说明如表 11.1 所示，这些异常类都是 System.Exception 的直接或间接子类。

表 11.1　公共异常类及说明

异　常　类	说　　明
System.ArithmeticException	在算术运算期间发生的异常
System.ArrayTypeMismatchException	当存储一个数组时，如果由于被存储的元素的实际类型与数组的实际类型不兼容而导致存储失败，就会引发此异常
System.DivideByZeroException	在试图用零除整数值时引发
System.IndexOutOfRangeException	在试图使用小于零或超出数组界限的下标索引数组时引发
System.InvalidCastException	当从基类型或接口到派生类型的显示转换运行失败时，就会引发此异常

续表

异　常　类	说　　明
System.NullReferenceException	在需要使用引用对象的场合，如果使用 null 引用，就会引发此异常
System.OutOfMemoryException	在尝试分配内存失败时引发
System.OverflowException	在选中的上下文中所进行的算术运算、类型转换或转换操作导致溢出时引发的异常
System.StackOverflowException	挂起的方法调用过多而导致执行堆栈溢出时引发的异常
System.TypeInitializationException	在静态构造函数引发异常，并且没有可以捕捉到它的 catch 子句时引发

在 C# 程序中，可以使用异常处理语句处理异常。主要的异常处理语句有 try…catch 语句、try…catch…finally 语句、throw 语句，通过这 3 个异常处理语句，可以对可能产生异常的程序代码进行监控。下面将对这 3 个异常处理语句进行详细讲解。

11.2.1 try…catch 语句

视频讲解：资源包\Video\11\11.2.1 try…catch语句.mp4

try…catch 语句允许在 try 后面的大括号 {} 中放置可能发生异常情况的程序代码，对这些程序代码进行监控。在 catch 后面的大括号 {} 中则放置处理错误的程序代码，以处理程序发生的异常。try…catch 语句的基本格式如下：

```
try
{
    被监控的代码
}
catch(异常类名  异常变量名)
{
    异常处理
}
```

在 catch 子句中，异常类名必须为 System.Exception 或从 System.Exception 派生的类型。当 catch 子句指定了异常类名和异常变量名后，就相当于声明了一个具有给定名称和类型的异常变量，此异常变量表示当前正在处理的异常。

实例 01　未将对象引用设置到对象的实例　|　实例位置：资源包\Code\SL\11\01

创建一个控制台应用程序，首先声明一个 object 类型的变量 obj，其初始值为 null，然后将 obj 强制转换成 int 类型赋值给 int 类型变量 i，使用 try…catch 语句捕获异常，代码如下：

实例01-1

```
static void Main(string[] args)
{
    try                                         //使用try…catch语句
    {
        object obj = null;                      //声明一个object变量，初始值为null
        int i = (int)obj;                       //将object类型强制转换成int类型
    }
```

实例01-1

```
        catch (Exception ex)                          //捕获异常
        {
            Console.WriteLine("捕获异常：" + ex);     //输出异常
        }
        Console.ReadLine();
    }
```

程序的运行结果如图 11.17 所示。

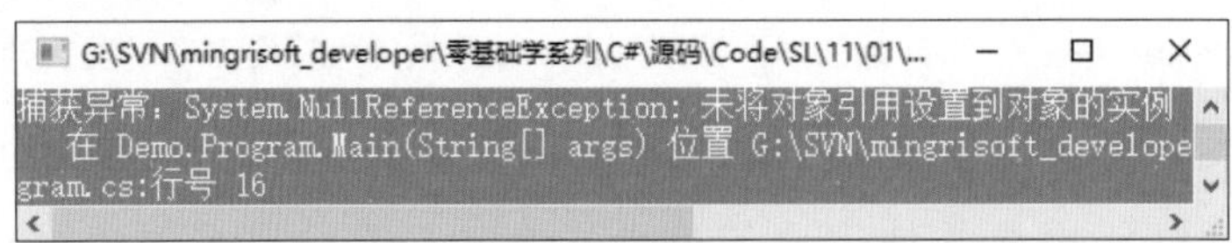

图 11.17　捕获异常

查看运行结果，抛出了异常。因为声明的 object 变量 obj 被初始化为 null，obj 被强制转换成了 int 类型，所以就产生了异常。由于使用了 try…catch 语句，因此这个异常被捕获并输出。

注意

有时为了使编程更简单，会忽略 catch 代码块中的代码，这样 try…catch 语句就成了一种摆设，一旦程序在运行过程中出现了异常，这个异常将很难查找。因此，建议养成在 catch 代码块中写入处理异常代码的习惯。

拓展训练

一、创建一个控制台应用程序，声明 3 个 int 类型的变量 iNum1、iNum2 和 Num，并将变量 iNum1 和 iNum2 分别初始化为 6000000。然后使 Num 等于 iNum1 和 iNum2 的乘积，最后引发 System.OverflowException 类异常。（资源包 \Code\Try\11\01）

二、在控制台中简述一个整型数组（如 "int a[] = { 1, 2, 3, 4 };"）遍历的过程，并体现出当 i 的值为多少时，会产生异常？（资源包 \Code\Try\11\02）

11.2.2 try…catch…finally 语句

视频讲解：资源包\Video\11\11.2.2 try…catch…finally语句.mp4

完整的异常处理语句应该包含 finally 代码块，通常情况下，无论程序中有无异常产生，finally 代码块中的代码都会被执行。其基本格式如下：

```
try
{
    被监控的代码
}
catch(异常类名　异常变量名)
{
    异常处理
}
…
finally
{
    程序代码
}
```

try…catch…finally 语句并不复杂，它只是比 try…catch 语句多了一个 finally 语句，如果程序中有一些在任何情形中都必须执行的代码，那么就可以将它们放在 finally 语句的区块中。

说明

使用 catch 子句是为了允许处理异常。无论是否引发了异常，使用 finally 子句都可以执行清理代码。如果分配了昂贵或有限的资源（如数据库连接或流），则应将释放这些资源的代码放置在 finally 块中。

实例 02　捕捉将字符串转换为整型数据时的异常　|　实例位置：资源包\Code\SL\11\02

创建一个控制台应用程序，首先声明一个 string 类型变量 str，并初始化为“零基础学 C#”；然后声明一个 object 变量 obj，将 str 赋值给 obj；接着声明一个 int 类型的变量 i，将 obj 强制转换成 int 类型后赋给变量 i，这样必然会导致转换错误，抛出异常。最后在 finally 语句中输出“程序执行完毕…”，这样，无论程序是否抛出异常，都会执行 finally 语句中的代码，代码如下：

实例02-1

```
static void Main(string[] args)
{
    string str = "零基础学C#";                    //声明一个string类型的变量str
    object obj = str;                            //声明一个object类型的变量obj
    try                                          //使用try…catch语句
    {
        int i = (int)obj;                        //将obj强制转换成int类型
    }
    catch (Exception ex)                         //获取异常
    {
        Console.WriteLine(ex.Message);           //输出异常信息
    }
    finally                                      //finally语句
    {
        Console.WriteLine("程序执行完毕……");     //输出“程序执行完毕……”
    }
    Console.ReadLine();
}
```

程序的运行结果为：

```
指定的转换无效。
程序执行完毕……
```

拓展训练

一、在银行账户中现有余额为 1023.79 元。编程模拟取款，当在控制台中输入的取款金额不是整数时，会引起数字格式转换异常。（资源包 \Code\Try\11\03）

二、用户新买了一台电脑，这台电脑与其他的电脑不一样，无法正常启动开机（电脑品牌未声明）。试用继承来体现这个事件，并尝试利用“电脑品牌”引出空引用异常。（资源包 \Code\Try\11\04）

11.2.3 throw 语句

视频讲解：资源包\Video\11\11.2.3 throw语句.mp4

throw 语句用于主动引发一个异常，使用 throw 语句可以在特定的情形下自行抛出异常。throw 语句的基本格式如下：

```
throw  ExObject
```

其中，ExObject 是所要抛出的异常对象，这个异常对象是派生自 System.Exception 类的类对象。

拓展训练

通常，throw 语句与 try…catch 或 try…catch…finally 语句一起使用。当引发异常时，程序查找处理此异常的 catch 语句，也可以用 throw 语句重新引发已捕获的异常。

实例 03　抛出除数为 0 的异常

实例位置：资源包\Code\SL\11\03

视频讲解

创建一个控制台应用程序，创建一个 int 类型的 MyInt 方法，该方法有两个 string 类型的参数 a 和 b。在这个方法中，a 作为被除数，b 作为除数，如果除数的值是 0，则通过 throw 语句抛出 DivideByZeroException 异常，这个异常被此方法中的 catch 子句捕获并输出。代码如下：

实例03-1

```
static int MyInt(string a, string b)       //创建一个int类型的方法，参数分别是a和b
{
    int int1;                               //定义被除数
    int int2;                               //定义除数
    int num;                                //定义商
    try                                     //使用try…catch语句
    {
        int1 = int.Parse(a);                //将参数a强制转换成int类型后赋值给int1
        int2 = int.Parse(b);                //将参数b强制转换成int类型后赋值给int2
        if (int2 == 0)                      //判断int2是否等于0，如果等于0，则抛出异常
        {
            throw new DivideByZeroException(); //抛出DivideByZeroException异常
        }
        num = int1 / int2;                  //计算int1除以int2的值
        return num;                         //返回计算结果
    }
    catch (DivideByZeroException de)        //捕获异常
    {
        Console.WriteLine("用零除整数引发异常！");
        Console.WriteLine(de.Message);
        return 0;
    }
}
static void Main(string[] args)
{
    try                                     //使用try…catch语句
    {
        Console.Write("请输入分子：");        //提示输入分子
        string str1 = Console.ReadLine();   //获取键盘输入的值
        Console.Write("请输入分母：");        //提示输入分母
        string str2 = Console.ReadLine();   //获取键盘输入的值
        //调用MyInt方法，获取键盘输入的分子与分母相除得到的值
        Console.WriteLine("分子除以分母的值：" + MyInt(str1, str2));
    }
    catch (FormatException)                 //捕获异常
```

```
    {
        Console.WriteLine("请输入数值格式数据");   //输出提示
    }
    Console.ReadLine();
}
```

程序的运行结果如图 11.18 所示。

图 11.18　抛出除数为 0 的异常

拓展训练

一、编程模拟老师上课前的点名过程，并将旷课的学生作为异常抛出：张三、李四、王五（老师在点名册上记下了 “王五旷课”），效果如图 11.19 所示。（资源包 \Code\Try\11\05）

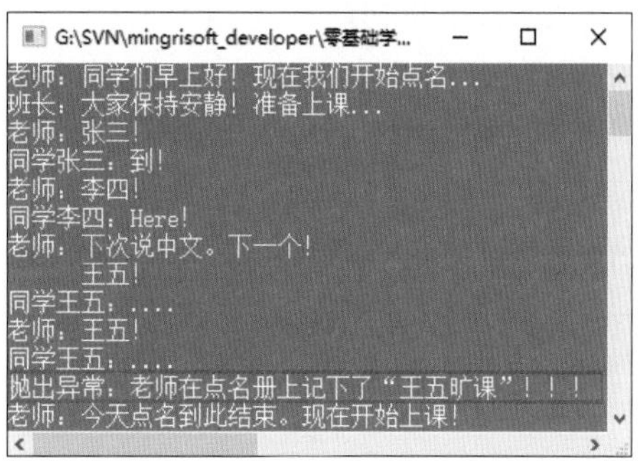

图 11.19　使用 throw 抛出自定义异常

二、使用异常处理语句捕获数据库连接异常。（资源包 \Code\Try\11\06）

11.3 小结

本章主要对程序调试及异常处理进行了详细讲解。在讲解过程中，重点讲解了常用的程序调试操作及异常处理语句的使用。程序调试和异常处理在程序开发过程中起着非常重要的作用，一个完善的程序，在其开发过程中必然会对可能出现的所有异常进行处理，并进行步步调试，以保证程序的可用性。通过学习本章，读者应掌握 C# 中的异常处理语句的使用，并能熟练使用常用的程序调试操作对开发的程序进行调试。

本章 e 学码：关键知识点拓展阅读

DivideByZero
函数
重构

第3篇　高级应用

第12章

I/O 数据流技术

（视频讲解：1 小时 34 分钟）

本章概览

在变量、对象和数组中存储的数据是暂时的，程序结束后就会丢失。为了能够长时间保存程序中的数据，需要将程序中的数据保存到磁盘中。C# 中的 I/O 处理技术可以将数据保存到文件（如文本文件等）中，以达到长时间保存数据的目的。掌握 I/O 处理技术能够提高对数据的处理能力。

知识框架

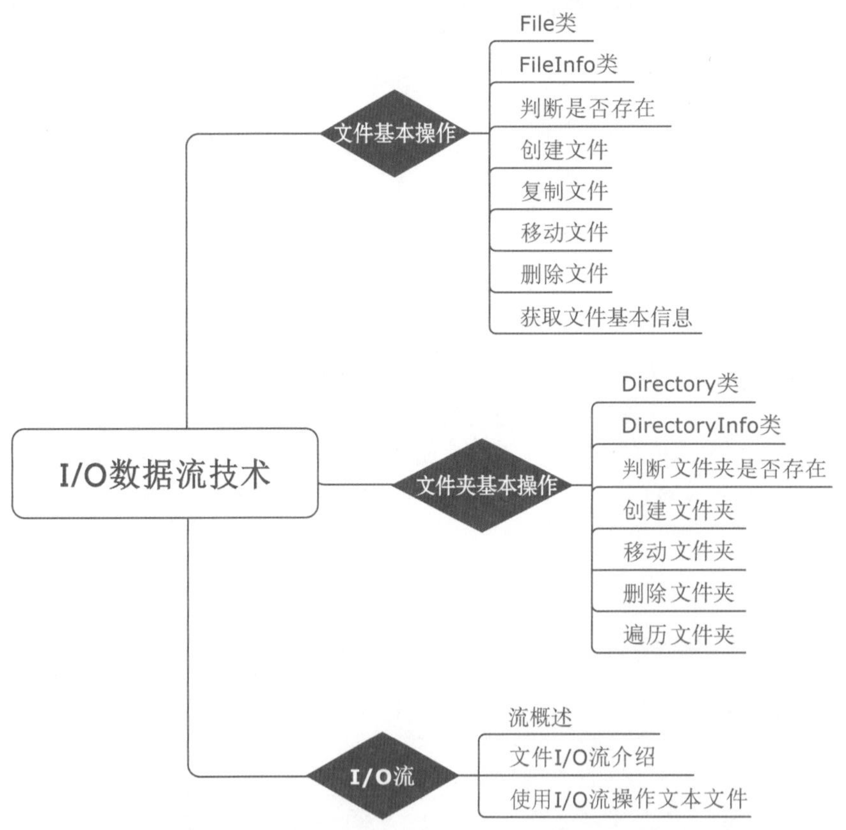

12.1 文件基本操作

对文件的基本操作大体可以分为判断文件是否存在、创建文件、复制或移动文件、删除文件，以及获取文件基本信息，本节将对文件的基本操作进行详细讲解。

12.1.1 File 类

视频讲解：资源包\Video\12\12.1.1 File类.mp4

File 类支持对文件的基本操作，它包括用于创建、复制、删除、移动和打开文件的静态方法，并协助创建 FileStream 对象。File 类中包含 40 多个方法，这里只列出其常用的方法，如表 12.1 所示。

表 12.1　File 类常用的方法及说明

方　法	说　明
Copy	将现有文件复制到新文件
Create	在指定路径中创建文件
Delete	删除指定的文件。如果指定的文件不存在，则不引发异常
Exists	确定指定的文件是否存在
Move	将指定文件移到新位置，并提供指定新文件名的选项
Open	打开指定路径上的 FileStream
CreateText	创建或打开一个文件，用于写入 UTF-8 编码的文本
GetCreationTime	返回指定文件或目录的创建日期和时间
GetLastAccessTime	返回上次访问指定文件或目录的日期和时间
GetLastWriteTime	返回上次写入指定文件或目录的日期和时间
OpenRead	打开现有文件以进行读取
OpenText	打开现有 UTF-8 编码文本文件以进行读取
OpenWrite	打开现有文件以进行写入
ReadAllLines	打开一个文本文件，将文件的所有行都读入一个字符串数组，然后关闭该文件
ReadAllText	打开一个文本文件，将文件的所有内容读入一个字符串，然后关闭该文件
Replace	使用其他文件的内容替换指定文件的内容，这一过程将删除原始文件，并创建被替换文件的备份
SetCreationTime	设置创建该文件的日期和时间
SetLastAccessTime	设置上次访问指定文件的日期和时间
SetLastWriteTime	设置上次写入指定文件的日期和时间

续表

方　法	说　明
WriteAllLines	创建一个新文件，在其中写入指定的字符串，然后关闭该文件。如果目标文件已存在，则改写该文件
WriteAllText	创建一个新文件，在其中写入内容，然后关闭该文件。如果目标文件已存在，则改写该文件

注意

使用与文件、文件夹及流相关的类时，首先需要添加 System.IO 命名空间。

12.1.2 FileInfo 类

视频讲解：资源包\Video\12\12.1.2 FileInfo类.mp4

FileInfo 类和 File 类之间许多方法的调用都是相同的，但是 FileInfo 类没有静态方法，该类中的方法仅可以用于实例化的对象。File 类是静态类，其调用需要字符串参数为每一个方法调用规定文件位置，因此，如果要在对象上进行单一方法调用，则可以使用静态 File 类。在这种情况下，静态调用速度要快一些，因为 .NET 框架不必执行实例化新对象并调用其方法。如果要在文件中执行几种操作，则实例化 FileInfo 对象并调用其方法会更好，这样会提高效率，因为对象将在文件系统中引用正确的文件，而静态类则必须每次都要寻找文件。

FileInfo 类的常用属性及说明如表 12.2 所示。

表 12.2　FileInfo 类的常用属性及说明

属　性	说　明
CreationTime	获取或设置当前 FileSystemInfo 对象的创建时间
Directory	获取父目录的实例
DirectoryName	获取表示目录的完整路径的字符串
Exists	获取指示文件是否存在的值
Extension	获取表示文件扩展名部分的字符串
FullName	获取目录或文件的完整目录
IsReadOnly	获取或设置确定当前文件是否为只读的值
LastAccessTime	获取或设置上次访问当前文件或目录的时间
LastWriteTime	获取或设置上次写入当前文件或目录的时间
Length	获取当前文件的大小
Name	获取文件名

说明

（1）由于 File 类中的所有方法都是静态的，所以，如果只想执行一个操作，那么使用 File 类中方法的效率比使用相应的 FileInfo 类中的方法可能更高。

（2）File 类中的方法都是静态方法，在使用时需要对所有的方法都执行安全检查。因此，如果打算多次重用某个对象，可考虑改用 FileInfo 类中的相应方法，因为它们并不总是需要进行安全检查。

12.1.3 判断文件是否存在

判断文件是否存在时，可以使用 File 类的 Exists 方法或者 FileInfo 类的 Exists 属性来实现，下面分别介绍。

1. File 类的 Exists 方法

File 类的 Exists 方法主要用于判断指定的文件是否存在，其语法格式如下：

```
public static bool Exists (string path)
```

☑ path：要检查的文件。

☑ 返回值：如果调用方有需要的权限，并且 path 包含现有文件的名称，则为 true；否则为 false。如果 path 为空引用或零长度字符串，则此方法也返回 false。如果调用方不具有读取指定文件所需的足够权限，则不引发异常，并且该方法返回 false，这与 path 是否存在无关。

例如，使用 File 类的 Exists 方法判断 C 盘根目录下是否存在 Test.txt 文件，代码如下：

```
File.Exists("C:\\Test.txt");
```

2. FileInfo 类的 Exists 属性

FileInfo 类的 Exists 属性用于判断指定的文件是否存在，其语法格式如下：

```
public override bool Exists { get; }
```

如果该文件存在，则为 true；如果该文件不存在或该文件是目录，则为 false。

例如，首先实例化一个 FileInfo 对象，然后使用该对象调用 FileInfo 类中的 Exists 属性判断 C 盘根目录下是否存在 Test.txt 文件，代码如下：

```
FileInfo finfo = new FileInfo("C:\\Test.txt");  //创建文件对象
if (finfo.Exists)                               //判断文件是否存在
{
}
```

12.1.4 创建文件

视频讲解：资源包\Video\12\12.1.4 创建文件.mp4

创建文件可以使用 File 类的 Create 方法或者 FileInfo 类的 Create 方法来实现，下面分别介绍。

1. File 类的 Create 方法

该方法为可重载方法，具有以下 4 种重载形式。

```
public static FileStream Create (string path)
public static FileStream Create (string path,int bufferSize)
public static FileStream Create (string path,int bufferSize,FileOptions options)
public static FileStream Create (string path,int bufferSize,FileOptions
options,FileSecurity fileSecurity)
```

Create 方法的参数及其说明如表 12.3 所示。

表 12.3　File 类的 Create 方法的参数及其说明

参　数	说　明
path	文件名
bufferSize	用于读取和写入文件已放入缓冲区的字节数
options	FileOptions 值之一，用于描述如何创建或改写该文件
fileSecurity	FileSecurity 值之一，用于确定文件的访问控制和审核安全性

例如，调用 File 类的 Create 方法在 C 盘根目录下创建一个 Test.txt 文本文件，代码如下：

```
File.Create("C:\\Test.txt");
```

2. FileInfo 类的 Create 方法

该方法的语法格式如下：

```
public FileStream Create ()
```

其中，返回值表示新文件。在默认情况下，该方法将向所有用户授予对新文件的完全读写访问权限。

例如，首先实例化一个 FileInfo 对象，然后使用该对象调用 FileInfo 类的 Create 方法在 C 盘根目录下创建一个 Test.txt 文本文件，代码如下：

```
FileInfo finfo = new FileInfo("C:\\Test.txt");          //创建文件对象
finfo.Create();                                          //创建文件
```

多学两招

使用 File 类和 FileInfo 类创建文本文件时，其默认的字符编码为 UTF-8，而在 Windows 环境中手动创建文本文件时，其字符编码为 ANSI。

12.1.5 复制文件

视频讲解：资源包\Video\12\12.1.5 复制文件.mp4

在复制文件时，可以使用 File 类的 Copy 方法或者 FileInfo 类的 CopyTo 方法来实现，下面分别介绍。

1. File 类的 Copy 方法

该方法为可重载方法，具有以下两种重载形式。

```
public static void Copy (string sourceFileName,string destFileName)
public static void Copy (string sourceFileName,string destFileName,bool overwrite)
```

☑ sourceFileName：要复制的文件。

☑ destFileName：目标文件的名称，不能是目录。如果是第一种重载形式，该参数不能是现有文件。

☑ overwrite：如果可以改写目标文件，则为 true；否则为 false。

例如，调用 File 类的 Copy 方法将 C 盘根目录下的 Test.txt 文本文件复制到 D 盘根目录下，代码如下：

```
File.Copy("C:\\Test.txt", "D:\\Test.txt");
```

2. FileInfo 类的 CopyTo 方法

该方法为可重载方法，具有以下两种重载形式。

```
public FileInfo CopyTo (string destFileName)
public FileInfo CopyTo (string destFileName,bool overwrite)
```

☑ destFileName：要复制到的新文件的名称。

☑ overwrite：若为 true，则允许改写现有文件；否则为 false。

☑ 返回值：第一种重载形式的返回值为带有完全限定路径的新文件；第二种重载形式的返回值为新文件，或者如果 overwrite 为 true，则为现有文件的改写，如果文件存在，并且 overwrite 为 false，则会发生 IOException 异常。

例如，首先实例化一个 FileInfo 对象，然后使用该对象调用 FileInfo 类的 CopyTo 方法将 C 盘根目录下的 Test.txt 文本文件复制到 D 盘根目录下，如果 D 盘根目录下已经存在 Test.txt 文本文件，则将其替换，代码如下：

```
FileInfo finfo = new FileInfo("C:\\Test.txt");  //创建文件对象
finfo.CopyTo("D:\\Test.txt", true);             //将文件复制到D盘
```

12.1.6 移动文件

视频讲解：资源包\Video\12\12.1.6 移动文件.mp4

移动文件时，可以使用 File 类的 Move 方法或者 FileInfo 类的 MoveTo 方法来实现，下面分别介绍。

1. File 类的 Move 方法

该方法用于将指定文件移到新位置，并提供指定新文件名的选项，其语法格式如下：

```
public static void Move (string sourceFileName,string destFileName)
```

☑ sourceFileName：要移动的文件名称。

☑ destFileName：文件的新路径。

例如，调用 File 类的 Move 方法将 C 盘根目录下的 Test.txt 文本文件移动到 D 盘根目录下，代码如下：

```
File.Move("C:\\Test.txt", "D:\\Test.txt");
```

2. FileInfo 类的 MoveTo 方法

该方法用于将指定文件移到新位置，并提供指定新文件名的选项，其语法格式如下：

```
public void MoveTo (string destFileName)
```

其中，destFileName 是要将文件移动到的路径，可以指定另一个文件名。

例如，下列代码首先实例化一个 FileInfo 对象，然后使用该对象调用 FileInfo 类的 MoveTo 方法将 C 盘根目录下的 Test.txt 文本文件移动到 D 盘根目录下。

```
FileInfo finfo = new FileInfo("C:\\Test.txt");          //创建文件对象
finfo.MoveTo("D:\\Test.txt");                           //将文件移动（剪切）到D盘
```

注意

使用 Move、MoveTo 方法移动现有文件时，如果源文件和目标文件是同一个文件，将产生 IOException 异常。

12.1.7 删除文件

视频讲解：资源包\Video\12\12.1.7 删除文件.mp4

删除文件可以使用 File 类的 Delete 方法或者 FileInfo 类的 Delete 方法来实现，下面分别介绍。

1. File 类的 Delete 方法

该方法用于删除指定的文件，其语法格式如下：

```
public static void Delete (string path)
```

其中，参数 path 表示要删除的文件名称。

例如，调用 File 类的 Delete 方法删除 C 盘根目录下的 Test.txt 文本文件，代码如下：

```
File.Delete("C:\\Test.txt");
```

2. FileInfo 类的 Delete 方法

该方法用于永久删除文件，其语法格式如下：

```
public override void Delete ()
```

例如，首先实例化一个 FileInfo 对象，然后使用该对象调用 FileInfo 类的 Delete 方法删除 C 盘根目录下的 Test.txt 文本文件，代码如下：

```
FileInfo finfo = new FileInfo("C:\\Test.txt");                //创建文件对象
finfo.Delete();                                               //删除文件
```

12.1.8 获取文件基本信息

视频讲解：资源包\Video\12\12.1.8 获取文件基本信息.mp4

获取文件的基本信息时，主要用到了 FileInfo 类中的各种属性。下面通过一个实例说明如何获取文件的基本信息。

实例 01　获取选定文件的详细信息 | 实例位置：资源包\Code\SL\12\01

本例的程序开发步骤如下：

（1）新建一个 Windows 应用程序，在默认的 Form1 窗体中添加一个 OpenFileDialog 控件、一个 TextBox 控件和一个 Button 控件。其中，OpenFileDialog 控件用来显示“打开”对话框，TextBox 控件用来显示选择的文件名，Button 控件用来打开“打开”对话框并获取所选文件的基本信息。

（2）双击触发 Button 控件的 Click 事件，在该事件中，使用 FileInfo 对象的属性获取文件的详细信息并显示，代码如下：

实例01-1

```
private void button1_Click(object sender, EventArgs e)
{
    if (openFileDialog1.ShowDialog() == DialogResult.OK)
    {
        textBox1.Text = openFileDialog1.FileName;                //显示打开的文件
        FileInfo finfo = new FileInfo(textBox1.Text);            //创建FileInfo对象
```

实例01-1

```
            string strCTime = finfo.CreationTime.ToShortDateString(); //获取文件创建时间
            //获取上次访问该文件的时间
            string strLATime = finfo.LastAccessTime.ToShortDateString();
            string strLWTime = finfo.LastWriteTime.ToShortDateString(); //获取上次写入文件的时间
            string strName = finfo.Name;                                //获取文件名称
            string strFName = finfo.FullName;                           //获取文件的完整目录
            string strDName = finfo.DirectoryName;                      //获取文件的完整路径
            string strISRead = finfo.IsReadOnly.ToString();             //获取文件是否只读
            long lgLength = finfo.Length;                               //获取文件长度
            MessageBox.Show("文件信息：\n创建时间：" + strCTime + " 上次访问时间：" + strLATime +
    "\n上次写入时间：" + strLWTime + " 文件名称：" + strName + "\n完整目录：" + strFName +
    "\n完整路径：" + strDName + "\n是否只读：" + strISRead + " 文件长度：" + lgLength);
        }
    }
```

运行程序，单击“浏览”按钮，弹出“打开”对话框；选择文件，单击“打开”按钮，在弹出的对话框中将显示所选文件的基本信息。程序运行结果如图 12.1 所示。

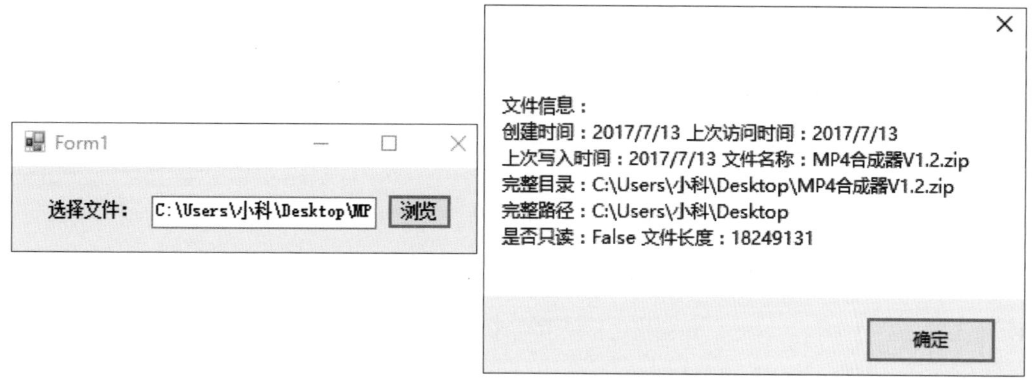

图 12.1　获取文件基本信息

拓展训练

一、新建一个 Windows 窗体应用程序，在窗体中添加一个 Button 控件，用来根据当前日期和时间动态地创建文件。（资源包 \Code\Try\12\01）

二、使用 C# 制作一个文件批量重命名工具，效果如图 12.2 所示（本程序实现时，需要借助 ProgressBar 进度条控件）。（资源包 \Code\Try\12\02）

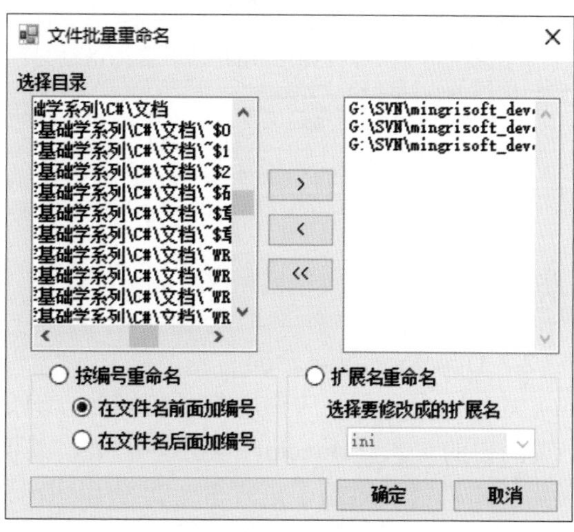

图 12.2　文件批量重命名

12.2 文件夹基本操作

对文件夹的基本操作大体可以分为判断文件夹是否存在、创建文件夹、移动文件夹、删除文件夹，以及遍历文件夹中的文件，本节将对文件夹的基本操作进行详细讲解。

12.2.1 Directory 类

视频讲解：资源包\Video\12\12.2.1 Directory类.mp4

Directory 类公开了用于创建、移动、枚举、删除目录和子目录的静态方法，这里介绍该类中的一些常用方法，如表 12.4 所示。

表 12.4　Directory 类的常用方法及说明

方　法	说　明
CreateDirectory	创建指定路径中的所有目录
Delete	删除指定的目录
Exists	确定指定路径是否引用磁盘中的现有目录
GetCreationTime	获取目录的创建日期和时间
GetDirectories	获取指定目录中子目录的名称
GetDirectoryRoot	返回指定路径的卷信息、根信息或两者同时返回
GetFiles	返回指定目录中的文件名称
GetFileSystemEntries	返回指定目录中所有文件和子目录的名称
GetLastAccessTime	返回上次访问指定文件或目录的日期和时间
GetLastWriteTime	返回上次写入指定文件或目录的日期和时间
GetParent	检索指定路径的父目录，包括绝对路径和相对路径
Move	将文件或目录及其内容移到新位置
SetCreationTime	为指定的文件或目录设置创建日期和时间
SetCurrentDirectory	将应用程序的当前工作目录设置为指定的目录
SetLastAccessTime	设置上次访问指定文件或目录的日期和时间
SetLastWriteTime	设置上次写入目录的日期和时间

12.2.2 DirectoryInfo 类

视频讲解：资源包\Video\12\12.2.2 DirectoryInfo类.mp4

DirectoryInfo 类和 Directory 类之间许多方法的调用都是相同的，但是 DirectoryInfo 类没有静态方法，该类中的方法仅可以用于实例化的对象。Directory 类是静态类，其调用需要字符串参数为每一个方法调用规定文件夹路径。因此，如果要在对象中进行单一方法调用，则可以使用静态 Directory 类。

在这种情况下，静态调用速度要快一些，因为 .NET 框架不必执行实例化新对象并调用其方法。如果要在文件夹中执行几种操作，则实例化 DirectoryInfo 对象并调用其方法的效率会更高，因为对象将在文件夹系统中引用正确的文件夹，而静态类则必须每次都寻找文件夹。

DirectoryInfo 类的常用属性及说明如表 12.5 所示。

表 12.5　DirectoryInfo 类的常用属性及说明

属　性	说　明
CreationTime	获取或设置当前 FileSystemInfo 对象的创建时间
Exists	获取指示目录是否存在的值
Extension	获取表示文件扩展名部分的字符串
FullName	获取目录或文件的完整目录
LastAccessTime	获取或设置上次访问当前文件或目录的时间
LastWriteTime	获取或设置上次写入当前文件或目录的时间
Name	获取 DirectoryInfo 实例的名称
Parent	获取指定子目录的父目录
Root	获取路径的根部分

12.2.3 判断文件夹是否存在

视频讲解：资源包\Video\12\12.2.3 判断文件夹是否存在.mp4

判断文件夹是否存在时，可以使用 Directory 类的 Exists 方法或者 DirectoryInfo 类的 Exists 属性来实现，下面分别介绍。

1. Directory 类的 Exists 方法

该方法用于判断指定路径是否引用磁盘中现有的目录，其语法格式如下：

```
public static bool Exists (string path)
```

☑ path：要测试的路径。

☑ 返回值：如果 path 引用现有目录，则为 true；否则为 false。

例如，使用 Directory 类的 Exists 方法判断 C 盘根目录下是否存在 Test 文件夹，代码如下：

```
Directory.Exists("C:\\Test ");
```

2. DirectoryInfo 类的 Exists 属性

该属性用于获取指定目录是否存在，其语法格式如下：

```
public override bool Exists { get; }
```

属性值：如果目录存在，则为 true；否则为 false。

例如，首先实例化一个 DirectoryInfo 对象，然后使用该对象调用 DirectoryInfo 类中的 Exists 属性判断 C 盘根目录下是否存在 Test 文件夹，代码如下：

```
DirectoryInfo dinfo = new DirectoryInfo("C:\\Test");    //创建文件夹对象
if (dinfo.Exists)                                        //判断文件夹是否存在
{
}
```

12.2.4 创建文件夹

视频讲解：资源包\Video\12\12.2.4 创建文件夹.mp4

创建文件夹可以使用 Directory 类的 CreateDirectory 方法或者 DirectoryInfo 类的 Create 方法来实现，下面分别介绍。

1. Directory 类的 CreateDirectory 方法

该方法为可重载方法，具有以下两种重载形式。

```
public static DirectoryInfo CreateDirectory (string path)
public static DirectoryInfo CreateDirectory (string path,DirectorySecurity directorySecurity)
```

☑ path：要创建的目录路径。

☑ directorySecurity：要应用于此目录的访问控制。

☑ 返回值：第一种重载形式的返回值为由 path 指定的 DirectoryInfo；第二种重载形式的返回值为新创建的目录的 DirectoryInfo 对象。

例如，调用 Directory 类的 CreateDirectory 方法在 C 盘根目录下创建一个 Test 文件夹，代码如下：

```
Directory.CreateDirectory("C:\\Test ");
```

2. DirectoryInfo 类的 Create 方法

该方法为可重载方法，具有以下两种重载形式。

```
public void Create ()
public void Create (DirectorySecurity directorySecurity)
```

其中，directorySecurity 为要应用于此目录的访问控制。

例如，首先实例化一个 DirectoryInfo 对象，然后使用该对象调用 DirectoryInfo 类的 Create 方法在 C 盘根目录下创建一个 Test 文件夹，代码如下：

```
DirectoryInfo dinfo = new DirectoryInfo("C:\\Test");    //创建文件夹对象
dinfo.Create();                                          //创建文件夹
```

12.2.5 移动文件夹

视频讲解：资源包\Video\12\12.2.5 移动文件夹.mp4

当移动文件夹时，可以使用 Directory 类的 Move 方法或者 DirectoryInfo 类的 MoveTo 方法来实现，下面分别介绍。

1. Directory 类的 Move 方法

该方法用于将文件或目录及其内容移到新位置，其语法格式如下：

```
public static void Move (string sourceDirName,string destDirName)
```

☑ sourceDirName：要移动的文件或目录的路径。

☑ destDirName：指向 sourceDirName 的新位置的路径。

例如，调用 Directory 类的 Move 方法将 C 盘根目录下的 Test 文件夹移动到 C 盘根目录下的“新建文件夹”文件夹中，代码如下：

```
Directory.Move("C:\\Test ", "C:\\新建文件夹\\Test");
```

注意

使用 Move 方法移动文件夹时，需要统一磁盘的根目录，如 C 盘下的文件夹只能移动到 C 盘中的某个文件夹下；同样，使用 MoveTo 方法移动文件夹时也是如此，下面不再强调。

2. DirectoryInfo 类的 MoveTo 方法

该方法用于将 DirectoryInfo 对象及其内容移动到新路径，其语法格式如下：

```
public void MoveTo (string destDirName)
```

destDirName：要将此目录移动到目标位置的名称和路径。目标不能是另一个具有相同名称的磁盘或目录，它可以是要将此目录作为子目录添加到其中的一个现有目录。

例如，首先实例化一个 DirectoryInfo 对象，然后使用该对象调用 DirectoryInfo 类的 MoveTo 方法将 C 盘根目录下的 Test 文件夹移动到 C 盘根目录下的“新建文件夹”文件夹中，代码如下：

```
DirectoryInfo dinfo = new DirectoryInfo("C:\\Test");          //创建文件夹对象
dinfo.MoveTo("C:\\新建文件夹\\Test");                          //移动（剪切）文件夹
```

12.2.6 删除文件夹

视频讲解：资源包\Video\12\12.2.6 删除文件夹.mp4

删除文件夹可以使用 Directory 类的 Delete 方法或者 DirectoryInfo 类的 Delete 方法来实现，下面分别介绍。

1. Directory 类的 Delete 方法

该方法为可重载方法，具有以下两种重载形式。

```
public static void Delete (string path)
public static void Delete (string path,bool recursive)
```

☑ path：要删除的空目录或目录的名称。

☑ recursive：若要删除 path 中的目录、子目录和文件，则为 true；否则为 false。

例如，调用 Directory 类的 Delete 方法删除 C 盘根目录下的 Test 文件夹，代码如下：

```
Directory.Delete("C:\\Test");
```

2. DirectoryInfo 类的 Delete 方法

该方法用于永久删除文件夹，具有以下两种重载形式。

```
public override void Delete ()
public void Delete (bool recursive)
```

recursive：若为 true，则删除此目录、其子目录及所有文件；否则为 false。

说明

对于第一种重载形式，如果 DirectoryInfo 为空，则删除它；对于第二种重载形式，删除 DirectoryInfo 对象并指定是否要删除子目录和文件。

例如，首先实例化一个 DirectoryInfo 对象，然后使用该对象调用 DirectoryInfo 类的 Delete 方法删除 C 盘根目录下的 Test 文件夹，代码如下：

```
DirectoryInfo dinfo = new DirectoryInfo("C:\\Test");    //创建文件夹对象
dinfo.Delete();                                          //删除文件夹
```

12.2.7 遍历文件夹

视频讲解：资源包\Video\12\12.2.7 遍历文件夹.mp4

在遍历文件夹时，可以使用 DirectoryInfo 类提供的 GetDirectories 方法、GetFiles 方法和 GetFileSystemInfos 方法实现，下面分别对这 3 个方法进行详细讲解。

1. GetDirectories 方法

用来返回当前目录的子目录。该方法为可重载方法，具有以下 3 种重载形式。

```
public DirectoryInfo[] GetDirectories ()
public DirectoryInfo[] GetDirectories (string searchPattern)
public DirectoryInfo[] GetDirectories (string searchPattern,SearchOption searchOption)
```

☑ searchPattern：搜索字符串，如用于搜索所有以单词 System 开头的目录的“System*”。

☑ searchOption：SearchOption 枚举的一个值，指定搜索操作是应仅包含当前目录还是应包含所有的子目录。

☑ 返回值：第一种重载形式的返回值为 DirectoryInfo 对象的数组；第二种和第三种重载形式的返回值为与 searchPattern 匹配的 DirectoryInfo 类型的数组。

2. GetFiles 方法

返回当前目录的文件列表。该方法为可重载方法，具有以下 3 种重载形式。

```
public FileInfo[] GetFiles ()
public FileInfo[] GetFiles (string searchPattern)
public FileInfo[] GetFiles (string searchPattern,SearchOption searchOption)
```

☑ searchPattern：搜索字符串（如“*.txt”）。

☑ searchOption：searchOption 枚举的一个值，指定搜索操作是应仅包含当前目录还是应包含所有的子目录。

☑ 返回值：FileInfo 类型数组。

3. GetFileSystemInfos 方法

检索表示当前目录的文件和子目录的强类型 FileSystemInfo 对象的数组。该方法为可重载方法，具有以下两种重载形式。

```
public FileSystemInfo[] GetFileSystemInfos ()
public FileSystemInfo[] GetFileSystemInfos (string searchPattern)
```

☑ searchPattern：搜索字符串。

☑ 返回值：第一种重载形式的返回值为强类型 FileSystemInfo 项的数组；第二种重载形式的返回值为与搜索条件匹配的强类型 FileSystemInfo 对象的数组。

说明

一般遍历文件夹时都会使用 GetFileSystemInfos 方法，因为 GetDirectories 方法只遍历文件夹中的子文件夹，GetFiles 方法只遍历文件夹中的文件，而 GetFileSystemInfos 方法遍历文件夹中的所有子文件夹及文件。

实例 02　获取文件夹中的所有子文件夹及文件信息　　实例位置：资源包\Code\SL\12\02

本例的程序开发步骤如下：

（1）新建一个 Windows 应用程序，默认窗体为 Form1.cs。

（2）在 Form1 窗体中，添加一个 FolderBrowserDialog 控件、一个 TextBox 控件、一个 Button 控件和一个 ListView 控件。其中，FolderBrowserDialog 控件用来显示“浏览文件夹”对话框，TextBox 控件用来显示选择的文件夹路径及名称，Button 控件用来打开“浏览文件夹”对话框并获取所选文件夹中的子文件夹及文件，ListView 控件用来显示选择的文件夹中的子文件夹及文件信息。

（3）双击触发 Button 控件的 Click 事件，在该事件中，首先使用 DirectoryInfo 对象的 GetFileSystemInfos 方法获取指定文件夹下所有的子文件夹及文件，然后将获取到的信息显示在 ListView 列表中。代码如下：

实例02-1

```
private void button1_Click(object sender, EventArgs e)
{
    listView1.Items.Clear();
    if (folderBrowserDialog1.ShowDialog() == DialogResult.OK)
    {
        textBox1.Text = folderBrowserDialog1.SelectedPath;
        //创建DirectoryInfo对象
        DirectoryInfo dinfo = new DirectoryInfo(textBox1.Text);
        //获取指定目录下的所有子目录及文件类型
        FileSystemInfo[] fsinfos = dinfo.GetFileSystemInfos();
        foreach (FileSystemInfo fsinfo in fsinfos)
        {
            if (fsinfo is DirectoryInfo)        //判断是否是文件夹
            {
                //使用获取的文件夹名称实例化DirectoryInfo对象
                DirectoryInfo dirinfo = new DirectoryInfo(fsinfo.FullName);
                //为ListView控件添加文件夹信息
                listView1.Items.Add(dirinfo.Name);
                listView1.Items[listView1.Items.Count - 1].SubItems.Add(dirinfo.FullName);
                listView1.Items[listView1.Items.Count - 1].SubItems.Add("");
                listView1.Items[listView1.Items.Count - 1].SubItems.Add
(dirinfo.CreationTime.ToShortDateString());
            }
            else
            {
                //使用获取的文件名称实例化FileInfo对象
                FileInfo finfo = new FileInfo(fsinfo.FullName);
                //为ListView控件添加文件信息
                listView1.Items.Add(finfo.Name);
                listView1.Items[listView1.Items.Count - 1].SubItems.Add(finfo.FullName);
                listView1.Items[listView1.Items.Count - 1].SubItems.Add
(finfo.Length.ToString());
                listView1.Items[listView1.Items.Count - 1].SubItems.Add
(finfo.CreationTime.ToShortDateString());
            }
        }
    }
}
```

运行程序，单击“浏览”按钮，弹出“浏览文件夹”对话框；选择文件夹，单击“确定”按钮，将选择的文件夹中所包含的子文件夹及文件信息显示在ListView控件中。程序运行结果如图12.3所示。

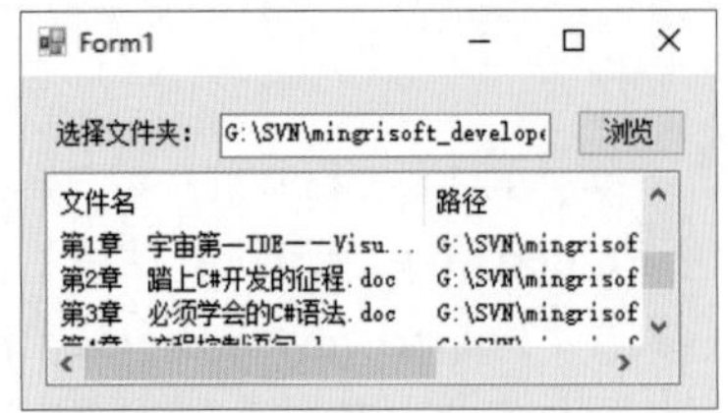

图 12.3　获取文件夹中的所有子文件夹及文件信息

拓展训练

一、新建一个 Windows 窗体应用程序，在窗体中添加两个 Button 控件，分别用来选择文件夹的创建路径，以及根据当前日期时间动态地创建文件夹。（资源包 \Code\Try\12\03）

二、本实例实现对指定文件夹中的文件进行分类存储（比如将 txt 类型的文件放在一个文件夹中，将 doc 类型的文件放在另一个文件夹中），效果如图 12.4 和图 12.5 所示。（资源包 \Code\Try\12\04）

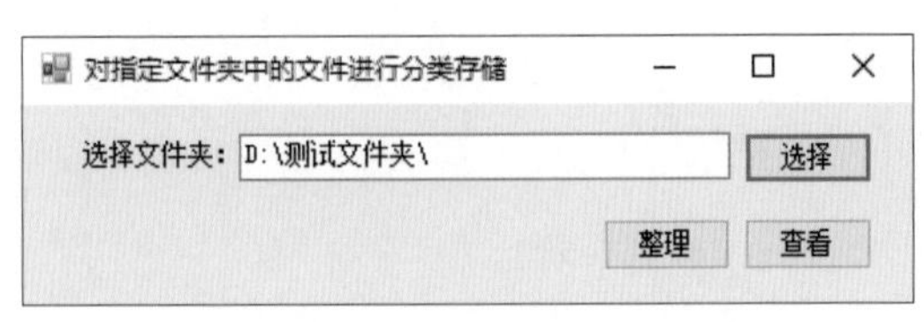

图 12.4　对指定文件夹中的文件进行分类存储

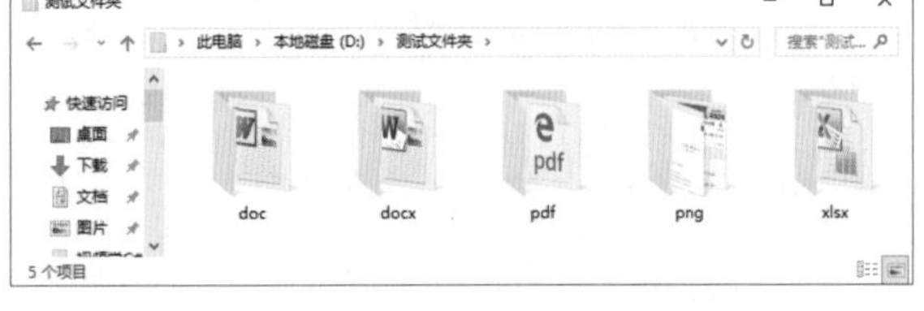

图 12.5　查看整理后的文件夹

12.3 I/O 流

作为在 .NET Framework 中执行读写文件操作时的一种非常重要的介质，I/O（输入 / 输出）流提供了一种向后备存储写入字节和从后备存储读取字节的方式，下面对 I/O 流进行详细讲解。

12.3.1 流概述

视频讲解

视频讲解：资源包\Video\12\12.3.1 流概述.mp4

在程序开发过程中，将输入与输出设备之间的数据传递抽象为流，例如，通过键盘可以输入数据，通过显示器可以显示键盘输入的数据等。按照不同的分类方式，可以将流分为不同的类型：根据操作流的数据单元，可以将流分为字节流（操作的数据单元是一字节）和字符流（操作的数据单元是两字节或一个字符，因为一个字符占两字节）；根据流的流向，可以将流分为输入流和输出流。

从内存的角度出发，输入流是指数据从数据源（如文件、压缩包或者视频等）流入内存的过程，输入示意图如图 12.6 所示；输出流是指数据从内存流出到数据源的过程，输出示意图如图 12.7 所示。

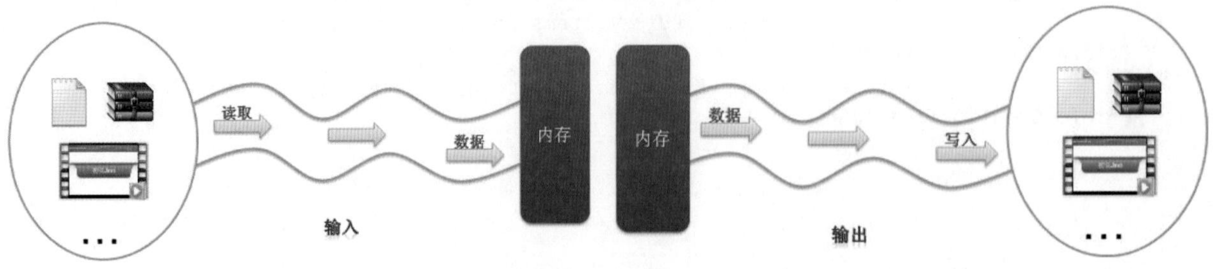

图 12.6　输入示意图　　图 12.7　输出示意图

说明

输入流被用来读取数据，输出流被用来写入数据。

在 .NET Framework 中，流由 Stream 类来表示，该类构成了所有其他流的抽象类，不能直接创建 Stream 类的实例，但是必须使用它实现某个 I/O 流类。

在 C# 中有许多类型的流，但在处理文件输入 / 输出（I/O）时，最重要的是 FileStream 类，它提供了读取和写入文件的方式。在处理文件 I/O 时使用的其他流主要包括 BufferedStream、CryptoStream、MemoryStream 和 NetworkStream 等。

12.3.2 文件 I/O 流介绍

视频讲解

视频讲解：资源包\Video\12\12.3.2 文件I/O流介绍.mp4

在 C# 中，文件 I/O 流使用 FileStream 类实现。一个 FileStream 类的实例实际上代表一个磁盘文件，它通过 Seek 方法对文件进行随机访问，同时也包含了流的标准输入、标准输出和标准错误等。FileStream 默认对文件的打开方式是同步的，但它也能很好地支持异步操作。

1. FileStream 类的常用属性

FileStream 类的常用属性及说明如表 12.6 所示。

表 12.6　FileStream 类的常用属性及说明

属　性	说　明
CanRead	获取一个值，该值指示当前流是否支持读取
CanSeek	获取一个值，该值指示当前流是否支持查找
CanTimeout	获取一个值，该值确定当前流是否可以超时
CanWrite	获取一个值，该值指示当前流是否支持写入
IsAsync	获取一个值，该值指示 FileStream 是异步还是同步打开的
Length	获取用字节表示的流长度
Name	获取传递给构造函数的 FileStream 的名称
Position	获取或设置此流的当前位置
ReadTimeout	获取或设置一个值，该值确定流在超时前尝试读取多长时间
WriteTimeout	获取或设置一个值，该值确定流在超时前尝试写入多长时间

2. FileStream 类的常用方法

FileStream 类的常用方法及说明如表 12.7 所示。

表 12.7　FileStream 类的常用方法及说明

方　法	说　明
BeginRead	开始异步读操作
BeginWrite	开始异步写操作

续表

方　法	说　明
Close	关闭当前流并释放与之关联的所有资源
EndRead	等待挂起的异步读取完成
EndWrite	结束异步写入，在 I/O 操作完成之前一直阻止
Lock	允许读取访问的同时防止其他进程更改 FileStream
Read	从流中读取字节块并将该数据写入指定缓冲区中
ReadByte	从文件中读取一字节，并将读取位置提升一字节
Seek	将该流的当前位置设置为指定值
SetLength	将该流的长度设置为指定值
Unlock	允许其他进程访问以前锁定的某个文件的全部或部分
Write	使用从缓冲区读取的数据将字节块写入该流
WriteByte	将一个字节写入文件流的当前位置

3. 使用 FileStream 类操作文件

若用 FileStream 类操作文件，需先实例化一个 FileStream 对象。FileStream 类的构造函数有许多不同的重载形式，其中包括一个最重要的参数，即 FileMode 枚举。

FileMode 枚举规定了如何打开或创建文件，其包括的枚举成员及说明如表 12.8 所示。

表 12.8　FileMode 类的枚举成员及说明

枚举成员	说　明
Append	打开现有文件并查找到文件尾，或创建新文件。FileMode.Append 只能同 FileAccess.Write 一起使用。任何读尝试都将失败并引发 ArgumentException 异常
Create	指定操作系统应创建新文件。如果文件已存在，它将被改写。这要求 FileIOPermissionAccess.Write 和 System.IO.FileMode.Create 等效于这样的请求：如果文件不存在，则使用 CreateNew，否则使用 Truncate
CreateNew	指定操作系统应创建新文件。此操作需要 FileIOPermissionAccess.Write。如果文件已存在，则将引发 IOException 异常
Open	指定操作系统应打开现有文件。打开文件的能力取决于 FileAccess 所指定的值。如果该文件不存在，则引发 System.IO.FileNotFoundException 异常
OpenOrCreate	指定操作系统应打开文件（如果文件存在），否则，应创建新文件。如果用 FileAccess.Read 打开文件，则需要 FileIOPermissionAccess.Read。如果文件访问为 FileAccess.Write 或 FileAccess.ReadWrite，则需要 FileIOPermissionAccess.Write；如果文件访问为 FileAccess.Append，则需要 FileIOPermissionAccess.Append
Truncate	指定操作系统应打开现有文件。文件一旦被打开，将被截断为零字节大小。此操作需要 FileIOPermissionAccess.Write。试图从使用 Truncate 打开的文件中进行读取将导致异常

例如，使用 FileStream 类对象打开 Test.txt 文本文件并对其进行读写访问，代码如下：

```
FileStream aFile = new FileStream("Test.txt", FileMode.OpenOrCreate, FileAccess.ReadWrite);
```

12.3.3 使用 I/O 流操作文本文件

视频讲解：资源包\Video\12\12.3.3 使用I/O流操作文本文件.mp4

使用 I/O 流操作文本文件时主要用到 StreamWriter 类和 StreamReader 类，下面对这两个类进行详细讲解。

1. StreamWriter 类

StreamWriter 类是专门用来处理文本文件的类，可以方便地向文本文件中写入字符串，同时它也负责重要的转换，以及处理向 FileStream 对象写入的工作。

StreamWriter 类的常用属性及说明如表 12.9 所示。

表 12.9　StreamWriter 类的常用属性及说明

属　性	说　明
Encoding	获取将输出写入其中的 Encoding
Formatprovider	获取控制格式设置的对象
NewLine	获取或设置由当前 TextWriter 使用的行结束符字符串

StreamWriter 类的常用方法及说明如表 12.10 所示。

表 12.10　StreamWriter 类的常用方法及说明

方　法	说　明
Close	关闭当前的 StringWriter 和基础流
Write	写入 StringWriter 的此实例中
WriteLine	写入重载参数指定的某些数据，后跟行结束符

2. StreamReader 类

StreamReader 类是专门用来读取文本文件的类。StreamReader 不仅可以从底层 Stream 对象创建 StreamReader 对象的实例，还能指定编码规范参数。创建 StreamReader 对象后，它提供了许多用于读取和浏览字符数据的方法。

StreamReader 类的常用方法及说明如表 12.11 所示。

表 12.11　StreamReader 类的常用方法及说明

方　法	说　明
Close	关闭 StringReader
Read	读取输入字符串中的下一个字符或下一组字符
ReadBlock	从当前流中读取最大 count 的字符，并从 index 开始将该数据写入 Buffer
ReadLine	从基础字符串中读取一行
ReadToEnd	将整个流或从流的当前位置到流的结尾作为字符串读取

实例 03 编程实现向文本文件中写入和读取名人名言 | 实例位置：资源包\Code\SL\12\03

程序开发步骤如下：

（1）新建一个 Windows 应用程序，默认窗体为 Form1.cs。

（2）在 Form1 窗体中，添加一个 SaveFileDialog 控件、一个 OpenFileDialog 控件、一个 TextBox 控件和两个 Button 控件。其中，SaveFileDialog 控件用来显示“另存为”对话框，OpenFileDialog 控件用来显示“打开”对话框，TextBox 控件用来输入要写入文本文件的内容和显示选中文本文件的内容，Button 控件分别用来打开“另存为”对话框并执行文本文件写入操作，以及打开“打开”对话框并执行文本文件读取操作。

（3）分别双击“写入”和“读取”按钮，触发它们的 Click 事件，在这两个事件中，分别使用 StreamWriter 类和 StreamReader 类向文本文件中写入和读取内容，代码如下：

实例03-1

```
private void button1_Click(object sender, EventArgs e)
{
    if (textBox1.Text == string.Empty)
    {
        MessageBox.Show("要写入的文件内容不能为空");
    }
    else
    {
        saveFileDialog1.Filter = "文本文件(*.txt)|*.txt";        //设置保存文件的格式
        if (saveFileDialog1.ShowDialog() == DialogResult.OK)
        {
            //使用“另存为”对话框中输入的文件名实例化StreamWriter对象
            StreamWriter sw = new StreamWriter(saveFileDialog1.FileName, true);
            sw.WriteLine(textBox1.Text);                         //向创建的文件中写入内容
            sw.Close();                                          //关闭当前文件写入流
        }
    }
}
private void button2_Click(object sender, EventArgs e)
{
    openFileDialog1.Filter = "文本文件(*.txt)|*.txt";            //设置打开文件的格式
    if (openFileDialog1.ShowDialog() == DialogResult.OK)
    {
        textBox1.Text = string.Empty;
        //使用“打开”对话框中选择的文件实例化StreamReader对象
        StreamReader sr = new StreamReader(openFileDialog1.FileName);
        //调用ReadToEnd方法读取选中文件的全部内容
        textBox1.Text = sr.ReadToEnd();
        sr.Close();                                              //关闭当前文件读取流
    }
}
```

运行程序，单击“写入”按钮，弹出“另存为”对话框，输入要保存的文件名，单击“保存”按钮，将文本框中的内容写入文件中；单击“读取”按钮，弹出“打开”对话框，选择要读取的文件，单击“打开”按钮，将选择的文件中的内容显示在文本框中。程序运行结果如图 12.8 和图 12.9 所示。

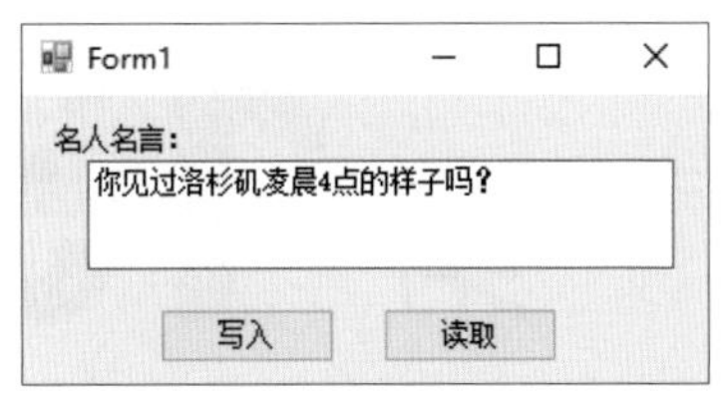

图 12.8　向文本文件中写入和读取名人名言

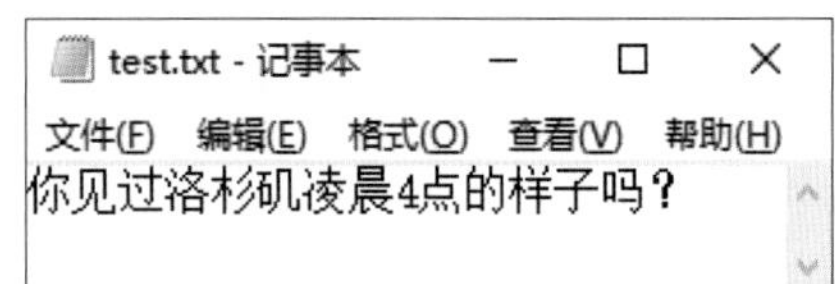

图 12.9　写入文本文件中的内容

拓展训练

一、创建一个 Windows 应用程序，模拟记录进销存管理系统的登录日志。运行程序，在“系统登录”窗体中输入用户名和密码，如图 12.10 所示，单击“登录”按钮进入“系统日志”窗体，该窗体中显示系统的登录日志信息，如图 12.11 所示。（资源包 \Code\Try\12\05）

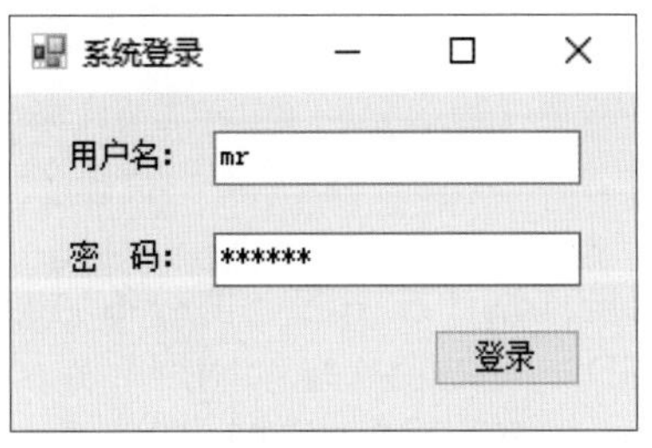

图 12.10　输入用户名和密码

图 12.11　显示系统登录日志信息

二、创建一个 Windows 应用程序，实现按行读取文本文件中所有数据的功能，首先选择要读取的文本文件，然后程序将按行读取该文件的全部数据，并将读取的数据显示在窗体下方的文本框中。（资源包 \Code\Try\12\06）

12.4 小结

本章主要对文件及 I/O 流进行了讲解。程序中对文件进行操作及读取 I/O 流时主要用到了 System.IO 命名空间下的各种类。在本章中，首先对文件的基本操作进行了介绍，并结合实例重点讲解了文件和文件夹的基本操作；然后对 I/O（输入 / 输出）流进行了详细介绍，并重点介绍了如何使用 I/O 流对文本文件进行写入和读取操作。学习完本章后，读者应该能够了解文件及 I/O 流操作的理论知识，并能在实际开发中熟练运用这些理论知识对文件及 I/O 流进行各种操作。

本章 e 学码：关键知识点拓展阅读

ANSI	UTF-8	枚举
FileStream	静态方法	强类型
FileSystemInfo	静态类	实例化
IOException	空引用	重载
SearchOption		

e 学码

第13章

GDI+ 绘图应用

（视频讲解：37 分钟）

本章概览

使用图形分析数据，不仅简单明了，而且清晰可见，它是项目开发中的一项必备功能，那么，在C# 程序中，如何实现图形的绘制呢？答案是 GDI+！使用 GDI+ 可以轻松地绘制用户界面屏幕，并提供画笔、画刷、颜色、图形等。本章将对如何使用 GDI+ 绘制图形进行详细讲解。

知识框架

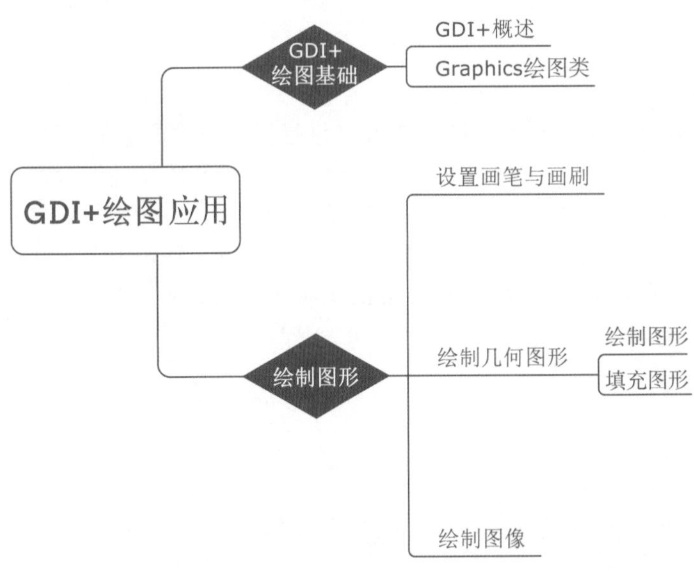

13.1 GDI+ 绘图基础

绘图是高级程序设计中非常重要的一项技术，例如，应用程序需要绘制闪屏图像、背景图像、组件外观，Web 程序可以绘制统计图、数据库存储的图像资源等。正所谓“一图胜千言”，使用图像能够更好地表达程序运行结果，进行细致的数据分析与保存等。本节将对 C# 中的绘图技术——GDI+ 技术进行介绍。

13.1.1 GDI+ 概述

视频讲解：资源包\Video\13\13.1.1 GDI+概述.mp4

GDI+ 指的是 .NET Framework 中提供二维图形、图像处理等功能，是构成 Windows 操作系统的一个子系统，它提供了图形图像操作的应用程序编程接口（API）。使用 GDI+ 可以用相同的方式在屏幕上显示信息或在打印机上打印信息，而无须考虑特定显示设备的细节。GDI+ 类提供程序员用以绘制的方法，这些方法随后会调用特定设备的驱动程序。GDI+ 将应用程序与图形硬件分隔，使程序员能够创建与设备无关的应用程序。GDI+ 主要用于在窗体上绘制各种图形图像，可以用于绘制各种数据图形、数学仿真等。GDI+ 可以在窗体程序中产生很多自定义的图形，便于开发人员展示各种图形化的数据。

GDI+ 就像一个绘图仪，它可以将已经制作好的图形绘制在指定的模板中，并可以对图形的颜色、线条粗细、位置等进行设置。

13.1.2 Graphics 绘图类

视频讲解：资源包\Video\13\13.1.2 Graphics绘图类.mp4

Graphics 类是 GDI+ 的核心，Graphics 对象表示 GDI+ 绘图表面，提供将对象绘制到显示设备的方法。Graphics 与特定的设备上下文关联，是用于创建图形图像的对象。Graphics 类封装了绘制直线、曲线、图形、图像和文本的方法，是进行一切 GDI+ 操作的基础类。创建 Graphics 对象有以下 3 种方法。

（1）在窗体或控件的 Paint 事件中创建，将其作为 PaintEventArgs 的一部分。在为控件创建绘制代码时，通常会使用此方法来获取对图形对象的引用。

例如，在 Paint 事件中创建 Graphics 对象，代码如下：

```
private void Form1_Paint(object sender, PaintEventArgs e)      //窗体的Paint事件
{
    Graphics g = e.Graphics;                                    //创建Graphics对象
}
```

（2）调用控件或窗体的 CreateGraphics 方法以获取对 Graphics 对象的引用，该对象表示控件或窗体的绘图画面。如果在已存在的窗体或控件上绘图，应该使用此方法。

例如，在窗体的 Load 事件中，通过 CreateGraphics 方法创建 Graphics 对象，代码如下：

```
private void Form1_Load(object sender, EventArgs e)     //窗体的Load事件
{
    Graphics g;                                          //声明一个Graphics对象
    //使用CreateGraphics方法创建Graphics对象
    g = this.CreateGraphics();
}
```

（3）由从 Image 继承的任何对象创建 Graphics 对象，此方法在需要更改已存在的图像时十分有用。例如，在窗体的 Load 事件中，通过 FromImage 方法创建 Graphics 对象，代码如下：

```
private void Form1_Load(object sender, EventArgs e)      //窗体的Load事件
{
    Bitmap mbit = new Bitmap(@"C:\mr.bmp");               //实例化Bitmap类
    //通过FromImage方法创建Graphics对象
    Graphics g = Graphics.FromImage(mbit);
}
```

13.2 设置画笔与画刷

13.2.1 设置画笔

视频讲解：资源包\Video\13\13.2.1 设置画笔.mp4

Pen 类主要用于设置画笔，其构造函数的语法格式如下：

```
public Pen (Color color,float width)
```

☑ color：设置 Pen 的颜色。

☑ width：设置 Pen 的宽度。

例如，创建一个 Pen 对象，使其颜色为蓝色，宽度为 2，代码如下：

```
Pen mypen1 = new Pen(Color.Blue, 2);          //实例化一个Pen类，并设置其颜色和宽度
```

多学两招

在上面的语法格式中设置画笔颜色时，用到了 Color 结构，该结构主要用来定义颜色，表示常用颜色的属性，开发人员可以直接使用。Color 结构中表示颜色的属性及说明如表 13.1 所示。

表 13.1　Color 结构中表示颜色的属性及说明

属　性	说　明	属　性	说　明
Black	黑色	Gray	灰色
Blue	蓝色	Green	绿色
Cyan	青色	LightGray	浅灰色
Magenta	洋红色	Red	红色
Orange	橘黄色	White	白色
Pink	粉红色	Yellow	黄色

13.2.2 设置画刷

视频讲解：资源包\Video\13\13.2.2 设置画刷.mp4

Brush 类主要用于设置画刷，以填充几何图形，如将正方形和圆形填充为其他颜色。Brush 类是一个抽象基类，不能进行实例化。如果要创建一个画刷对象，则需要使用从 Brush 派生出的类，如 SolidBrush、HatchBrush 等，下面对 Brush 类派生出的常用类进行讲解。

1. SolidBrush 类

SolidBrush 类用于定义单色画刷，该画刷用于填充图形形状，如矩形、椭圆、扇形、多边形和封闭路径。

语法如下：

```
public SolidBrush(Color color)
```

其中，参数 color 表示此画刷的颜色。

例如，创建一个画刷对象，并设置画刷的颜色为红色，代码如下：

```
Brush mybs = new SolidBrush(Color.Red);                    //创建颜色为红色的画刷
```

2. HatchBrush 类

HatchBrush 类提供了一种特定样式的图形，用来制作填满整个封闭区域的绘图效果。

语法如下：

```
public HatchBrush (HatchStyle hatchstyle,Color foreColor)
```

☑ hatchstyle：HatchStyle 值之一，表示此 HatchBrush 所绘制的图案。

☑ foreColor：Color 结构，它表示此 HatchBrush 所绘制线条的颜色。

说明

使用 HatchBrush 类时，必须添加 System.Drawing.Drawing2D 命名空间。

例如，使用 HatchBrush 类创建一个画刷对象，使用 HatchStyle 指定要绘制的图案为交叉的水平线和垂直线，代码如下：

```
Brush brush = new HatchBrush(HatchStyle.Cross, Color.Red);        //创建画刷
```

使用上面定义的画刷绘制出的图形如图 13.1 所示。

图 13.1 交叉的水平线和垂直线图案

3. LinerGradientBrush 类

LinerGradientBrush 类提供一种渐变色彩的特效，并填满图形的内部区域。

语法如下：

```
public LinerGradientBrush(Point point1, Point point2,Color color1, Color color2)
```

语法中的参数及说明如表 13.2 所示。

表 13.2 LinerGradientBrush 类的构造函数参数及说明

参　数	说　明
point1	表示线形渐变的开始点
point2	表示线形渐变的结束点
color1	表示线形渐变的开始色彩
color2	表示线形渐变的结束色彩

说明

使用 LinerGradientBrush 类时，必须添加 System.Drawing.Drawing2D 命名空间。

例如，使用 LinerGradientBrush 类创建一个渐变画刷对象，渐变颜色为从红色到蓝色，代码如下：

```
Point p1 = new Point(100, 100);          //指定渐变的开始点
Point p2 = new Point(150, 150);          //指定渐变的结束点
//实例化LinerGradientBrush类，设置其使用红色和蓝色进行渐变
LinearGradientBrush brush = new LinearGradientBrush(p1, p2, Color.Red, Color.Blue);
```

使用上面定义的渐变画刷绘制出的图形如图 13.2 所示。

图 13.2　使用渐变画刷绘制的图形

13.3 绘制几何图形

在 C# 中使用 Graphics 类来绘制几何图形，Graphics 类使用不同的方法实现不同图形的绘制，例如，DrawLine() 方法用于绘制直线，DrawRectangle() 方法用于绘制矩形，DrawEllipse() 方法用于绘制椭圆形等。

Graphics 类中常用的图形绘制方法如表 13.3 所示。

表 13.3　Graphics 类中常用的图形绘制方法

方　法	说　明	举　例	绘图效果
DrawArc()	弧线	g.DrawArc(pen,100, 100, 100, 50, 270, 200);	
DrawLine()	直线	g.DrawLine(pen,10, 10, 50, 10); g.DrawLine(pen, 30, 10, 30, 40);	
DrawEllipse()	椭圆	g.DrawEllipse(pen, 10, 10, 50, 30);	
DrawPie()	扇形	g.DrawPie(pen,100, 100, 50, 30, 270, 200);	
DrawPolygon()	多边形	Point point1 = new Point(80, 20); Point point2 = new Point(40, 50); Point point3 = new Point(80, 80); Point point4 = new Point(120, 80); Point point5 = new Point(160, 50); Point point6 = new Point(120, 20); Point[] points = { point1, point2, point3, point4, point5, point6 }; g.DrawPolygon(pen, points);	

续表

方　法	说　明	举　例	绘 图 效 果
DrawBezier()	贝塞尔曲线	g.DrawBezier(pen, 10, 50, 30, 80, 10, 10, 50, 80);	
DrawRectangle()	矩形	g.DrawRectangle(pen,10, 10, 100, 50);	
DrawString()	文本	g.DrawString(" 外星人 ", new Font(" 楷体 ", 16), brush, 10, 10);	外星人
FillPie()	实心扇形	g.FillPie(brush, 100, 100, 50, 30, 270, 200);	
FillEllipse()	实心椭圆	g.FillEllipse(brush, 10, 10, 50, 30);	
FillPolygon ()	实心多边形	Point point1 = new Point(80, 20); Point point2 = new Point(40, 50); Point point3 = new Point(80, 80); Point point4 = new Point(120, 80); Point point5 = new Point(160, 50); Point point6 = new Point(120, 20); Point[] points = { point1, point2, point3, point4, point5, point6 }; g.FillPolygon(brush, points);	
FillRectangle()	实心矩形	g.FillRectangle(brush, 10, 10, 100, 50);	

说明

表 13.3 中第 3 列的 g 表示 Graphics 对象。

13.3.1 绘制图形

视频讲解：资源包\Video\13\13.3.1 绘制图形.mp4

Graphics 类中绘制几何图形的方法都是以 Draw 开头的，下面通过一个具体的实例演示如何绘制图形。

实例 01　绘制验证码　　实例位置：资源包\Code\SL\13\01

程序开发步骤如下：

（1）新建一个 Windows 窗体应用程序，在默认窗体 Form1 中添加一个 PictureBox 控件，用来显示图形验证码；添加一个 Button 控件，用来生成图形验证码。

（2）自定义一个 CheckCode 方法，主要使用 Random 类随机生成 4 位验证码，代码如下：

实例01-1

```
private string CheckCode()                              //此方法生成验证码
{
    int number;
    char code;
    string checkCode = String.Empty;                    //声明变量存储随机生成的4位英文或数字
    Random random = new Random();                       //生成随机数
```

实例01-1

```
    for (int i = 0; i < 4; i++)
    {
        number = random.Next();                    //返回非负随机数
        if (number % 2 == 0)                       //判断数字是否为偶数
            code = (char)('0' + (char)(number % 10));
        else                                       //如果不是偶数
            code = (char)('A' + (char)(number % 26));
        checkCode += " " + code.ToString();        //累加字符串
    }
    return checkCode;                              //返回生成的字符串
}
```

（3）自定义一个 CodeImage 方法，用来将生成的验证码绘制成图片，并显示在 PictureBox 控件中。该方法中有一个 string 类型的参数，用来标识要绘制成图片的验证码。CodeImage 方法的代码如下：

实例01-2

```
private void CodeImage(string checkCode)
{
    if (checkCode == null || checkCode.Trim() == String.Empty)
        return;
    Bitmap image = new Bitmap((int)Math.Ceiling((checkCode.Length * 9.5)), 22);
    Graphics g = Graphics.FromImage(image);       //创建Graphics对象
    try
    {
        Random random = new Random();             //生成随机生成器
        g.Clear(Color.White);                     //清空图片背景色
        for (int i = 0; i < 3; i++)                      //画图片的背景噪声线
        {
            int x1 = random.Next(image.Width);
            int x2 = random.Next(image.Width);
            int y1 = random.Next(image.Height);
            int y2 = random.Next(image.Height);
            g.DrawLine(new Pen(Color.Black), x1, y1, x2, y2);
        }
        Font font = new Font("Arial", 12, (FontStyle.Bold));
        g.DrawString(checkCode, font, new SolidBrush(Color.Red), 2, 2);
        for (int i = 0; i < 150; i++)                    //画图片的前景噪声点
        {
            int x = random.Next(image.Width);
            int y = random.Next(image.Height);
            image.SetPixel(x, y, Color.FromArgb(random.Next()));
        }
        //画图片的边框线
        g.DrawRectangle(new Pen(Color.Silver), 0, 0, image.Width - 1, image.Height - 1);
        this.pictureBox1.Width = image.Width;            //设置PictureBox的宽度
        this.pictureBox1.Height = image.Height;          //设置PictureBox的高度
        this.pictureBox1.BackgroundImage = image;        //设置PictureBox的背景图像
    }
    catch
    { }
}
```

（4）在窗体的加载事件和 Button 控件的 Click 事件中分别调用 CodeImage方法绘制验证码，代码如下：

实例01-3

```
private void Form1_Load(object sender, EventArgs e)
{
    CodeImage(CheckCode());
}
private void button1_Click(object sender, EventArgs e)
{
    CodeImage(CheckCode());
}
```

程序运行结果如图 13.3 所示。

图 13.3　绘制验证码

拓展训练

一、修改实例 01，使其能够绘制中文验证码（每个汉字由四个区位码组成）。（资源包\Code\Try\13\01）

二、绘制一段波形图，效果如图 13.4 所示。（资源包\Code\Try\13\02）

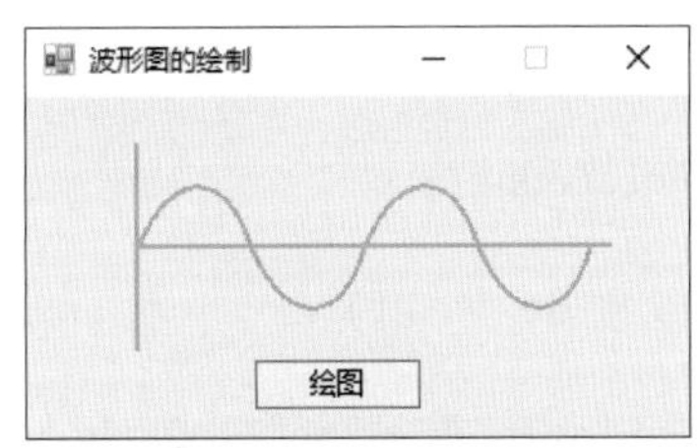

图 13.4　绘制波形图

13.3.2 填充图形

视频讲解：资源包\Video\13\13.3.2 填充图形.mp4

Graphics 类中填充几何图形的方法都是以 Fill 开头的，下面通过一个具体的实例演示以 Fill 开头的方法在实际开发中的应用。

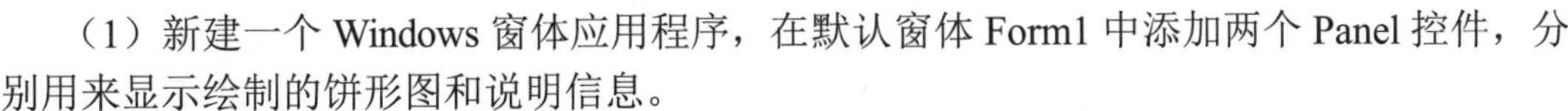

实例 02　利用饼形图分析产品市场占有率　|　实例位置：资源包\Code\SL\13\02

程序开发步骤如下：

（1）新建一个 Windows 窗体应用程序，在默认窗体 Form1 中添加两个 Panel 控件，分别用来显示绘制的饼形图和说明信息。

（2）首先自定义一个 showPic 方法，主要绘制饼形图，然后在 Form1 窗体的 Paint 事件中获取数据表中的相应数据，并且调用 showPic 方法绘制饼形图。

主要代码如下：

实例02-1

```
private void showPic(float f, Brush B)
{
    Graphics g = this.panel1.CreateGraphics(); //通过panel1控件创建一个Graphics对象
    if (TimeNum == 0.0f)
    {
        g.FillPie(B, 0, 0, this.panel1.Width, this.panel1.Height, 0, f * 360); //绘制扇形
    }
    else
    {
        g.FillPie(B, 0, 0, this.panel1.Width, this.panel1.Height, TimeNum, f * 360);
    }
    TimeNum += f * 360;
}
private void Form1_Paint(object sender, PaintEventArgs e) //在Paint事件中绘制
{
    ht.Clear();
    Conn();                                              //连接数据库
    Random rnd = new Random();                           //生成随机数
    using (cmd = new SqlCommand("select t_Name,sum(t_Num) as Num  from tb_product group by t_Name", con))
    {
        Graphics g2 = this.panel2.CreateGraphics();      //通过panel2控件创建一个Graphics对象
        SqlDataReader dr = cmd.ExecuteReader();          //创建SqlDataReader对象
        while (dr.Read())                                //读取数据
        {
            ht.Add(dr[0], Convert.ToInt32(dr[1]));       //将数据添加到Hashtable中
        }
        float[] flo = new float[ht.Count];
        int T = 0;
        foreach (DictionaryEntry de in ht)               //遍历Hashtable
        {
            flo[T] = Convert.ToSingle((Convert.ToDouble(de.Value) / SumNum).ToString().Substring(0, 6));
            Brush Bru = new SolidBrush(Color.FromArgb(rnd.Next(255), rnd.Next(255), rnd.Next(255)));
            g2.DrawString(de.Key + "  " + flo[T] * 100 + "%", new Font("Arial", 8, FontStyle.Regular), Bru, 7, 5 + T * 18);   //绘制商品及百分比
            showPic(flo[T], Bru);                        //调用showPic方法绘制饼型图
            T++;
        }
    }
}
```

程序运行结果如图 13.5 所示。

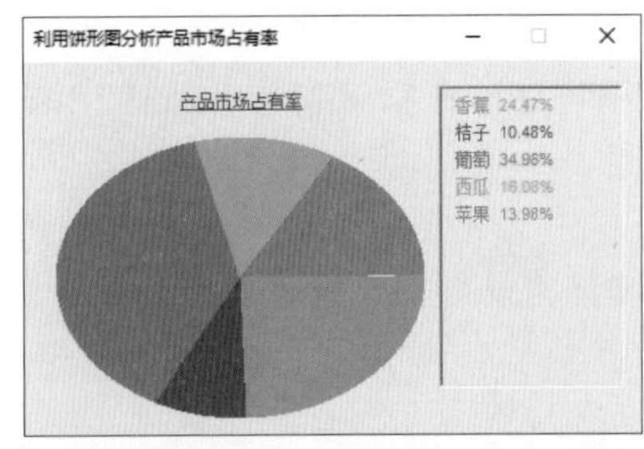

图 13.5　利用饼形图分析产品市场占有率

拓展训练

一、创建一个 Windows 窗体应用程序，实现在饼形图的外围显示说明文字的功能，效果如图 13.6 所示。（资源包 \Code\Try\13\03）

二、创建一个 Windows 窗体应用程序，利用柱形图分析某商品每年的走势情况，效果如图 13.7 所示。（需要用到 FillRectangle 方法和 tb_Stat 数据表。）（资源包 \Code\Try\13\04）

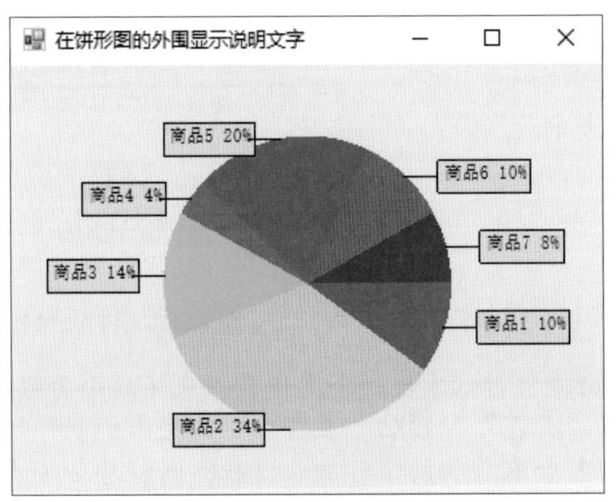

图 13.6　在饼形图的外围显示说明文字

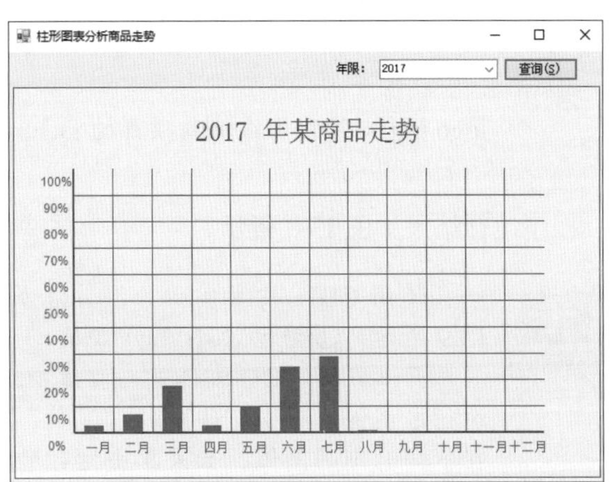

图 13.7　利用柱形图表分析商品走势

13.4 绘制图像

视频讲解：资源包\Video\13\13.4 绘制图像.mp4

Graphics 绘图类不仅可以绘制几何图形和文本，还可以绘制图像，绘制图像时需要使用 DrawImage 方法，该方法可以在由一对坐标指定的位置以图像的原始大小或者指定大小绘制图像，它有多种使用形式，其常用的语法格式如下：

```
public void DrawImage(Image image,int x,int y)
public void DrawImage(Image image,int x,int y,int width,int height)
```

参数及说明如表 13.4 所示。

表 13.4　DrawImage 方法的参数及说明

参　数	说　明
image	要绘制的 Image
x	所绘制图像的左上角的 x 坐标
y	所绘制图像的左上角的 y 坐标
width	所绘制图像的宽度
height	所绘制图像的高度

实例 03　绘制公司 Logo　　实例位置：资源包\Code\SL\13\03

新建一个 Windows 窗体应用程序，触发默认窗体 Form1 的 Paint 事件，在该事件中创建 Graphics 绘图对象，并调用 DrawImage 方法将公司的 Logo 图片绘制到窗体中，代码如下：

实例03-1

```
private void Form1_Paint(object sender, PaintEventArgs e)
{
    Image myImage = Image.FromFile("logo.jpg");                  //创建Image对象
    Graphics myGraphics = this.CreateGraphics();                 //创建Graphics对象
    myGraphics.DrawImage(myImage, 50, 20, 90, 92);               //绘制图像
}
```

说明

logo.jpg 文件需要存放到项目的 Debug 文件夹中。

程序运行结果如图 13.8 所示。

图 13.8　绘制公司 Logo

拓展训练

一、使用 GDI+ 技术实现为图片添加水印文字的功能，效果如图 13.9 所示。（资源包 \Code\Try\13\05）

二、开心农场、QQ 农场是一类虚拟现实小游戏，尝试实现一个类似开心农场的小游戏。运行本实例，单击窗体中的“播种”“生长”“开花”等按钮，在窗体中将显示出农作物在不同时期的图像，如果单击按钮的顺序不符合农作物的实际生长过程，则程序会给出信息提示，效果如图 13.10 所示。（资源包 \Code\Try\13\06）

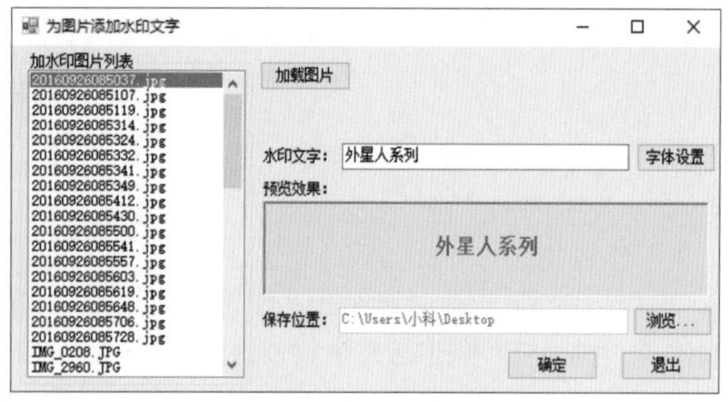

图 13.9　为图片添加水印文字

图 13.10　实现类似开心农场小游戏

13.5 小结

本章主要讲解了 C# 中的绘图技术——GDI+ 技术，其中，首先对绘图前的准备工作：画笔与画刷的设置进行了讲解，然后，主要讲解了基本几何图形的绘制及填充，以及如何绘制图像。通过对本章的学习，读者应该能够熟练掌握基本的绘图技术和图像处理技术，并能够对这些知识进行扩展，绘制出适合自己实际应用的图形（如柱形图、饼形图、折线图或者其他的复杂图形等）。

本章 e 学码：关键知识点拓展阅读

Bitmap	Image	ToSingle
CreateGraphics	Next	编程接口
FromArgb	PaintEventArgs	抽象基类
FromFile	Point	二维图形
FromImage	Random 类	基础类
HatchStyle	SetPixel	

e 学码

第 14 章

Socket 网络编程

（视频讲解：1 小时 36 分钟）

本章概览

随着互联网技术的普及，计算机网络在人们的生活和工作中发挥着越来越重要的作用。计算机网络实现了多个计算机互联系统，相互连接的计算机之间彼此能够进行数据交流。网络应用程序就是在已连接的不同计算机上运行的程序，这些程序相互之间可以交换数据。而编写网络应用程序时，首先必须明确网络应用程序所要使用的网络协议，TCP/IP 是网络应用程序的首选。本章将从介绍网络协议开始，向读者介绍 TCP 网络程序和 UDP 网络程序。

知识框架

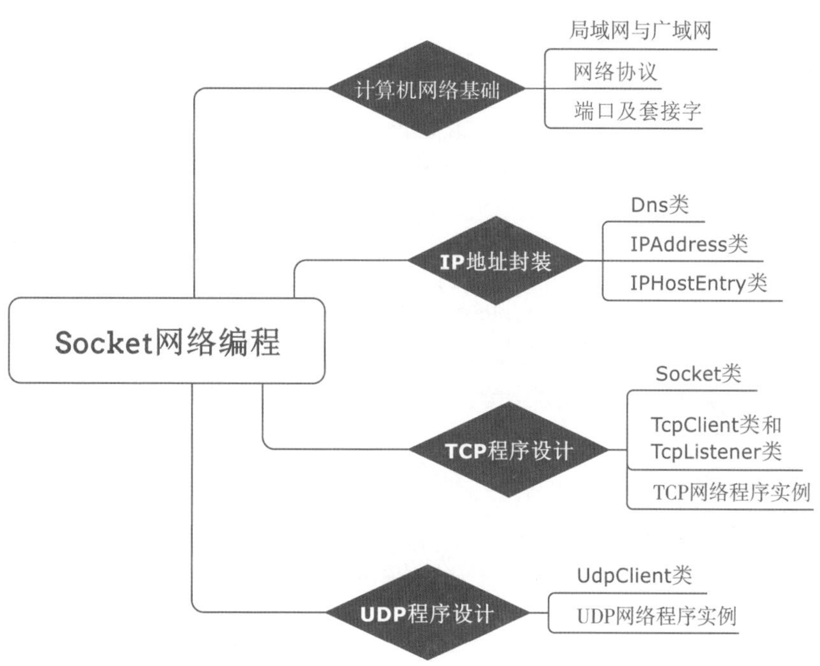

14.1 计算机网络基础

14.1.1 局域网与广域网

视频讲解

视频讲解：资源包\Video\14\14.1.1 局域网与广域网.mp4

计算机网络分为局域网和广域网，通常所说的“局域网”（Local Area Network，LAN），是指在某一区域内由多台计算机通过一定形式连接起来的计算机组，局域网可以由两台计算机组成，也可以由同一区域内的上千台计算机组成，如图 14.1 所示。由 LAN 延伸到更大的范围，这样的网络被称为“广域网”（Wide Area Network，WAN），大家熟悉的因特网（Internet）就是由无数的 LAN 和 WAN 组成的，如图 14.2 所示。

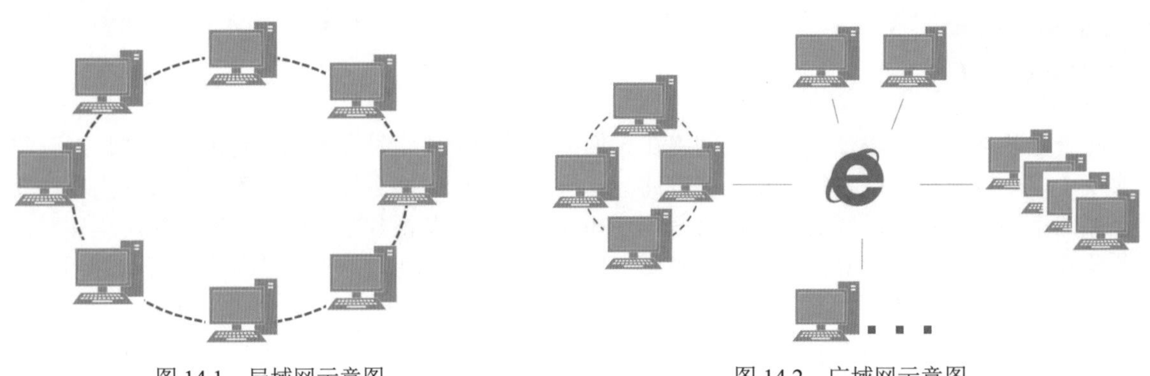

图 14.1　局域网示意图　　　　图 14.2　广域网示意图

14.1.2 网络协议

视频讲解：资源包\Video\14\14.1.2 网络协议.mp4

网络协议规定了计算机之间连接的物理、机械（网线与网卡的连接规定）、电气（有效的电平范围）等特征，以及计算机之间的相互寻址规则、数据发送冲突的解决、长数据如何分段传送与接收等。就像不同的国家有不同的法律一样，目前网络协议也有多种，下面介绍几种常用的网络协议。

1. IP

IP 其实是 Internet Protocol 的简称，由此可知，它是一种网络协议。Internet 网络采用的协议是 TCP/IP，其全称是 Transmission Control Protocol/Internet Protocol。Internet 依靠 TCP/IP，在全球范围内实现不同硬件结构、不同操作系统、不同网络系统的互联。在 Internet 网上存在着数以亿计的主机，每一台主机在网络上通过为其分配的 Internet 地址表示自己，这个地址就是 IP 地址。到目前为止，IP 地址用 4 字节，也就是 32 位的二进制数来表示，称为 IPv4。为了便于使用，通常取用每字节的十进制数，并且每字节之间用圆点隔开来表示 IP 地址，如 192.168.1.1。现在人们正在试验使用 16 字节来表示 IP 地址，这就是 IPv6，但 IPv6 还没有投入使用。

IP 相当于每台计算机在网络中的一个身份证，它必须是唯一的，其示意图如图 14.3 所示。

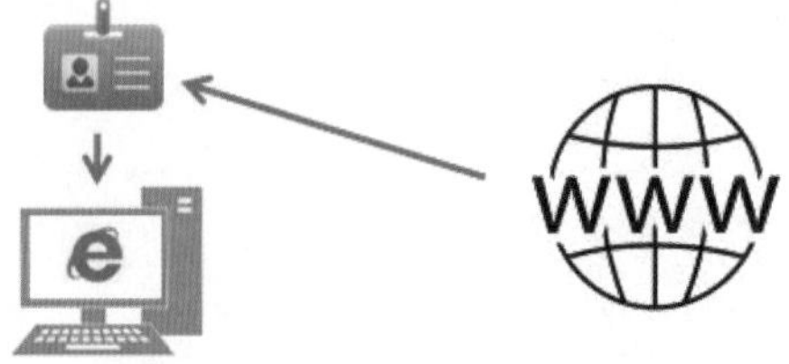

图 14.3　IP 相当于网络中的身份证

2. TCP

在网络协议栈中，有两个高级协议是网络应用程序编写者应该了解的，分别是“传输控制协议”（Transmission Control

Protocol，TCP）与“用户数据报协议”（User Datagram Protocol，UDP）。

TCP 是一种以固接连线为基础的协议，可提供两台计算机之间可靠的数据传送。TCP 可以保证数据从一端传送至连接的另一端时能够及时送达，而且送达的数据的排列顺序和送出时的顺序相同，其示意图如图 14.4 所示。TCP 适合可靠性要求比较高的场合，它就像接打电话一样，必须先拨号给对方，等两端确定连接后，相互能听到对方说话，也知道对方回应的是什么。

3. UDP

UDP 是无连接通信协议，不保证可靠的数据传输，但能够向若干个目标发送数据和接收来自若干个源的数据，其示意图如图 14.5 所示。UDP 是以独立发送数据包的方式进行的，它就像生活中的广播大喇叭，村长一发通知，大喇叭一喊，田里耕地的人都能听见，但在家睡觉的可能就没听见，而哪些人听见了，哪些人没听见，发通知的这个村长是不知道的。

图 14.4　TCP 示意图　　图 14.5　UDP 示意图

多学两招

一些防火墙和路由器会设置成不允许 UDP 数据包传输。因此，若遇到 UDP 连接方面的问题，应先确定是否允许 UDP。

14.1.3 端口及套接字

视频讲解：资源包\Video\14\14.1.3 端口及套接字.mp4

一般而言，一台计算机只有单一的连到网络的“物理连接”（Physical Connection），所有的数据都通过此连接对内、对外送达特定的计算机，这就是端口。网络程序设计中的端口（Port）并非真实的物理存在，而是一个假想的连接装置。端口被规定为一个在 0 ～ 65535 之间的整数，而 HTTP 服务一般使用 80 端口，FTP 服务使用 21 端口。假如一台计算机提供了 HTTP、FTP 等多种服务，则客户端将通过不同的端口来确定连接到服务器的哪项服务上。计算机中的端口如图 14.6 所示。

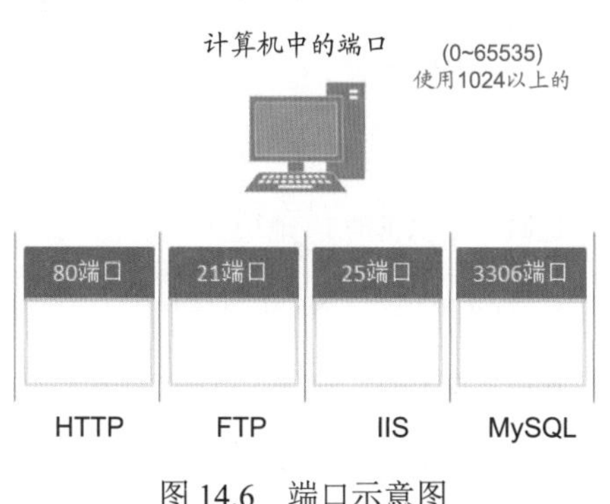

图 14.6　端口示意图

多学两招

在 0 ~ 1023 之间的端口号通常用于一些比较知名的网络服务和应用，普通网络应用程序则应该使用 1024 以上的端口号，以避免该端口号被另一个应用或系统服务所用。

网络程序中的套接字（Socket）用于将程序与网络连接起来。套接字是一个假想的连接装置，就像用于连接电器与电线的插座，如图 14.7 所示。C# 将套接字抽象化为类，程序设计者只需创建 Socket 类对象，即可使用套接字。

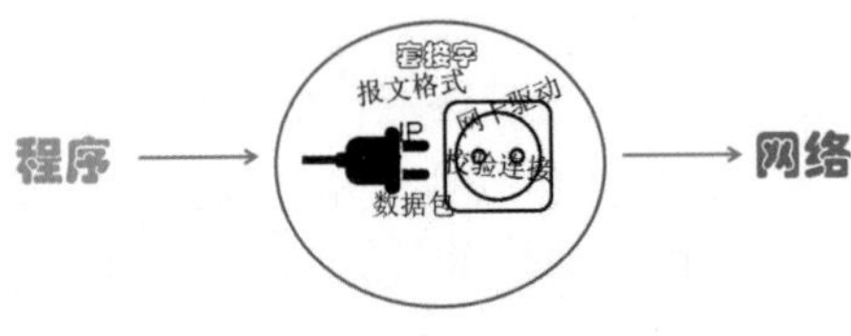

图 14.7　套接字示意图

14.2 IP 地址封装

视频讲解：资源包\Video\14\14.2 IP地址封装.mp4

IP 地址是每台计算机在网络中的唯一标识，它是 32 位或 128 位的无符号数字，使用 4 组数字表示一个固定的编号，如“192.168.128.255”，就是局域网络中的编号。

IP 地址是一种低级协议，TCP 和 UDP 都是在它的基础上构建的。

C# 提供了 IP 地址相关的类,包括 Dns 类、IPAddress 类、IPHostEntry 类等，它们都位于 System.Net 命名空间中，下面分别对这 3 个类进行介绍。

1. Dns 类

Dns 类是一个静态类，它从 Internet 域名系统（DNS）检索关于特定主机的信息。在 IPHostEntry 类的实例中返回来自 DNS 查询的主机信息。如果指定的主机在 DNS 中有多个入口，则 IPHostEntry 包含多个 IP 地址和别名。Dns 类的常用方法及说明如表 14.1 所示。

表 14.1　Dns 类的常用方法及说明

方　法	说　明
BeginGetHostAddresses	异步返回指定主机的 IP 地址
BeginGetHostByName	开始异步请求关于指定 DNS 主机名的 IPHostEntry 信息
EndGetHostAddresses	结束对 DNS 信息（主要是 IP 地址信息）的异步请求
EndGetHostByName	结束对 DNS 信息（主要是主机信息）的异步请求
EndGetHostEntry	结束对 DNS 信息（主要是网络主机信息）的异步请求
GetHostAddresses	返回指定主机的 IP 地址
GetHostByAddress	获取 IP 地址的 DNS 主机信息
GetHostByName	获取指定 DNS 主机名的 DNS 信息
GetHostEntry	将主机名或 IP 地址解析为 IPHostEntry 实例
GetHostName	获取本地计算机的主机名

2. IPAddress 类

IPAddress 类包含计算机在 IP 中的地址，主要用来提供 IP 地址。IPAddress 类的常用字段、属性、方法及说明如表 14.2 所示。

表 14.2　IPAddress 类的常用字段、属性、方法及说明

字段、属性及方法	说　明
Any 字段	提供一个 IP 地址，指示服务器应侦听所有网络接口上的客户端活动。此字段为只读
Broadcast 字段	提供 IP 广播地址。此字段为只读
Loopback 字段	提供 IP 环回地址。此字段为只读
Address 属性	IP 地址
AddressFamily 属性	获取 IP 地址的地址族
IsIPv6LinkLocal 属性	获取地址是否为 IPv6 链接本地地址
IsIPv6SiteLocal 属性	获取地址是否为 IPv6 站点本地地址
GetAddressBytes 方法	以字节数组形式提供 IPAddress 的副本
Parse 方法	将 IP 地址字符串转换为 IPAddress 实例
TryParse 方法	确定字符串是否为有效的 IP 地址

3. IPHostEntry 类

IPHostEntry 类用来为 Internet 主机地址信息提供容器类，其常用属性及说明如表 14.3 所示。

表 14.3　IPHostEntry 类的常用属性及说明

属　性	说　明
AddressList	获取或设置与主机关联的 IP 地址列表
Aliases	获取或设置与主机关联的别名列表
HostName	获取或设置主机的 DNS 名称

说明

IPHostEntry 类通常和 Dns 类一起使用。

实例 01　访问同一局域网中主机的名称　|　实例位置：资源包\Code\SL\14\01

首先使用 Dns 类的相关方法获取本地主机的本机名和 IP 地址，然后访问同一局域网中的 IP“192.168.1.50”至“192.168.1.60”范围内的所有可访问的主机名称（如果对方没有安装防火墙，并且网络连接正常，就可以访问），代码如下：

实例01-1

```
private void Form1_Load(object sender, EventArgs e)
{
    string IP, name, localip = "127.0.0.1";
    string localname = Dns.GetHostName();                  //获取本机名
    IPAddress[] ips = Dns.GetHostAddresses(localname);     //获取所有的IP地址
    foreach(IPAddress ip in ips)
```

```
    {
        if(!ip.IsIPv6SiteLocal)                              //如果不是IPv6地址
            localip = ip.ToString();                         //获取本机IP地址
    }
    //将本机名和IP地址输出
    label1.Text += "本机名：" + localname + "  本机IP地址：" + localip;
    for (int i = 50; i <= 60; i++)
    {
        IP = "192.168.1." + i;                               //生成IP字符串
        try
        {
            IPHostEntry host = Dns.GetHostEntry(IP);         //获取IP封装对象
            name = host.HostName.ToString();                 //获取指定IP地址的主机名
            label1.Text += "\nIP地址 " + IP + " 的主机名称是：" + name;
        }
        catch (Exception ex)
        {
            MessageBox.Show(ex.Message);
        }
    }
}
```

程序运行结果如图 14.8 所示。

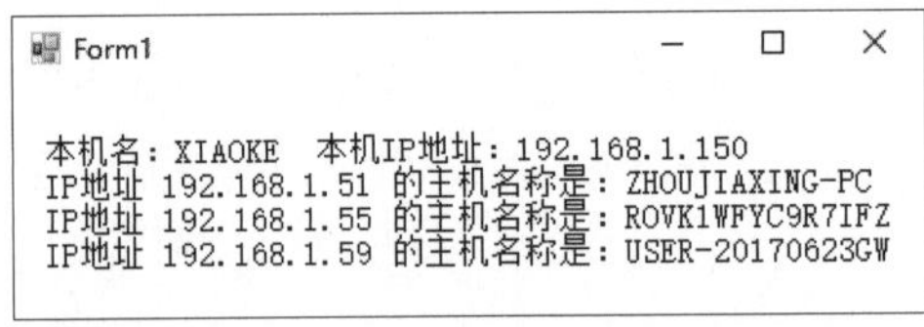

图 14.8　访问同一局域网中的主机名称

多学两招

如果想在没有联网的情况下访问本地主机，可以使用本地回送地址“127.0.0.1”。

拓展训练

一、创建一个 Windows 窗体应用程序，用来根据输入的 IP 地址获取其主机名。具体实现时，在窗体中添加两个 TextBox 控件，分别用来输入 IP 地址和显示获取到的主机名，添加一个 Button 控件，用来根据输入的 IP 地址获取对应的主机名。（资源包 \Code\Try\14\01）

二、局域网 IP 地址扫描程序：运行时，输入开始地址和结束地址，单击“开始”按钮，即可扫描局域网中指定范围内的已用 IP 地址并显示，单击“停止”按钮，停止扫描（主要用到 IPAddress 类和 IPHostEntry 类），效果如图 14.9 所示。（资源包 \Code\Try\14\02）

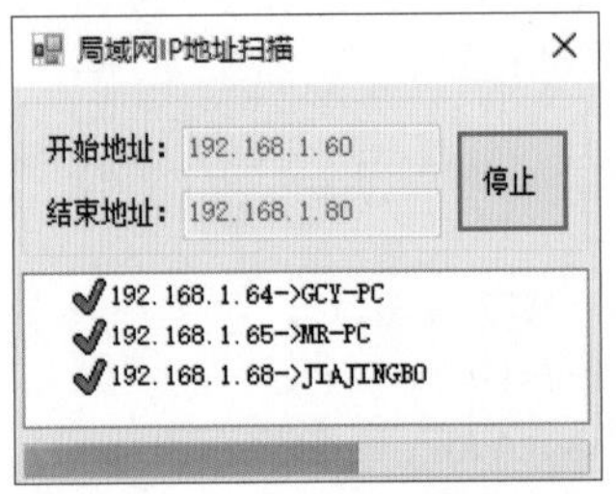

图 14.9　局域网 IP 地址扫描

14.3 TCP 程序设计

TCP（Transmission Control Protocol）即传输控制协议，是一种面向连接的、可靠的、基于字节流的传输层通信协议。在 C# 中，TCP 程序设计是指利用 Socket 类、TcpClient 类和 TcpListener 类编写的网络通信程序，这 3 个类都位于 System.Net.Sockets 命名空间中。利用 TCP 进行通信的两个应用程序是有主次之分的，一个称为服务器端程序，另一个称为客户端程序。

14.3.1 Socket 类

视频讲解：资源包\Video\14\14.3.1 Socket类.mp4

Socket 类为网络通信提供了一套丰富的方法和属性，主要用于管理连接，实现 Berkeley 通信端套接字接口，同时它还定义了绑定、连接网络端点及传输数据所需的各种方法，提供处理端点连接传输等细节所需要的功能。TcpClient 和 UdpClinet 等类在内部使用该类。Socket 类的常用属性及说明如表 14.4 所示。

表 14.4　Socket 类的常用属性及说明

属　性	说　明
AddressFamily	获取 Socket 的地址族
Available	获取已经从网络接收且可供读取的数据量
Connected	获取一个值，该值指示 Socket 是在上次 Send 还是 Receive 操作时连接到远程主机
Handle	获取 Socket 的操作系统句柄
LocalEndPoint	获取本地终结点
ProtocolType	获取 Socket 的协议类型
RemoteEndPoint	获取远程终结点
SendTimeout	获取或设置一个值，该值指定之后同步 Send 调用将超时的时间长度

Socket 类的常用方法及说明如表 14.5 所示。

表 14.5　Socket 类的常用方法及说明

方　法	说　明
Accept	为新建连接创建新的 Socket
BeginAccept	开始一个异步操作来接受一个传入的连接尝试
BeginConnect	开始一个对远程主机连接的异步请求
BeginDisconnect	开始异步请求从远程终结点断开连接
BeginReceive	开始从连接的 Socket 中异步接收数据
BeginSend	将数据异步发送到连接的 Socket
BeginSendFile	将文件异步发送到连接的 Socket

续表

方　法	说　明
BeginSendTo	向特定远程主机异步发送数据
Close	关闭 Socket 连接并释放所有关联的资源
Connect	建立与远程主机的连接
Disconnect	关闭套接字连接，并允许重用套接字
EndAccept	异步接收传入的连接尝试
EndConnect	结束挂起的异步连接请求
EndDisconnect	结束挂起的异步断开连接请求
EndReceive	结束挂起的异步读取
EndSend	结束挂起的异步发送
EndSendFile	结束文件的挂起异步发送
EndSendTo	结束挂起的、向指定位置进行的异步发送
Listen	将 Socket 置于侦听状态
Receive	接收来自绑定的 Socket 的数据
Send	将数据发送到连接的 Socket
SendFile	将文件和可选数据异步发送到连接的 Socket
SendTo	将数据发送到特定的终结点
Shutdown	禁用某 Socket 上的发送和接收

14.3.2 TcpClient 类和 TcpListener 类

视频讲解：资源包\Video\14\14.3.2 TcpClient类和TcpListener类.mp4

TcpClient 类用于在同步阻止模式下通过网络来连接、发送和接收流数据。为了使 TcpClient 连接并交换数据，TcpListener 实例或 Socket 实例必须侦听是否有传入的连接请求。可以使用下面两种方法之一连接到该侦听器：

☑ 创建一个 TcpClient，并调用 Connect 方法连接。

☑ 使用远程主机的主机名和端口号创建 TcpClient，此构造函数将自动尝试一个连接。

TcpListener 类用于在同步阻止模式下侦听和接收传入的连接请求。可使用 TcpClient 类或 Socket 类来连接 TcpListener，并且可以使用 IPEndPoint、本地 IP 地址及端口号或者仅使用端口号来创建 TcpListener 实例对象。

TcpClient 类的常用属性、方法及说明如表 14.6 所示。

表 14.6 TcpClient 类的常用属性、方法及说明

属性及方法	说　明
Available 属性	获取已经从网络接收且可供读取的数据量
Client 属性	获取或设置基础 Socket
Connected 属性	获取一个值，该值指示 TcpClient 的基础 Socket 是否已连接到远程主机
ReceiveBufferSize 属性	获取或设置接收缓冲区的大小
ReceiveTimeout 属性	获取或设置在初始化一个读取操作后 TcpClient 等待接收数据的时间量
SendBufferSize 属性	获取或设置发送缓冲区的大小
SendTimeout 属性	获取或设置 TcpClient 等待发送操作成功完成的时间量
BeginConnect 方法	开始一个对远程主机连接的异步请求
Close 方法	释放此 TcpClient 实例，而不关闭基础连接
Connect 方法	使用指定的主机名和端口号将客户端连接到 TCP 主机
EndConnect 方法	异步接收传入的连接尝试
GetStream 方法	返回用于发送和接收数据的 NetworkStream

TcpListener 类的常用属性、方法及说明如表 14.7 所示。

表 14.7 TcpListener 类的常用属性、方法及说明

属性及方法	说　明
LocalEndpoint 属性	获取当前 TcpListener 的基础 EndPoint
Server 属性	获取基础网络 Socket
AcceptSocket/AcceptTcpClient 方法	接收挂起的连接请求
BeginAcceptSocket/BeginAcceptTcpClient 方法	开始一个异步操作来接收一个传入的连接尝试
EndAcceptSocket 方法	异步接收传入的连接尝试，并创建新的 Socket 来处理远程主机通信
EndAcceptTcpClient 方法	异步接收传入的连接尝试，并创建新的 TcpClient 来处理远程主机通信
Start 方法	开始侦听传入的连接请求
Stop 方法	关闭侦听器

14.3.3 TCP 网络程序实例

视频讲解：资源包\Video\14\14.3.3 TCP网络程序实例.mp4

实例 02　客户端与服务器端的交互　　实例位置：资源包\Code\SL\14\02

客户端与服务器端交互程序。

☑ 服务器端

视频讲解

创建服务器端项目 Server，首先在 Main 方法中创建 TCP 连接对象；然后监听客户端接入，并读取接入的客户端 IP 地址和传入的消息；最后向接入的客户端发送一条信息，代码如下：

实例02-1

```
namespace Server
{
    class Program
    {
        static void Main()
        {
            int port = 888;                                          //端口
            TcpClient tcpClient;                                     //创建TCP连接对象
            IPAddress[] serverIP = Dns.GetHostAddresses("127.0.0.1"); //定义IP地址
            IPAddress localAddress = serverIP[0];                    //IP地址
            TcpListener tcpListener = new TcpListener(localAddress, port); //监听套接字
            tcpListener.Start();                                     //开始监听
            Console.WriteLine("服务器启动成功，等待用户接入…");           //输出消息
            while (true)
            {
                try
                {
                    //每接收一个客户端则生成一个TcpClient
                    tcpClient = tcpListener.AcceptTcpClient();
                     NetworkStream networkStream = tcpClient.GetStream(); //获取网络数据流
                    //定义流数据读取对象
                    BinaryReader reader = new BinaryReader(networkStream);
                    //定义流数据写入对象
                    BinaryWriter writer = new BinaryWriter(networkStream);
                    while (true)
                    {
                        try
                        {
                            string strReader = reader.ReadString(); //接收消息
                            //截取客户端消息
                            string[] strReaders = strReader.Split(new char[] { ' ' });
                            //输出接收的客户端IP地址
                            Console.WriteLine("有客户端接入，客户IP：" + strReaders[0]);
                            //输出接收的消息
                            Console.WriteLine("来自客户端的消息：" + strReaders[1]);
                            string strWriter = "我是服务器，欢迎光临"; //定义服务器端要写入的消息
                            writer.Write(strWriter);                 //向对方发送消息
                        }
                        catch
                        {
                            break;
                        }
                    }
                }
                catch
                {
```

```
                        break;
                    }
                }
            }
        }
}
```

☑ 客户端

创建客户端项目Client，首先在Main方法中创建TCP连接对象，以指定的地址和端口连接服务器；然后向服务器端发送数据和接收服务器端传输的数据。代码如下：

实例02-2

```
namespace Client
{
    class Program
    {

        static void Main(string[] args)
        {
            //创建一个TcpClient对象，自动分配主机IP地址和端口号
            TcpClient tcpClient = new TcpClient();
            //连接服务器，其IP和端口号为127.0.0.1和888
            tcpClient.Connect("127.0.0.1", 888);
            if (tcpClient != null)                          //判断是否连接成功
            {
                Console.WriteLine("连接服务器成功");
                NetworkStream networkStream = tcpClient.GetStream();  //获取数据流
                BinaryReader reader = new BinaryReader(networkStream); //定义流数据读取对象
                BinaryWriter writer = new BinaryWriter(networkStream); //定义流数据写入对象
                string localip="127.0.0.1";                 //存储本机IP，默认值为127.0.0.1
                IPAddress[] ips = Dns.GetHostAddresses(Dns.GetHostName()); //获取所有IP地址
                foreach (IPAddress ip in ips)
                {
                    if (!ip.IsIPv6SiteLocal)            //如果不是IPv6地址
                        localip = ip.ToString();        //获取本机IP地址
                }
                writer.Write(localip + " 你好服务器，我是客户端"); //向服务器发送消息
                while (true)
                {
                    try
                    {
                        string strReader = reader.ReadString(); //接收服务器发送的数据
                        if (strReader != null)
                        {
                            //输出接收的服务器消息
```

```
                            Console.WriteLine("来自服务器的消息："+strReader);
                        }
                    }
                    catch
                    {
                        break;                              //接收过程中如果出现异常，则退出循环
                    }
                }
            }
            Console.WriteLine("连接服务器失败");
        }
    }
}
```

首先运行服务器端，然后运行客户端，运行客户端后的服务器端效果如图 14.10 所示，客户端运行效果如图 14.11 所示。

图 14.10　客户端运行后的服务器端效果

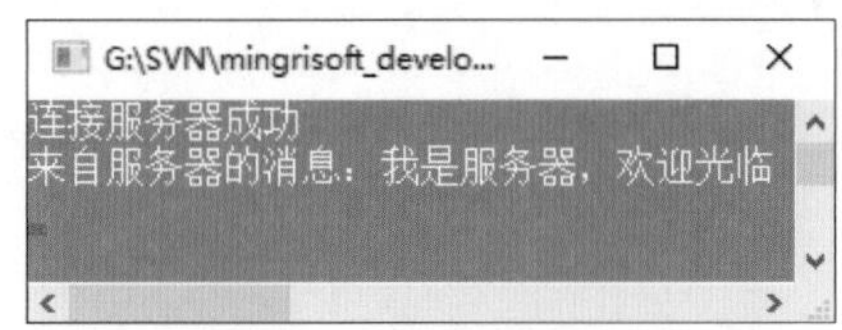

图 14.11　客户端运行效果

拓展训练

一、使用 TCP 制作一个点对点聊天程序，该程序把本机作为服务器，可以直接将信息发送给对方，程序运行结果如图 14.12 所示。（资源包 \Code\Try\14\03）

图 14.12　点对点聊天程序

二、修改实例 02，将程序修改为使用 Socket 实现客户端与服务器端的交互。（资源包 \Code\Try\14\04）

14.4 UDP 程序设计

UDP（User Datagram Protocol 的简称）即用户数据报协议，它是网络信息传输的另一种形式。UDP 通信和 TCP 通信不同，基于 UDP 的信息传递更快，但不提供可靠的保证。使用 UDP 传递数据时，用户无法知道数据能否正确地到达主机，也不能确定到达目的地的顺序是否和发送的顺序相同。虽然

UDP 是一种不可靠的协议，但如果需要较快地传输信息，并能容忍小的错误，则可以考虑使用 UDP。

基于 UDP 通信的基本模式如下：

☑ 将数据打包（称为数据包）后发往目的地。

☑ 接收别人发来的数据包并查看数据包。

14.4.1 UdpClient 类

视频讲解：资源包\Video\14\14.4.1 UdpClient类.mp4

在 C# 中，UdpClient 类用于在同步阻止模式下发送和接收无连接 UDP 数据报。因为 UDP 是无连接传输协议，所以不需要在发送和接收数据前建立远程主机连接，但可以选择使用下面两种方法之一来建立默认的远程主机：

☑ 使用远程主机名和端口号作为参数创建 UdpClient 类的实例。

☑ 创建 UdpClient 类的实例后调用 Connect 方法。

UdpClient 类的常用属性、方法及说明如表 14.8 所示。

表 14.8　UdpClient 类的常用属性、方法及说明

属性及方法	说　明
Available 属性	获取从网络接收的可读取的数据量
Client 属性	获取或设置基础网络 Socket
BeginReceive 方法	从远程主机异步接收数据报
BeginSend 方法	将数据报异步发送到远程主机
Close 方法	关闭 UDP 连接
Connect 方法	建立默认的远程主机
EndReceive 方法	结束挂起的异步接收
EndSend 方法	结束挂起的异步发送
Receive 方法	返回已由远程主机发送的 UDP 数据报
Send 方法	将 UDP 数据报发送到远程主机

14.4.2 UDP 网络程序实例

视频讲解：资源包\Video\14\14.4.2 UDP网络程序实例.mp4

根据前面所讲的网络编程的基础知识，以及 UDP 网络编程的特点，下面创建一个广播数据报程序。广播数据报是较新的一种技术，类似于广播电台，广播电台需要在指定的频率上广播信息，收听者也要将收音机调到指定的频率，才可以收听广播内容。

实例 03　广播数据报程序　|　**实例位置：资源包\Code\SL\14\03**

本实例要求主机不断地重复播出节目预报，这样才可以保证加入到同一组的主机随时接收到广播信息。接收者将正在接收的信息放在一个文本框中，并将接收的全部信息放在另一个文本框中。实现步骤如下：

（1）创建广播主机项目 Server（控制台应用程序），首先在 Main 方法中创建 UDP 连接；然后通过 UDP 连接不断向外发送广播信息，代码如下：

实例03-1

```
namespace Server
{
    class Program
    {
        static UdpClient udp = new UdpClient();        //创建UdpClient对象
        static void Main(string[] args)
        {
            //调用UdpClient对象的Connect方法建立默认的远程主机
            udp.Connect("127.0.0.1", 888);
            while (true)
            {
                Thread thread = new Thread(() =>
                {
                    try
                    {

                        //定义一个字节数组，用来存放发送到远程主机的信息
                        Byte[] sendBytes = Encoding.Default.GetBytes("(" + DateTime.Now.ToLongTimeString() + ")节目预报：八点有大型晚会，请收听");
                        Console.WriteLine("(" + DateTime.Now.ToLongTimeString() + ")节目预报：八点有大型晚会，请收听");
                        //调用UdpClient对象的Send方法将UDP数据报发送到远程主机上
                        udp.Send(sendBytes, sendBytes.Length);
                    }
                    catch (Exception ex)
                    {
                        Console.WriteLine(ex.Message);
                    }
                });
                thread.Start();          //启动线程
                Thread.Sleep(1000);      //线程休眠1秒
            }
        }
    }
}
```

说明

在上面的代码中用到了 Thread 类，该类表示线程类，其详细使用说明请参见本书第 15 章。程序运行结果如图 14.13 所示。

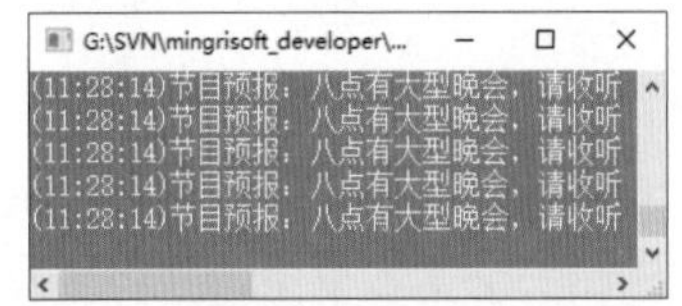

图 14.13　广播数据报程序的运行结果

（2）创建接收广播项目 Client（Windows 窗体应用程序），在默认窗体中添加两个 Button 控件和两个 TextBox 控件，并且将两个 TextBox 控件设置为多行文本框。单击“开始接收”按钮，系统开始接收主机播出的信息；单击“停止接收”按钮，系统会停止接收广播主机播出的信息，代码如下：

实例03-2

```
namespace Client
{
    public partial class Form1 : Form
    {
        public Form1()
        {
            InitializeComponent();
            CheckForIllegalCrossThreadCalls = false;      //在其他线程中可以调用主窗体控件
        }
        bool flag = true;                                 //标识是否接收数据
        UdpClient udp;                                    //创建UdpClient对象
        Thread thread;                                    //创建线程对象
        private void button1_Click(object sender, EventArgs e)
        {
            udp = new UdpClient(888);                     //使用端口号创建UDP连接对象
            flag = true;                                  //标识接收数据
            //创建IPEndPoint对象，用来显示响应主机的标识
            IPEndPoint ipendpoint = new IPEndPoint(IPAddress.Any, 888);
            thread = new Thread(() =>                     //新建线程，执行接收数据操作
            {
                while(flag)                               //如果标识为true
                {
                    try
                    {
                        if (udp.Available <= 0) continue; //判断是否有网络数据
                        if (udp.Client == null) return;   //判断连接是否为空
                        //调用UdpClient对象的Receive方法获得从远程主机返回的UDP数据报
                        byte[] bytes = udp.Receive(ref ipendpoint);
                        //将获得的UDP数据报转换为字符串形式
                        string str = Encoding.Default.GetString(bytes);
                        textBox2.Text = "正在接收的信息：\n" + str; //显示正在接收的数据
                        textBox1.Text += "\n" + str;      //显示接收的所有数据
                    }
                    catch (Exception ex)
                    {
                        MessageBox.Show(ex.Message);      //错误提示
                    }
                    Thread.Sleep(1000);                   //线程休眠1秒
                }
            });
            thread.Start();                               //启动线程
        }
```

```
        private void button2_Click(object sender, EventArgs e)
        {
            flag = false;                                        //标识不接收数据
            if (thread.ThreadState == ThreadState.Running)       //判断线程是否运行
                thread.Abort();                                  //终止线程
            udp.Close();                                         //关闭连接
        }
    }
}
```

程序运行结果如图 14.14 所示。

拓展训练

一、依据 UDP 制作一个发送和接收数据的程序，程序运行效果如图 14.15 所示。（资源包 \Code\Try\14\05）

二、修改实例 03，使其在单击“开始接收”按钮时，每单击一次按钮，只能接收一条广播信息。（资源包 \Code\Try\14\06）

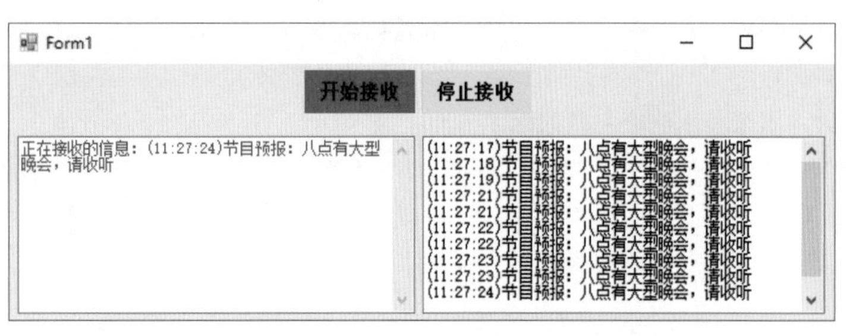

图 14.14　接收广播程序的运行结果

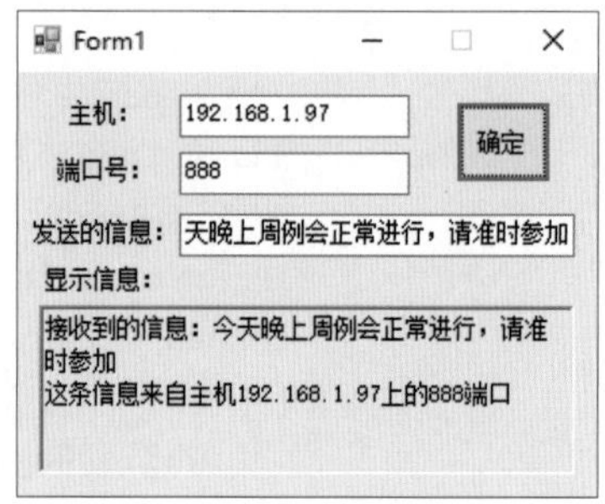

图 14.15　UDP 发送和接收数据

14.5 小结

本章主要讲解了 C# 中的网络编程知识，对于网络协议等基础内容，程序开发人员应该有所了解，有兴趣的读者还可以查阅其他资料来获取更详细的信息。本章重点讲解的是如何使用 C# 进行 TCP 和 UDP 网络程序设计，其中，设计 TCP 网络程序，主要用到了 Socket 类、TcpClient 类和 TcpListener 类，而设计 UDP 网络程序，主要用到了 UdpClient 类。在 C# 中，网络相关的类都位于 System.Net 和 System.Net.Sockets 命名空间中。学习本章时，读者需要重点掌握本章介绍的几个类的使用方法。

本章 e 学码：关键知识点拓展阅读

Berkeley 通信
Encoding
FTP 服务
HTTP 服务
IPEndPoint
partial
Thread
本地回送地址
同步阻止模式
侦听
字节流

e 学码

第 15 章

多线程编程技术

（视频讲解：1 小时 19 分钟）

本章概览

如果一次只完成一件事情，那是一个不错的想法，但事实上很多事情都是同时进行的，所以在 C# 中为了模拟这种状态，引入了线程机制。简单地说，当程序同时完成多件事情时，就是所谓的多线程程序。多线程运用广泛，开发人员可以使用多线程对要执行的操作分段执行，这样可以大大提高程序的运行效率。本章将对多线程编程技术进行详细讲解。

知识框架

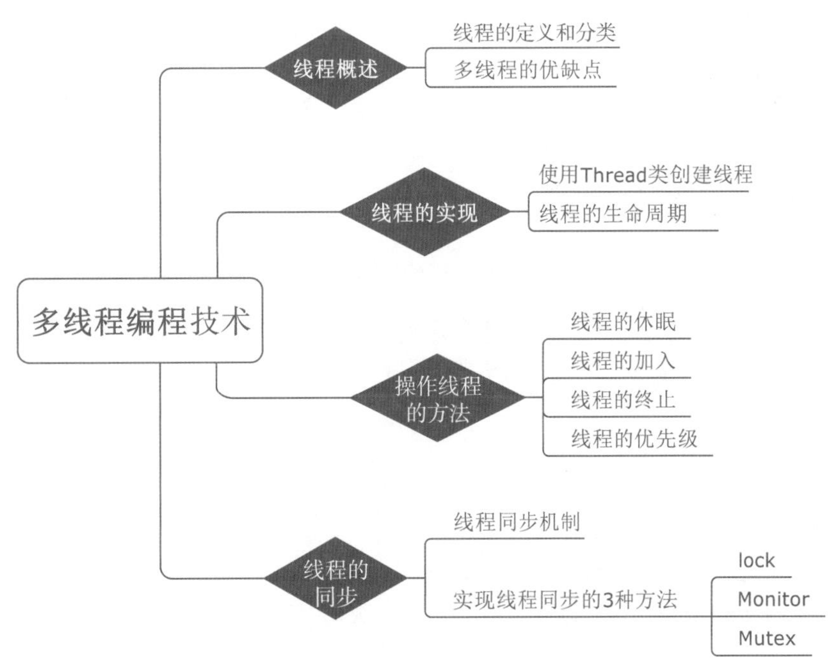

15.1 线程概述

世间万物的事物都会同时完成很多工作，例如，人体同时在进行呼吸、血液循环、思考问题等活动，用户既可以使用计算机听歌，又可以使用它打印文件，而这些活动完全可以同时进行，这种思想放在 C# 中被称为并发，而将并发完成的每一件事情称为线程。本节将对线程进行详细讲解。

15.1.1 线程的定义与分类

视频讲解：资源包\Video\15\15.1.1 线程的定义与分类.mp4

在讲解线程之前，先来了解一个概念——进程。系统中资源分配和资源调度的基本单位，叫作进程。其实进程很常见，我们使用的 QQ、Word、输入法等，每个独立执行的程序在系统中都是一个进程。

每个进程中都可以同时包含多个线程，例如，QQ 是一款聊天软件，但其功能有很多，比如收发信息、播放音乐、查看网页和下载文件等，这些工作可以同时进行，并且互不干扰，这就是使用了线程的并发机制，我们把 QQ 软件看作一个进程，而它的每一个功能都是一个可以独立运行的线程。进程与线程的关系如图 15.1 所示。

上面介绍了一个进程包括多个线程，但计算机的 CPU 只有一个，那么这些线程是怎么做到并发运行的呢？ Windows 操作系统是多任务操作系统，它以进程为单位，每个独立执行的程序称为进程，在系统中可以分配给每个进程一段有限的使用 CPU 的时间（也可以称为 CPU 时间片），CPU 在片段时间中执行某个进程，然后下一个时间片又跳到另一个进程中去执行。由于 CPU 转换较快，所以使得每个进程像是同时执行的。

图 15.2 说明了 Windows 操作系统的执行模式。

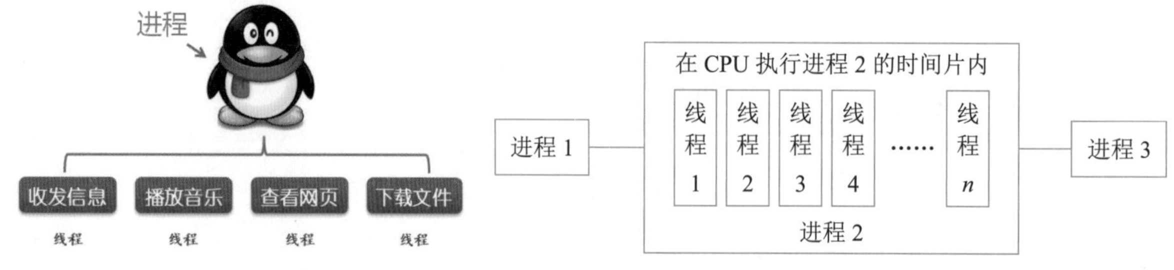

图 15.1　进程与线程的关系

图 15.2　Windows 操作系统中的执行模式

一个线程则是进程中的执行流程，一个进程中可以同时包括多个线程，每个线程也可以得到一小段程序的执行时间，这样一个进程就可以具有多个并发执行的线程。

15.1.2 多线程的优缺点

视频讲解：资源包\Video\15\15.1.2 多线程的优缺点.mp4

一般情况下，需要用户交互的软件都必须尽可能快地对用户的操作做出反应，以便提供良好的用户体验，但同时它又必须执行必要的计算，以便尽可能快地将数据呈现给用户，这时可以使用多线程来实现。

1. 多线程的优点

要提高对用户的响应速度，使用多线程是一种最有效的方式，在有一个处理器的计算机上，多线程可以通过利用用户事件之间很小的时间段在后台处理数据来达到这种效果。使用多线程的优点如下：

☑ 通过网络与 Web 服务器和数据库进行通信。

☑ 执行占用大量时间的操作。
☑ 区分具有不同优先级的任务。
☑ 使用户界面可以在将时间分配给后台任务时仍能快速做出响应。

2. 多线程的缺点

使用多线程有优点，同时也有不足之处，建议不要在程序中使用太多的线程，这样可以最大限度地减少操作系统资源的使用，从而提高性能。使用多线程可能对程序造成的负面影响如下：

☑ 系统将为进程和线程所需的上下文信息使用内存。因此，可以创建的进程和线程的数目会受到可用内存的限制。
☑ 跟踪大量的线程将占用大量的处理器时间。如果线程过多，则其中大多数线程都不会产生明显的进度。如果大多数线程处于一个进程中，则其他进程中线程的调度频率就会很低。
☑ 使用多个线程控制代码执行非常复杂，并可能产生许多 Bug。
☑ 销毁线程需要了解可能发生的问题并进行处理。

15.2 线程的实现

C# 中通过使用 Thread 类实现线程，本节将对 Thread 类，以及如何创建线程、线程的生命周期进行介绍。

15.2.1 使用 Thread 类创建线程

视频讲解

视频讲解：资源包\Video\15\15.2.1 使用Thread类创建线程.mp4

Thread 类位于 System.Threading 命名空间中，该类主要用于创建并控制线程、设置线程优先级并获取其状态。创建线程需要使用 Thread 类的构造函数，其语法格式如下：

```
public Thread(ThreadStart start)
public Thread(ParameterizedThreadStart start)
```

参数 start 表示一个 ThreadStart 委托或者 ParameterizedThreadStart 委托，它表示线程开始执行时要调用的方法。

Thread 类的常用属性及说明如表 15.1 所示。

表 15.1　Thread 类的常用属性及说明

属　　性	说　　明
ApartmentState	获取或设置此线程的单元状态
CurrentContext	获取线程正在其中执行的当前上下文
CurrentThread	获取当前正在运行的线程
IsAlive	获取一个值，该值指示当前线程的执行状态
ManagedThreadId	获取当前托管线程的唯一标识符
Name	获取或设置线程的名称
Priority	获取或设置一个值，该值指示线程的调度优先级
ThreadState	获取一个值，该值包含当前线程的状态

Thread 类的常用方法及说明如表 15.2 所示。

表 15.2　Thread 类的常用方法及说明

方　法	说　明
Abort	在调用此方法的线程中引发 ThreadAbortException，以开始终止此线程的过程。调用此方法通常会终止线程
Join	阻塞调用线程，直到某个线程终止或经过了指定时间为止
Sleep	将当前线程挂起 / 阻塞指定的时间
SpinWait	导致线程等待由 iterations 参数定义的时间量
Start	开始执行线程

创建 Thread 类的对象之后，线程对象已存在并已配置，但并未创建实际的线程，这时，只有在调用 Start 方法后，才会创建实际的线程。

Start 方法用来开始执行线程，它有两种重载形式，下面分别介绍。

（1）导致操作系统将当前实例的状态更改为 ThreadState.Running，语法如下：

```
public void Start ()
```

（2）使操作系统将当前实例的状态更改为 ThreadState.Running，并选择线程执行所需要的方法。语法如下：

```
public void Start (Object parameter)
```

其中，参数 parameter 为一个 Object 对象，包含线程执行的方法要使用的数据。

注意

如果线程已经终止，则无法通过再次调用 Start 方法来重新启动。

实例 01　向右移动的 C# 图标　　实例位置：资源包\Code\SL\15\01

创建一个 Windows 窗体应用程序，实现图标移动的功能。具体实现过程为：首先在窗体中添加一个 PictureBox 控件，并设置相应的 C# 图标，然后使用 Thread 线程控制该控件的坐标位置，从而实现移动图标的效果。主要代码如下：

实例01-1

```
public partial class Form1 : Form
{
    public Form1()
    {
        InitializeComponent();
        CheckForIllegalCrossThreadCalls = false;        //使线程可以调用窗体控件
    }
    int x = 12;                                         //定义图标初始横坐标位置
    void Roll()
    {
        while (x <= 260)                                //设置循环条件
        {
```

实例01-1

```
                //将标签的横坐标用变量表示
                pictureBox1.Location = new Point(x, 12);
                Thread.Sleep(500);          //使线程休眠500毫秒
                x += 4;                     //使横坐标每次增加4
                if (x >= 260)
                {
                    x = 12;                 //当图标到达标签的最右边时，使其回到标签最左边
                }
            }
        }
        private void Form1_Load(object sender, EventArgs e)
        {
            Thread th = new Thread(new ThreadStart(Roll));//创建线程对象
            th.Start();                                   //启动线程
        }
    }
```

当运行程序时，C# 图标从初始位置开始启动，如图 15.3 所示；移动中的 C# 图标效果如图 15.4 所示；图标从左向右移动，移动到最右侧的效果如图 15.5 所示。

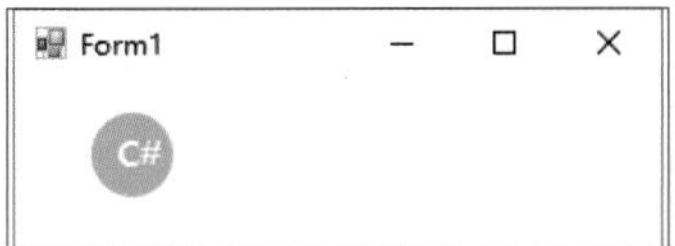

图 15.3　图标初始位置

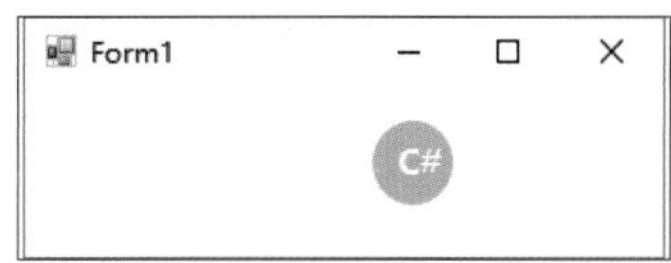

图 15.4　图标移动过程中

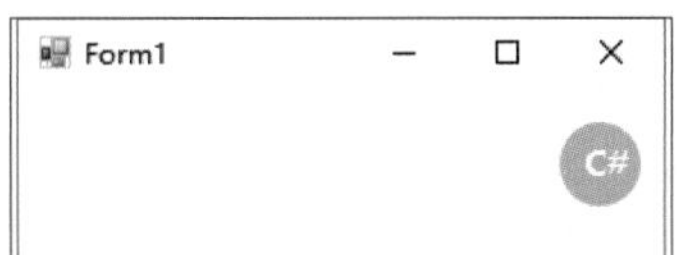

图 15.5　图标移动到窗体最右侧

拓展训练

一、修改实例 01，使 C# 图标的运动轨迹变成从上往下坠落。（资源包 \Code\Try\15\01）

二、使用多线程模拟制作一个手机号抽奖的程序，运行程序，单击“开始抽奖”按钮，循环滚动所有的手机号，单击“停止抽奖”按钮，则停止滚动手机号，当前显示的手机号即为中奖号码。运行效果如图 15.6 和图 15.7 所示。（资源包 \Code\Try\15\02）

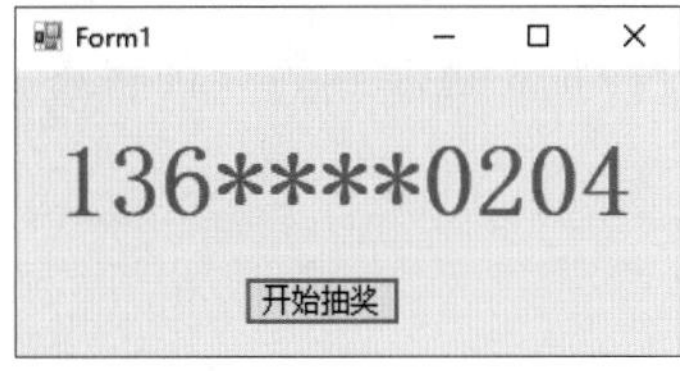

图 15.6　开始状态或中奖状态

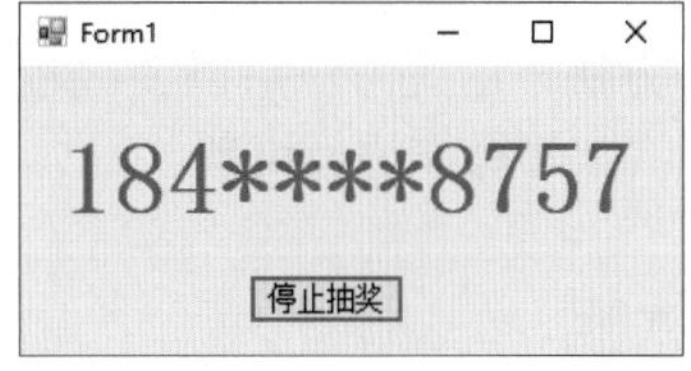

图 15.7　抽奖状态中

15.2.2 线程的生命周期

视频讲解：资源包\Video\15\15.2.2 线程的生命周期.mp4

任何事物都有始有终，例如，人的一生经历了少年、壮年、老年等阶段，这是一个人的生命周期，

如图 15.8 所示。

图 15.8　人的生命周期

同样，线程也有自己的生命周期，首先是出生，即用 new 关键字创建线程对象，意味着一个线程的诞生，但此时它还什么都没有做，然后线程对象调用了 Start 方法，就使线程进入了一个就绪的状态，也被称为可执行状态，它等待 CPU 为线程分配时间片。当获取系统资源时，也就是 CPU 执行时，线程就进入了运行状态。

一旦线程进入运行状态，它会在就绪与运行状态下转换，同时也有可能进入暂停状态，如果在运行期间执行了 Sleep、Join 方法，或者有外界因素导致线程阻塞，比如等待用户输入等，遇到这种操作场景时，线程就会进入一个暂停的状态，它与就绪不一样，暂停状态下线程是持有系统资源的，只是没有做任何操作而已。当休眠时间结束或者用户输入完信息之后，线程就会从暂停回到就绪状态。注意，这里是回到就绪状态，而不是运行状态。因为此时需要检查 CPU 是否有剩余资源来执行线程。当线程中所有的代码都执行完，调用 Abort 方法终止线程，这个线程就会结束，进入“死亡”状态，同时垃圾回收管理器就会回收死亡的线程对象。

图 15.9 描述了线程的生命周期的各个状态。

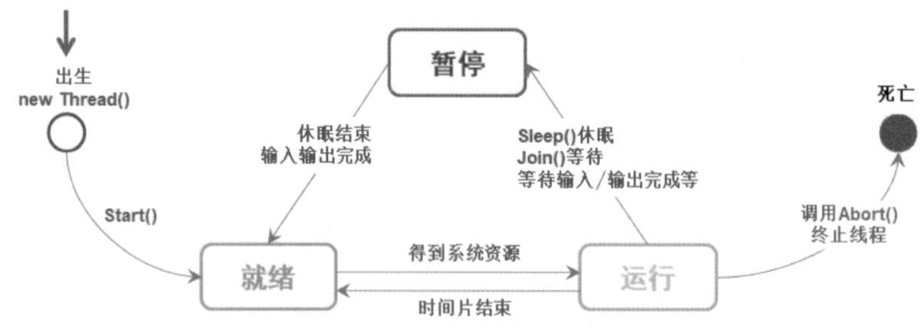

图 15.9　线程的生命周期状态图

15.3 操作线程的方法

操作线程有很多方法，这些方法可以使线程从某一种状态过渡到另一种状态。本节将对如何对线程执行休眠、加入和终止等操作进行讲解。

15.3.1 线程的休眠

视频讲解：资源包\Video\15\15.3.1 线程的休眠.mp4

线程的休眠主要通过 Thread 类的 Sleep 方法实现，该方法用来将当前线程阻塞指定的时间，它有两种重载形式，下面分别进行介绍。

（1）将当前线程挂起指定的时间，语法如下：

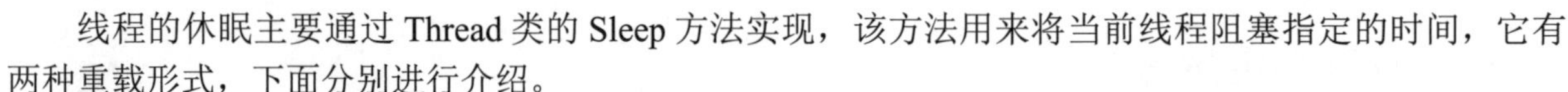

```
public static void Sleep(int millisecondsTimeout)
```

其中，参数 millisecondsTimeout 表示线程被阻塞的毫秒数。指定 1 以使其他可能正在等待的线程能够执行；指定 Timeout.Infinite 以无限期阻塞线程。

（2）将当前线程阻塞指定的时间，语法如下：

```
public static void Sleep(TimeSpan timeout)
```

其中，参数 timeout 表示线程被阻塞的时间量的 TimeSpan。指定持续时间为 1 毫秒，可以使其他可能正在等待的线程能够执行；指定持续时间为 -1 毫秒，可以无限期阻塞线程。

例如，下列代码用来使当前线程休眠 1 秒，代码如下。

```
Thread.Sleep(1000);                                        //使线程休眠1秒
```

实例 02　编程模拟红绿灯变化场景

实例位置：资源包\Code\SL\15\02

模拟红绿灯变化场景：红灯亮 8 秒，绿灯亮 5 秒，黄灯亮 2 秒，主要代码如下：

实例02-1

```
public partial class Form1 : Form
{
    public Form1()
    {
        InitializeComponent();
        CheckForIllegalCrossThreadCalls = false;                      //使线程可以调用窗体控件
    }
    void ControlLight()
    {
        while (true)
        {                                                              //线程始终处于被启用状态
            Thread.Sleep(5000);                                        //线程休眠5秒
            pictureBox1.Image = Image.FromFile("Yellow.png");          //黄灯
            Thread.Sleep(2000);                                        //线程休眠2秒
            pictureBox1.Image = Image.FromFile("Red.png");             //红灯
            Thread.Sleep(8000);                                        //线程休眠8秒
            pictureBox1.Image = Image.FromFile("Green.png");           //绿灯
        }
    }
    private void Form1_Load(object sender, EventArgs e)
    {
        Thread th = new Thread(new ThreadStart(ControlLight));        //创建线程对象
        th.Start();                                                    //启动线程
    }
}
```

当运行程序时，绿灯、黄灯和红灯会循环进行显示，运行结果如图 15.10、图 15.11 和图 15.12 所示。

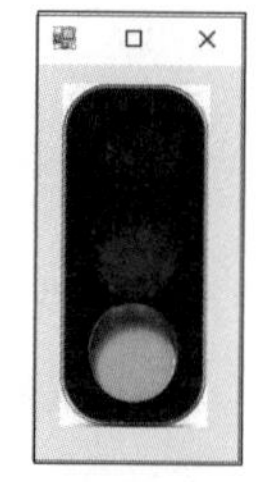

图 15.10　绿灯亮

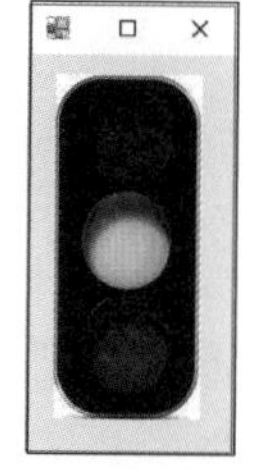

图 15.11　黄灯亮

图 15.12　红灯亮

拓展训练

一、使用线程控制在窗体中自动绘制彩色线段。（资源包 \Code\Try\15\03）

二、霓虹灯之“明 · 日 · 科 · 技”（改变字体样式、颜色及面板背景色，变化的时间间隔为 3 秒），运行效果如图 15.13 和图 15.14 所示。（资源包 \Code\Try\15\04）

图 15.13　霓虹灯效果一

图 15.14　霓虹灯效果二

15.3.2 线程的加入

视频讲解：资源包\Video\15\15.3.2 线程的加入.mp4

假如当前程序为多线程程序且存在一个线程 A，现在需要插入线程 B，并要求线程 B 执行完毕后，继续执行线程 A，此时可以使用 Thread 类中的 Join 方法来实现。这就好比 A 正在看电视，突然 B 上门收水费，A 需要付完水费后才能继续看电视。

当某个线程使用 Join 方法加入另外一个线程时，另一个线程会等待该线程执行完毕后再执行。

Join 方法用来阻塞调用线程，直到某个线程终止时为止，它有 3 种重载形式，下面分别介绍。

（1）在继续执行标准的 COM 和 SendMessage 消息处理期间，阻塞调用线程，直到某个线程终止为止，语法如下：

```
public void Join ()
```

（2）在继续执行标准的 COM 和 SendMessage 消息处理期间，阻塞调用线程，直到某个线程终止或经过指定时间为止，语法如下：

```
public bool Join (int millisecondsTimeout)
```

☑ millisecondsTimeout：等待线程终止的毫秒数。

☑ 返回值：如果线程已终止，则为 true；如果线程在经过了 millisecondsTimeout 参数指定的时间后未终止，则为 false。

（3）在继续执行标准的 COM 和 SendMessage 消息处理期间，阻塞调用线程，直到某个线程终止或经过指定时间为止，语法如下：

```
public bool Join (TimeSpan timeout)
```

☑ timeout：等待线程终止的时间量的 TimeSpan。

☑ 返回值：如果线程已终止，则为 true；如果线程在经过了 timeout 参数指定的时间量后未终止，则为 false。

注意

如果在程序中使用了多线程，辅助线程还没有执行完毕，那么在关闭窗体时，必须关闭辅助线程，否则就会引发异常。

实例 03　控制进度条的滚动　|　实例位置：资源包\Code\SL\15\03

创建一个 Windows 窗体应用程序，默认窗体中包括两个进度条，进度条的进度由线程来控制，通过使用 Join 方法使上面的进度条必须等待下面的进度条完成后才可以继续，主要代码如下：

实例03-1

```
public partial class Form1 : Form
{
    public Form1()
    {
        InitializeComponent();
        CheckForIllegalCrossThreadCalls = false;        //使线程可以调用窗体控件
    }
    Thread th1, th2;                                    //分别控制进度条1和进度条2
    void Pro1()
    {
        int count = 0;                                  //标识何时加入线程2
        while (true)
        {
            progressBar1.PerformStep();                 //设置进度条的当前值
            count += progressBar1.Step;                 //标识自增
            Thread.Sleep(100);                          //使线程1休眠100毫秒
            if (count == 20)                            //标识为20时，执行线程2
            {
                th2.Join();                             //使线程2调用Join方法
            }
        }
    }
    void Pro2()
    {
        int count = 0;                                  //标识何时执行完
        while (true)
        {
            progressBar2.PerformStep();                 //设置进度条的当前值
            count += progressBar2.Step;                 //标识自增
            Thread.Sleep(100);                          //使线程2休眠100毫秒
            if (count == 100)                           //当count变量增长为100时
                break;                                  //跳出循环
        }
    }
    private void Form1_Load(object sender, EventArgs e)
    {
        th1 = new Thread(new ThreadStart(Pro1));        //创建线程1对象
        th1.Start();                                    //启动线程1
        th2 = new Thread(new ThreadStart(Pro2));        //创建线程2对象
        th2.Start();                                    //启动线程2
    }
}
```

运行程序，两个进度条同时运行，如图 15.15 所示，同时运行至 20 时，上方进度条停止运行，而下方进度条继续运行，如图 15.16 所示，等待下方进度条运行完成后，上方进度条继续运行，如图 15.17 所示。

图 15.15　两个进度条同时运行

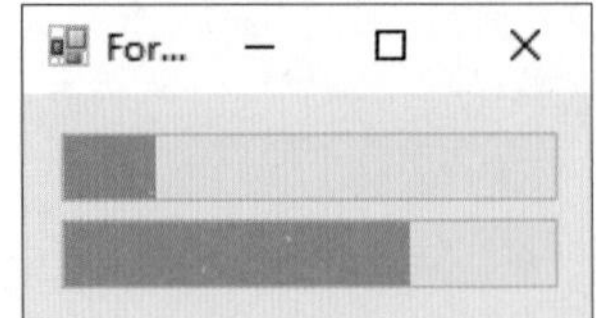

图 15.16　上方进度条等待下方进度完成

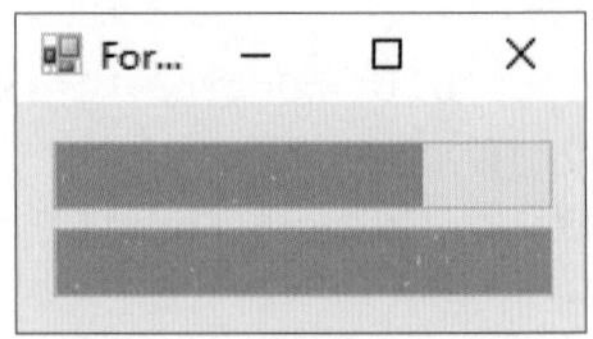

图 15.17　上方进度条继续运行

拓展训练

一、旅游公司有 10 辆客车，在旅游淡季时只运行 5 辆客车，旺季时 10 辆客车全部运行。使用线程模拟旅游旺季时 10 辆客车全部运行的效果。（资源包 \Code\Try\15\05）

二、有进度条的文件异步复制功能，程序运行结果如图 15.18 所示。（该程序需要创建两个窗体，第一个为默认窗体，用来选择源文件和要复制到的路径，第二个窗体用来显示复制进度。）（资源包 \Code\Try\15\06）

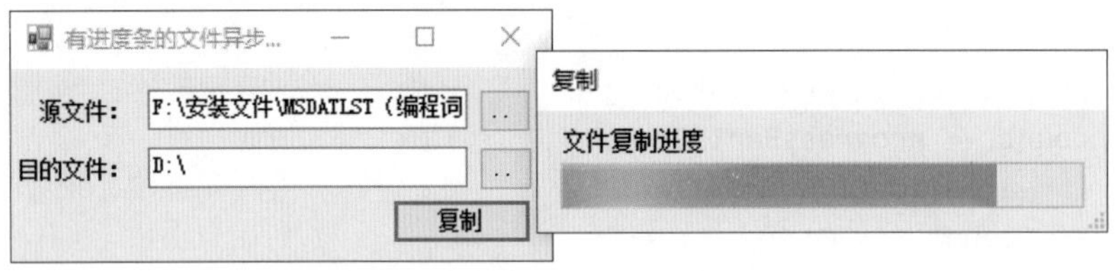

图 15.18　有进度条的文件异步复制

15.3.3 线程的终止

视频讲解：资源包\Video\15\15.3.3 线程的终止.mp4

终止线程使用 Thread 类的 Abort 方法实现，该方法有两种重载形式，下面分别介绍。

（1）终止线程，在调用此方法的线程中引发 ThreadAbortException 异常，以开始终止此线程的过程，语法如下：

```
public void Abort ()
```

（2）终止线程，在调用此方法的线程中引发 ThreadAbortException 异常，以开始终止此线程并提供有关线程终止的异常信息的过程，语法如下：

```
public void Abort (Object stateInfo)
```

其中，参数 stateInfo 是一个 Object 对象，它包含应用程序特定的信息（如状态），该信息可供正被终止的线程使用。

注意

线程的 Abort 方法用于永久地停止托管线程。调用 Abort 方法时，公共语言运行库在目标线程中引发 ThreadAbortException 异常，目标线程可捕捉此异常。一旦线程被中止，它将无法重新启动。

例如，修改实例 03，在关闭窗体时，判断线程 1 和线程 2 是否还在运行，如果运行，则调用 Abort 方法将它们关闭，主要代码如下：

```
private void Form1_FormClosing(object sender, FormClosingEventArgs e)
{
    if (th1.ThreadState == ThreadState.Running)        //判断线程1是否正在运行
        th1.Abort();                                    //终止线程1
    if (th2.ThreadState == ThreadState.Running)        //判断线程2是否正在运行
        th2.Abort();                                    //终止线程2
}
```

15.3.4 线程的优先级

视频讲解：资源包\Video\15\15.3.4 线程的优先级.mp4

线程优先级是指一个线程相对于另一个线程的优先级，每个线程都有一个分配的优先级。在公共语言运行库内创建的线程最初被分配为 Normal 优先级，而在公共语言运行库外创建的线程，在进入公共语言运行库时将保留其先前的优先级。

线程是根据其优先级来调度执行的，用于确定线程执行顺序的调度算法随操作系统的不同而不同。在某些操作系统下，具有最高优先级（相对于可执行线程而言）的线程经过调度后总是最先运行的。如果具有相同优先级的多个线程都可用，则程序将遍历处于该优先级的线程，并为每个线程提供一个固定的时间片来执行。只要具有较高优先级的线程可以运行，具有较低优先级的线程就不会执行。如果在给定的优先级上不再有可运行的线程，则程序将移到下一个较低的优先级，并在该优先级上调度线程以执行。如果具有较高优先级的线程可以运行，则具有较低优先级的线程将被抢先，并允许具有较高优先级的线程再次执行。除此之外，当应用程序的用户界面在前台和后台之间移动时，操作系统还可以动态调整线程的优先级。

例如，在多任务操作系统中，每个线程都会得到一小段 CPU 时间片进行执行，在时间片结束时，将轮换另一个线程进入执行状态，这时系统会选择与当前线程优先级相同的线程进行执行。系统始终选择就绪状态下优先级较高的线程进入执行状态。图 15.19 表明了处于各个优先级状态下的线程的运行顺序。

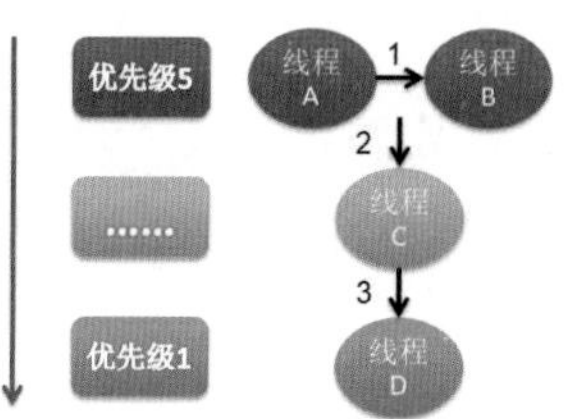

图 15.19　处于各个优先级状态下的线程的运行顺序

在图 15.19 中，优先级为 5 的线程 A 首先得到 CPU 时间片，当该时间片结束后，轮换到与线程 A 相同优先级的线程 B，当线程 B 的运行时间结束后，会继续轮换到线程 A，直到线程 A 与线程 B 都执行完毕，才会轮到线程 C，当线程 C 结束后，才会轮到线程 D。

说明

多线程的执行本身就是多个线程的交换执行，并非同时执行，设置线程优先级的高低，只是为了说明该线程会优先执行或者暂不执行的概率更大一些而已，并不能保证优先级高的线程就一定会比优先级低的线程先执行。

线程的优先级值及说明如表 15.3 所示。

表 15.3　线程的优先级值及说明

优 先 级 值	说　　明
AboveNormal	可以将 Thread 安排在具有 Highest 优先级的线程之后，在具有 Normal 优先级的线程之前
BelowNormal	可以将 Thread 安排在具有 Normal 优先级的线程之后，在具有 Lowest 优先级的线程之前
Highest	可以将 Thread 安排在具有任何其他优先级的线程之前
Lowest	可以将 Thread 安排在具有任何其他优先级的线程之后
Normal	可以将 Thread 安排在具有 AboveNormal 优先级的线程之后，在具有 BelowNormal 优先级的线程之前。默认情况下，线程具有 Normal 优先级

开发人员可以通过访问线程的 Priority 属性来获取和设置其优先级。Priority 属性用来获取或设置一个值，该值指示线程的调度优先级，其语法如下：

```
public ThreadPriority Priority { get; set; }
```

其中，属性值为 ThreadPriority 枚举值之一，默认值为 Normal。

例如，修改实例 03，将线程 1 的优先级设置为最低，将线程 2 的优先级设置为最高，然后再次运行，观察效果是否有变化，主要代码如下：

```
th1 = new Thread(new ThreadStart(Pro1));          //创建线程1对象
th1.Priority = ThreadPriority.Lowest;             //设置优先级最低
th1.Start();                                      //启动线程1
th2 = new Thread(new ThreadStart(Pro2));          //创建线程2对象
th2.Priority = ThreadPriority.Highest;            //设置优先级最高
th2.Start();                                      //启动线程2
```

15.4 线程的同步

在单线程程序中，每次只能做一件事情，后面的事情需要等待前面的事情完成后才可以进行，但是如果使用多线程程序，就会发生两个线程抢占资源的情况，例如，两个人同时说话、两个人同时过同一个独木桥等。所以在多线程编程中，需要防止这些资源访问的冲突。C# 提供了线程同步机制来防止资源访问的冲突，其中主要用到 lock 关键字、Monitor 类和 Mutex 类。本节将对线程的同步机制进行详细讲解。

15.4.1 线程同步机制

视频讲解：资源包\Video\15\15.4.1 线程同步机制.mp4

在实际开发中，使用多线程程序的情况有很多，如银行排号系统、火车站售票系统等。这种多线程的程序通常会发生问题，以火车站售票系统为例，在代码中判断当前票数是否大于 0，如果大于 0，则执行把火车票出售给乘客的功能，但当两个线程同时访问这段代码时（假如这时只剩下一张票），第一个线程将票售出，与此同时，第二个线程已经执行，并完成判断是否有票的操作，得出结论票数大于 0，于是它也执行将票售出的操作，这样票数就会产生负数。所以在编写多线程程序时，应该考虑到线程安全问题。实质上，线程安全问题来源于两个线程同时存取单一对象的数据。

例如，在项目中未考虑到线程安全问题的基础上，模拟火车站售票系统的功能，主要代码如下：

```
class Program
{
    int num = 10;                          //设置当前总票数
    void Ticket()
    {
        while (true)                       //设置无限循环
        {
            if (num > 0)                   //判断当前票数是否大于0
            {
                Thread.Sleep(100);         //使当前线程休眠100毫秒
                //票数减1
```

```
                Console.WriteLine(Thread.CurrentThread.Name + "----票数" + num--);
            }
        }
    }
    static void Main(string[] args)
    {
        Program p = new Program();        //创建对象，以便调用对象方法
        //分别实例化4个线程，并设置名称
        Thread tA = new Thread(new ThreadStart(p.Ticket));
        tA.Name = "线程一";
        Thread tB = new Thread(new ThreadStart(p.Ticket));
        tB.Name = "线程二";
        Thread tC = new Thread(new ThreadStart(p.Ticket));
        tC.Name = "线程三";
        Thread tD = new Thread(new ThreadStart(p.Ticket));
        tD.Name = "线程四";
        tA.Start();                       //分别启动线程
        tB.Start();
        tC.Start();
        tD.Start();
        Console.ReadLine();
    }
}
```

运行结果如图 15.20 所示。

从图 15.20 中可以看出，最后打印后剩下的票为负值，这样就出现了问题。这是由于同时创建了 4 个线程，这 4 个线程同时执行，在 num 变量为 1 时，线程一、线程二、线程三、线程四都对 num 变量有存储功能，当线程一执行时，还没有来得及做递减操作，就指定它调用 Sleep 方法进入就绪状态，这时线程二、线程三和线程四也都开始执行，发现 num 变量依然大于 0，但此时线程一休眠时间已到，将 num 变量值递减，同时线程二、线程三、线程四也都对 num 变量进行递减操作，从而产生了负值。

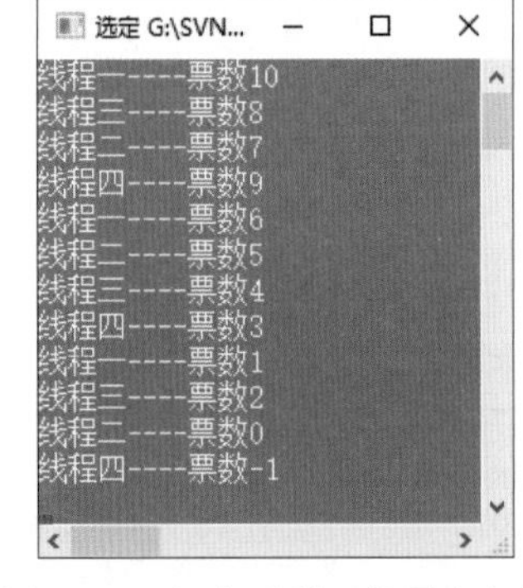

图 15.20　打印后剩下的票为负值

那么该如何解决资源共享的问题呢？基本上所有解决多线程资源冲突问题的方法都采用给定时间只允许一个线程访问共享资源，这时就需要给共享资源上一道锁。这就好比一个人上洗手间时，他进入洗手间后会将门锁上，出来时再将锁打开，然后其他人才可以进入。这就是程序开发中的线程同步。

线程同步是指并发线程高效、有序地访问共享资源所采用的技术。所谓同步，是指某一时刻只有一个线程可以访问资源，只有当资源所有者自动放弃了代码或资源的所有权时，其他线程才可以使用这些资源。

15.4.2 使用 lock 关键字实现线程同步

视频讲解：资源包\Video\15\15.4.2 使用lock关键字实现线程同步.mp4

lock 关键字可以用来确保代码块完成运行，而不会被其他线程中断，它是通过在代码块运行期间为给定对象获取互斥锁来实现的。

lock 语句以关键字 lock 开头，它有一个作为参数的对象，在该参数的后面还有一个一次只能有一个线程执行的代码块。lock 语句的语法格式如下：

```
Object thisLock = new Object();
lock (thisLock)
{
    //要运行的代码块
}
```

提供给 lock 语句的参数必须为基于引用类型的对象，该对象用来定义锁的范围。严格地说，提供给 lock 语句的参数只是用来唯一标识由多个线程共享的资源，所以它可以是任意类的实例，然而，实际上，此参数通常表示需要进行线程同步的资源。

实例 04　设置同步块模拟售票系统　　实例位置：资源包\Code\SL\15\04

修改 15.4.1 节中的代码，使用 lock 关键字锁定售票代码，以便实现线程同步，主要代码如下：

实例04-1

```
class Program
{
    int num = 10;                                          //设置当前总票数
    void Ticket()
    {
        while (true)                                       //设置无限循环
        {
            lock (this)                                    //锁定代码块，以便线程同步
            {
                if (num > 0)                               //判断当前票数是否大于0
                {
                    Thread.Sleep(100);                     //使当前线程休眠100毫秒
                    //票数减1
                    Console.WriteLine(Thread.CurrentThread.Name + "----票数" + num--);
                }
            }
        }
    }
    static void Main(string[] args)
    {
        Program p = new Program();                         //创建对象，以便调用对象方法
        Thread tA = new Thread(new ThreadStart(p.Ticket)); //分别实例化4个线程，并设置名称
        tA.Name = "线程一";
        Thread tB = new Thread(new ThreadStart(p.Ticket));
        tB.Name = "线程二";
        Thread tC = new Thread(new ThreadStart(p.Ticket));
        tC.Name = "线程三";
        Thread tD = new Thread(new ThreadStart(p.Ticket));
        tD.Name = "线程四";
        tA.Start();                                        //分别启动线程
        tB.Start();
        tC.Start();
        tD.Start();
        Console.ReadLine();
    }
}
```

程序运行效果如图 15.21 所示。

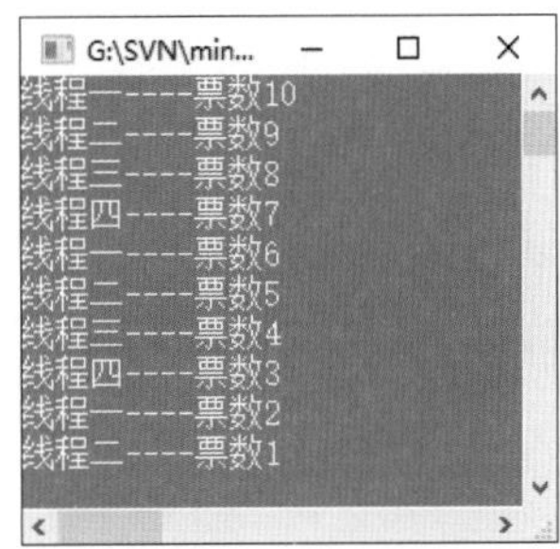

图 15.21　设置同步块模拟售票系统

从图 15.21 中可以看出，打印到最后，票数没有出现负数，这是因为将售票代码放置在了同步块中。

拓展训练

一、使用线程实现大容量数据的计算。（提示：主要在程序中计算 2 的 4 次幂、7 的 50 次幂和 2 的 2 次幂。）（资源包 \Code\Try\15\07）

二、使用线程模拟龟兔赛跑：兔子跑到 90 米的时候，开始睡觉；乌龟爬至终点时，兔子醒了跑至终点，运行结果如图 15.22 和图 15.23 所示。（资源包 \Code\Try\15\08）

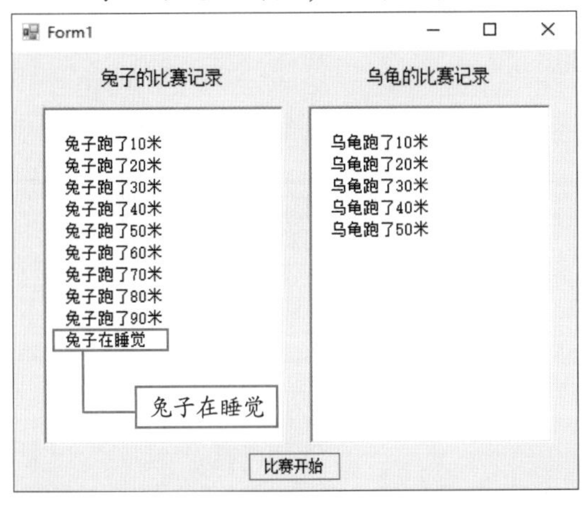

图 15.22　兔子跑了 90 米后开始睡觉的运行结果

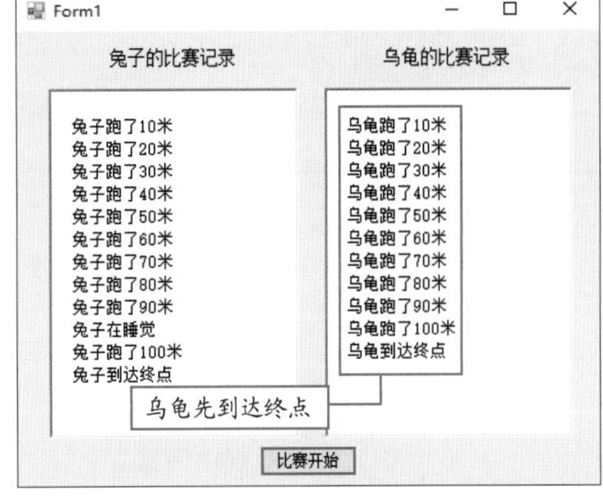

图 15.23　乌龟比兔子先到达终点的运行结果

注意

如果在静态方法中使用 lock 关键字，就不能使用 this。

15.4.3 使用 Monitor 类实现线程同步

Monitor 类提供了同步对对象的访问机制，它通过向单个线程授予对象锁来控制对对象的访问，对象锁提供限制访问代码块（通常称为临界区）的能力。当一个线程拥有对象锁时，其他任何线程都不能获取该锁。

Monitor 类的主要功能如下：

☑ 根据需要与某个对象相关联。

☑ 它是未绑定的，也就是说，可以直接从任何上下文调用它。

☑ 不能创建 Monitor 类的实例。

Monitor 类的常用方法及说明如表 15.4 所示。

表 15.4　Monitor 类的常用方法及说明

方　法	说　明
Enter	在指定对象中获取排他锁
Exit	释放指定对象中的排他锁
Pulse	通知等待队列中的线程锁定对象状态的更改
PulseAll	通知所有的等待线程对象状态的更改
TryEnter	试图获取指定对象的排他锁
Wait	释放对象中的锁并阻塞当前线程，直到它重新获取该锁

例如，修改实例 04，使用 Monitor 类实现与实例 04 相同的功能，即使用 Monitor 类设置同步块模拟售票系统，主要代码如下（主要改动是下面加黄色底纹的代码）：

```
class Program
{
    int num = 10;                                          //设置当前总票数
    void Ticket()
    {
        while (true)                                       //设置无限循环
        {
            Monitor.Enter(this);                           //锁定代码块
            if (num > 0)                                   //判断当前票数是否大于0
            {
                Thread.Sleep(100);                         //使当前线程休眠100毫秒
                //票数减1
                Console.WriteLine(Thread.CurrentThread.Name + "----票数" + num--);
            }
            Monitor.Exit(this);                            //解锁代码块
        }
    }
    static void Main(string[] args)
    {
        Program p = new Program();                         //创建对象，以便调用对象方法
        Thread tA = new Thread(new ThreadStart(p.Ticket)); //分别实例化4个线程，并设置名称
        tA.Name = "线程一";
        Thread tB = new Thread(new ThreadStart(p.Ticket));
        tB.Name = "线程二";
        Thread tC = new Thread(new ThreadStart(p.Ticket));
        tC.Name = "线程三";
        Thread tD = new Thread(new ThreadStart(p.Ticket));
        tD.Name = "线程四";
        tA.Start();                                        //分别启动线程
        tB.Start();
        tC.Start();
        tD.Start();
        Console.ReadLine();
    }
}
```

说明

使用 Monitor 类有很好的控制能力，例如，它可以使用 Wait 方法指示活动的线程等待一段时间，当线程完成操作时，还可以使用 Pulse 方法或 PulseAll 方法通知等待中的线程。

15.4.4 使用 Mutex 类实现线程同步

视频讲解：资源包\Video\15\15.4.4 使用Mutex类实现线程同步.mp4

实现线程同步还可以使用 Mutex 类，该类是同步基元，它只向一个线程授予对共享资源的独占访问权。如果一个线程获取了互斥体，则要获取该互斥体的第二个线程将被挂起，直到第一个线程释放该互斥体。Mutex 类与 Monitor 类似，它防止多个线程在某一时间同时执行某个代码块，然而与监视器不同的是，Mutex 类可以用来使跨进程的线程同步。

Mutex 类的常用方法及说明如表 15.5 所示。

表 15.5　Mutex 类的常用方法及说明

方　法	说　明
Close	在派生类中被重写时，释放由当前 WaitHandle 持有的所有资源
ReleaseMutex	释放 Mutex 一次
WaitAll	等待指定数组中的所有元素都收到信号
WaitAny	等待指定数组中的任一元素收到信号
WaitOne	当在派生类中重写时，阻塞当前线程，直到当前的 WaitHandle 收到信号

使用 Mutex 类实现线程同步时，首先实例化一个 Mutex 对象，其构造函数的语法如下：

```
public Mutex(bool initallyOwned)
```

参数 initallyOwned 指定了创建该对象的线程是否希望立即获取其所有权，当在一个资源得到保护的类中创建 Mutex 类对象时，通常将该参数设置为 false。

例如，修改实例 04，使用 Mutex 类实现与实例 04 相同的功能，即使用 Mutex 类设置同步块模拟售票系统，主要代码如下（主要改动了下面加黄色底纹的代码）：

```
class Program
{
    int num = 10;                              //设置当前总票数
    void Ticket()
    {
        while (true)                           //设置无限循环
        {
            Mutex myMutex = new Mutex(this);   //创建Mutex对象
            myMutex.WaitOne();                 //阻塞当前线程
            if (num > 0)                       //判断当前票数是否大于0
            {
                Thread.Sleep(100);             //使当前线程休眠100毫秒
                //票数减1
                Console.WriteLine(Thread.CurrentThread.Name + "----票数" + num--);
            }
            myMutex.ReleaseMutex()             //释放Mutex对象
```

```
        }
    }
    static void Main(string[] args)
    {
        Program p = new Program();                //创建对象，以便调用对象方法
        Thread tA = new Thread(new ThreadStart(p.Ticket)); //分别实例化4个线程，并设置名称
        tA.Name = "线程一";
        Thread tB = new Thread(new ThreadStart(p.Ticket));
        tB.Name = "线程二";
        Thread tC = new Thread(new ThreadStart(p.Ticket));
        tC.Name = "线程三";
        Thread tD = new Thread(new ThreadStart(p.Ticket));
        tD.Name = "线程四";
        tA.Start();                               //分别启动线程
        tB.Start();
        tC.Start();
        tD.Start();
        Console.ReadLine();
    }
}
```

说明

尽管 Mutex 类可以用于进程内的线程同步，但是使用 Monitor 类通常更可取，因为 Monitor 监视器是专门为 .NET Framework 而设计的，因而它可以更好地利用资源。相比之下，Mutex 类是 Win32 构造的包装。尽管 Mutex 类比监视器更为强大，但是相对于 Monitor 类，它所需要的互操作转换更消耗计算资源。

15.5 小结

本章首先对线程做了简单介绍，然后详细讲解了 C# 中进行多线程编程的主要类 Thread，并对线程编程的各种基本操作进行了详细讲解。学习多线程编程就像进入了一个全新的领域，它与以往的编程思想截然不同，随着大多数操作系统对多线程的支持，很多程序语言都支持和扩展多线程。作为初学者，应该积极转换编程思维，使自己的编程思想进入多线程编程的思维方式。多线程本身是一种非常复杂的机制，完全理解它也需要一段时间，并且需要深入地学习。通过对本章的学习，读者应该学会如何创建基本的多线程程序，并熟练掌握常用的线程操作。

本章 e 学码：关键知识点拓展阅读

CheckForIllegal
COM
Parameterized
SendMessage
ThreadStart
TimeSpan
Win32
多线程
线程阻塞
引用类型

第 4 篇　项目实战

第 16 章

五子棋游戏开发

（视频讲解：1 小时 35 分钟）

五子棋游戏的规则为：两人对战，一方先连成五子为胜利者。该游戏简单、有趣，并且有助于锻炼我们的思维能力。本章将使用 C# 语言开发一个具有游戏大厅和多人对话功能的五子棋游戏。

五子棋游戏的目录结构如图 16.1 所示。

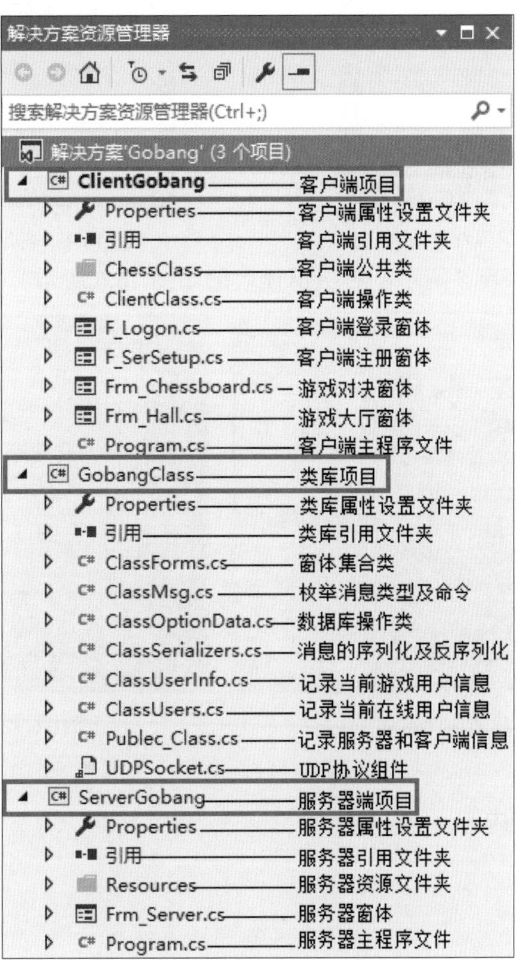

图 16.1　五子棋游戏的目录结构

服务器窗体是客户端与远程客户端相互通信的一个中转站，当开启服务后，在该窗体中将会显示已注册的所有用户的信息，运行效果如图 16.2 所示。

五子棋服务器

控制台　系统

ID	IP地址	端口	用户名	用户分数	状态
64	192.168.1.5	11025	蓝色海洋	2000	30
65	192.168.1.2	11026	123	2000	30
66	192.168.1.41	1245	lx	1910	30
67	192.168.1.230	12555	LB	2090	30
74	192.168.1.97	11010	小科	2010	30
75	192.168.1.107	11050	测试	2000	30
76	192.168.1.127	11060	刘杰	2000	30

图 16.2　服务器窗体

客户端注册窗体运行效果如图 16.3 所示，客户端登录窗体效果如图 16.4 所示。

图 16.3　客户端注册窗体

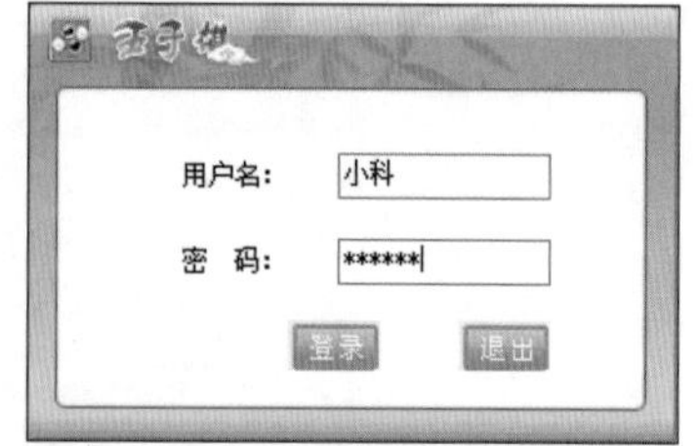

图 16.4　客户端登录窗体

游戏的大厅窗体效果如图 16.5 所示，对决窗体效果如图 16.6 所示。

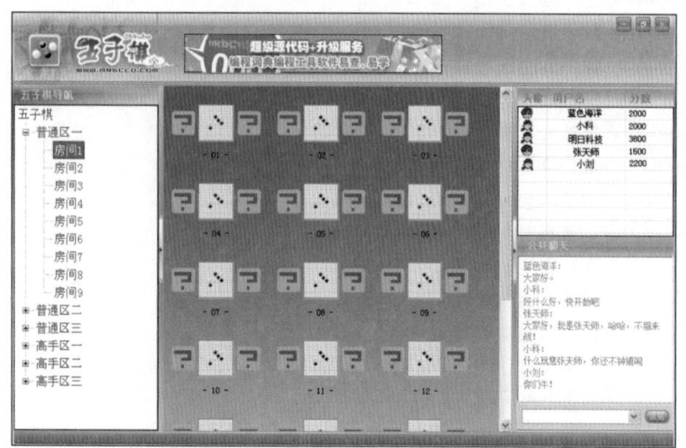

图 16.5　五子棋游戏的大厅窗体

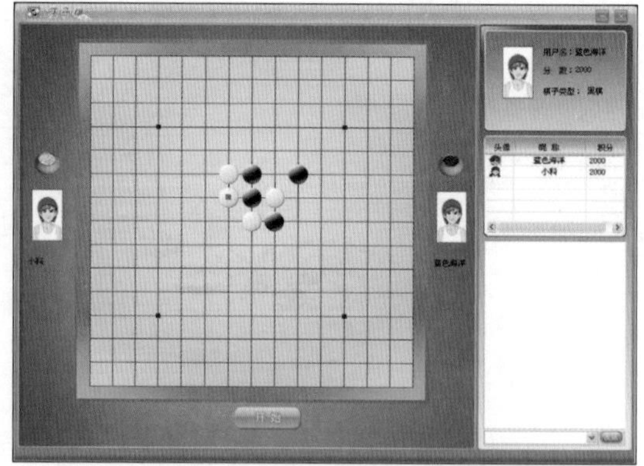

图 16.6　五子棋游戏的对决窗体

扫码继续阅读本章后面的内容。

Broadview®
www.broadview.com.cn

博文视点精选好书

大模型类热销图书

《大规模语言模型:从理论到实践》

ISBN：978-7-121-46705-9

作者：张奇 桂韬 郑锐 黄萱菁

《多模态大模型：技术原理与实战》

ISBN：978-7-121-46562-8

作者：彭勇 彭旋 郑志军 茹炳晟

《Llama大模型实践指南》

ISBN：978-7-121-47010-3

作者：张俊祺 等

《LangChain入门指南：构建高可复用、可扩展的LLM应用程序》

ISBN：978-7-121-47010-3

作者：李特丽 康轶文

编程进阶图书

《左耳听风：传奇程序员练级攻略》

ISBN：978-7-121-46680-9

作者：陈皓

《框架设计指南：构建可复用.NET库的约定、惯例与模式（第3版）》

ISBN: 978-7-121-45010-5

作者：【美】Krzysztof Cwalina

【美】Jeremy Barton

【美】Brad Abrams

译者: 王桥

《代码的艺术：用工程思维驱动软件开发》

ISBN：978-7-121-42671-1

作者：章淼